典型的な結合定数

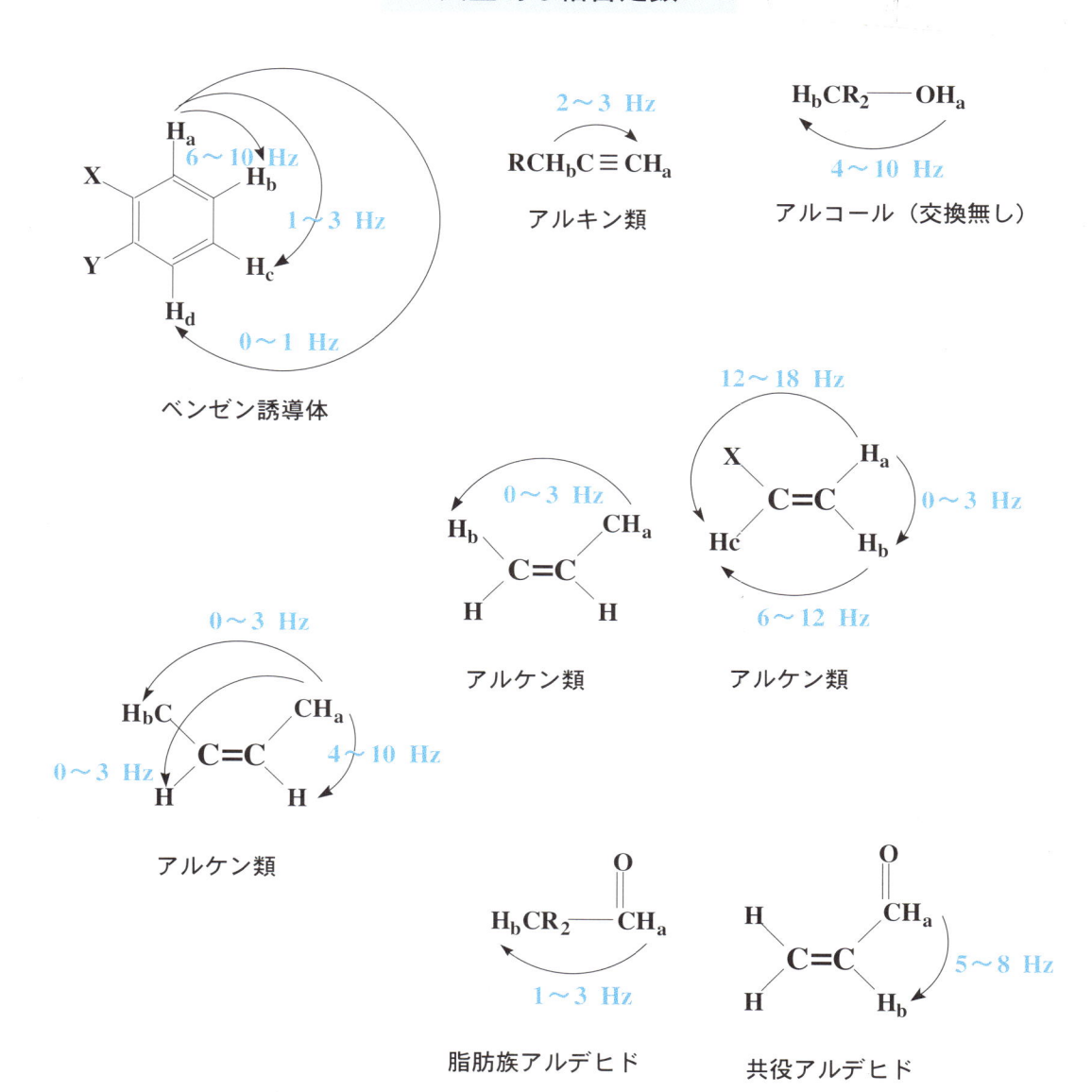

ベンゼン誘導体: H_a–H_b 6〜10 Hz, H_a–H_c 1〜3 Hz, H_a–H_d 0〜1 Hz

アルキン類: $RCH_bC \equiv CH_a$ 2〜3 Hz

アルコール（交換無し）: H_bCR_2—OH_a 4〜10 Hz

アルケン類 (cis): H_b–CH_a 0〜3 Hz

アルケン類: $12 \sim 18$ Hz, $0 \sim 3$ Hz, $6 \sim 12$ Hz

アルケン類: H_bC–CH_a 0〜3 Hz, 4〜10 Hz

脂肪族アルデヒド: H_bCR_2–CH_aO 1〜3 Hz

共役アルデヒド: 5〜8 Hz

10年使える
有機スペクトル解析

新津 隆士史
海野 雅之
鍵 裕之

三共出版

はじめに

　物質の構造を知るためのいろいろな分析手法が開発され，これまでに多くの化合物の構造が決定されてきた。また，各種スペクトルを測定して解析する機器分析法も近年，さらなる新手法が導入され，天然に微量しかない物質の複雑な構造まで決定できるようになってきた。

　本書は，初めて構造解析を学ぶ人々が，各種スペクトルをより短時間で理解でき，さらに各種スペクトルの長所短所を把握し，各々の弱点を補いながら総合して化合物の構造を決定していく方法を身につけることができるように工夫されている。

　筆者らは，各々のスペクトルの理論の専門家ではなく，日常的に物質の構造を知るための道具として各種スペクトル分析法を用いている利用者である。この経験をいかして，実際に利用者が最初に遭遇する問題点などもとりあげ，実用的な知識を盛りこむよう検討努力した。したがって，大学の低学年で基礎を学ぶときから使い始め，大学院や社会にでてからも使っていただけるよう配慮されている。

　なお，本書は典型的と思われるサンプルを実際に筆者らが測定して作り上げたスペクトルを使っている。そのため一部のスペクトル中に分解物や不純物などがみられるが，本書の特徴の一つとして理解していただきたい。

　また，本書の構成は，NMR，MS，UV，IR の順になっているが，これは理論を理解するのに時間がかかる項目順となっている。しかし実際に一般的な問題を考えていくときは，MS で分子量と同位体や窒素の情報を，UV で官能基の情報を得て，NMR では炭素骨格と水素の環境から構造を決めるのが一番わかりやすいと思われる。そこで総合構造解析では，MS，IR，NMR の順となっている。本書が化学を学ぶ多くの方々に活用していただけたらと願うものである。

　最後に，執筆にあたり多くの論文，著作を参考にさせていただいた。改めてお礼を申し上げる。また，編集にあたりご協力いただいた三共出版の秀島氏に感謝申し上げる。

2005 年 3 月

著者を代表して
新津　隆士

目　　次

Ⅰ　NMR 核磁気共鳴スペクトル

❶ はじめに ……………………………………………………………………………… 2
❷ まずは NMR の説明 ………………………………………………………………… 4
　2.1　NMR ってなんのこと？ ……………………………………………………… 4
　2.2　用語の説明から始めよう ……………………………………………………… 4
　2.3　NMR の装置と注意事項 ……………………………………………………… 8
　　2.3.1　超伝導磁石 ……………………………………………………………… 10
　　2.3.2　プローブ ………………………………………………………………… 10
　　2.3.3　分　光　計 ……………………………………………………………… 10
　　2.3.4　解析用パソコン ………………………………………………………… 12
　　2.3.5　試料調製法 ……………………………………………………………… 12
❸ NMR ステップバイステップ ……………………………………………………… 14
　3.1　ケミカルシフト ………………………………………………………………… 14
　3.2　カップリングコンスタント …………………………………………………… 14
　3.3　等価性について ………………………………………………………………… 16
　3.4　周波数って関係あるの ………………………………………………………… 18
　3.5　プロトン以外の核種の測定（多核測定）…………………………………… 20
❹ NMR の原理についてのかなり乱暴な簡略説明 ………………………………… 22
　4.1　なぜピークが出るのか ………………………………………………………… 22
　4.2　原子は何でも OK なのか ……………………………………………………… 26
　4.3　緩和時間 ………………………………………………………………………… 28
　4.4　カップリングコンスタント …………………………………………………… 28
❺ 応用測定法 …………………………………………………………………………… 32
　5.1　^{13}C NMR で用いられるパルスシークエンス ……………………………… 32
　5.2　多核 NMR で用いられるパルスシークエンス ……………………………… 32
　5.3　2 次元 NMR …………………………………………………………………… 34
　5.4　固体 NMR ……………………………………………………………………… 36
　5.5　温度可変測定 …………………………………………………………………… 36
❻ 役に立つデータ集 …………………………………………………………………… 38
　　参考文献およびお薦めしたい本 ………………………………………………… 43
　　インターネットでスペクトルが参照できるサイト …………………………… 44

II MS 質量分析

❶ マススペクトル - なぜ必要か …………………………………… 46
❷ マススペクトル - その特徴 …………………………………… 48
❸ 質量分析装置について ………………………………………… 50
  3.1 検出方法 ……………………………………………………… 50
  3.2 イオン化法 …………………………………………………… 52
  3.3 GC-MS ………………………………………………………… 52
  3.4 キャリブレーション ………………………………………… 54
❹ スペクトルの読み方 …………………………………………… 56
  4.1 分子イオンピーク …………………………………………… 56
  4.2 フラグメントイオンピーク ………………………………… 58
  4.3 なぜ質量数は整数なんだ？ ………………………………… 60
  4.4 役に立つ同位体ピーク ……………………………………… 60
  4.5 二項定理じゃないけれど …………………………………… 62
  4.6 窒素ルールについて ………………………………………… 62
  4.7 特徴的なフラグメントピーク ……………………………… 64
  4.8 はて、いったいこれはなんだろう？ ……………………… 68
❺ ちょっと高度に ………………………………………………… 70
  5.1 高分解能マススペクトル …………………………………… 70
  5.2 分子イオンピークが出ないときは ………………………… 72
  5.3 新しい測定法について ……………………………………… 72
  参考文献 ………………………………………………………… 74

III 吸収スペクトル

❶ 可視・紫外線吸収スペクトル ………………………………… 76
  1.1 原 理 ………………………………………………………… 78
  1.2 実際の測定 …………………………………………………… 82

IV IR 赤外吸収スペクトル

❶ 赤外吸収スペクトルを用いた構造解析 ……………………… 90
❷ 赤外スペクトルの利用法 ……………………………………… 92
  2.1 結合の強さと赤外吸収のエネルギー ……………………… 92
  2.2 伸縮振動と変角振動 ………………………………………… 94

❸ 赤外スペクトルの測定法……………………………………………………… 96
　3.1　赤外スペクトルを測定する装置 …………………………………………… 96
❹ 赤外スペクトルをどう見ていくか？ ………………………………………… 102

V　総合構造解析

総合例題 …………………………………………………………………………… 110
総合例題解答 ……………………………………………………………………… 111

演習問題

^{13}C-NMR 早見表 …………………………………………………………………… 113
MS スペクトル - フラグメントイオン早見表 ………………………………… 114
離脱フラグメント早見表 ………………………………………………………… 115
赤外線吸収スペクトル官能基別チェック ……………………………………… 116
メチルおよびエチレンプロトンの化学シフト ………………………………… 118
メチンプロトンの化学シフト …………………………………………………… 119
メチレンおよびメチンプロトンの化学シフトの概要 ………………………… 119
メチルおよびメチレンプロトンの化学シフト（β置換）……………………… 120
メチンプロトンの化学シフト（β置換）………………………………………… 121

演習問題解答

演習問題解答 ……………………………………………………………………… 182
例題　解説と解 …………………………………………………………………… 193
索　　引 …………………………………………………………………………… 199

I NMR

Nuclear Magnetic Resonance：核磁気共鳴スペクトル

　この測定は，有機化合物の同定において，中心的存在をなす分析方法である。その応用範囲は広く，すべての有機物，多くの無機物，アミノ酸・ペプチドなどの生体物質から高分子まで測定がおこなわれ，化合物の同定に用いられる。測定機器は高価で，メンテナンスの手間もかかるが，他の測定方法と異なりウォームアップやキャリブレーションなどの前準備が必要なく，慣れれば5分ですべての測定を終了することができる。また，測定に用いたサンプルも測定後は回収でき，超微量しか得られない化合物についても無駄なく測定できる。このような理由から，有機，無機，生体化合物のいずれの研究を行う場合も，NMRは必ず必要になる。この章では，基礎から実際の測定法までわかりやすく解説し，研究に有用なデータ集も含めた。

❶ はじめに

　X線結晶構造解析などが一般的になり，より直接的な構造解析方法が用いられるようになった現在でさえ，NMRは構造解析の中心をなしている。現在でも日々新しい機器が開発され，これまでできなかったことを実現すべく研究が行われている。解析法としては比較的新しいにもかかわらず，これほどまでに重要な地位を得るようになった理由を端的に表すと「結合，空間配置のような，部分間の関連を示すことができるから」ということになる。これはマススペクトルや赤外吸収スペクトルにも多少備わっているが，NMRではもっと直接的に多くの情報を与えてくれる[1]。しかしながら，測定で得られてくるものは他のスペクトルと何ら変わらないグラフあるいは等高線のある地図のようなもの（図I-1）だけである。それらを読みとって構造に関するデータを提供するのは測定者であり，そのために解析法を勉強しなければいけない。

　この章は，NMRの（きわめて簡単な）全体説明と，実際に使いこなすために必要なデータ集からなっている。講義としてNMRを習う場合は，本文を読み通し，こんなものなのだなという感じをつかむとよい。さらに，実際に自分でサンプルを測定し解析するようになれば**データ集**として手元に置き，常に参照できるハンディな本として役立つであろう。また，本文中には大学院レベルでも役に立つように，学部4年までに有機化学で習う事項も用語として含めてある。まだこれらを習っていない場合は，わからなくても無視してまったくさしつかえない。

　なお，この章では個別の化合物に関する説明や，練習問題は全く扱わない。それらは章末の総合問題や，実際に自分で測定したときのスペクトル解析で行ってほしい。そのために必要な情報はすべてここにあるはずである。

---

[1] 初期にはこのことは，隣の炭素についている水素の数でスペクトルの形が変わる，ついている置換基により化学シフトが変わる，という程度の意味しか持たなかったが，いまでは空間的な位置関係を含め，視覚的に表現できるようになった（後述）。

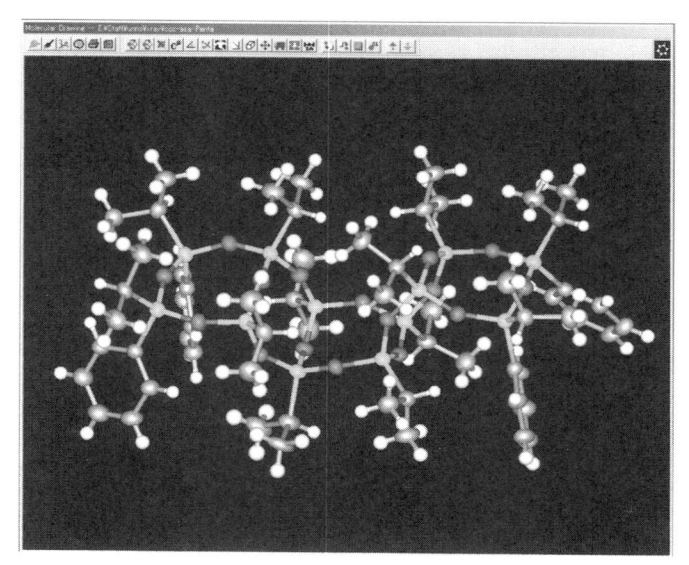

X線解析によれば分子の構造が見える

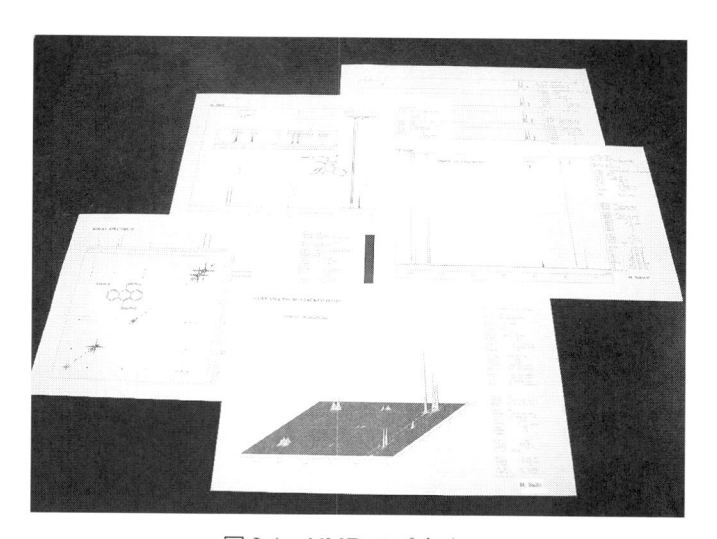

図 I-1　NMR スペクトル

❷ まずは NMR の説明

2.1 NMR ってなんのこと

日本語で言うと核磁気共鳴スペクトル（Nuclear Magnetic Resonance），略して（長すぎるため日本人も外国人も略さずに使わない人はいないが）NMR である。言葉の意味は，外から与えられた磁場がちょうどよいところ（周波数）になったときに原子核の状態が高いレベルに上がり（共鳴）そのエネルギーを吸収する。現象としては，光を吸収して励起状態に上がるときに一定の波長の光を吸収する吸収スペクトルとちょっと似ている（UV スペクトルのことである）。ところで，このちょうどよいエネルギーの量は，原子核の状況によって敏感に変化する。そのため，違うところにピークが出て区別できるというわけである[2]。まあ，NMR については，スペクトルをまず見た方がわかりやすいであろう。その人に会わないで，口でどういう人か聞いてもたいてい正しくイメージできないから。

図 I-2 に示したのは，$(i\text{-Pr}_2\text{Si})_4$ といういささかマニアックな化合物である。この化合物にはイソプロピル基という置換基が 8 個ついているが，まわしたりひっくり返したりすることで 8 つともお互いに交換することができるので，**等価**である（詳しくはあとで述べる）。したがって，プロトン NMR に出てくるのは 1 種類のイソプロピル基のピークになる。横軸がケミカルシフトというもので，ピークに重なるように，にょろにょろ書いてあるのが積分である。このスペクトルを見ると 2 つのグループがあるのがわかる。右側の高い方はだいたい同じ高さで 2 本（ダブレットと言う），左側小さいピークは 7 本出ている。実は，このダブレットの方が，イソプロピル基の先のメチル基である。2 個のメチル基は等価で，プロトンの数としては 6 個である。左側の 7 本ピークはメチルがついている CH（メチンと言う）のピークである。こちらは 1 個である。このようなチャートを見て，イソプロピル基が 1 種類ある化合物だな，と言えるようにするのが NMR の解析である。

2.2 用語の説明から始めよう

用語は名前みたいなものだから，大して重要ではないが，これがわからないと何を言っているかが不明なので最初に説明する。略号なども同じだが，意味のない言葉は覚えにくい（そのため，最近英語圏では略すときに abc のように文字の羅列ではなく laser のように単語として読めるように略すことを強く求めている）。逆に，なぜそういう名前かを知っていると忘れない。そこで，ちょっと詳しく説明しよう。

プロトンって？ NMR で最もよく測定されるのが水素の NMR である。有機化合物には大概含まれているし，環境の異なるものも多い。ところで，よく考

---

[2] 実はこのあたりの原理に関する話はわからなくても何ら問題ない。自分で測定ができて，スペクトルの解析ができればほとんど用は足りる。でも，原理がわかっているとそれはそれで楽しい。

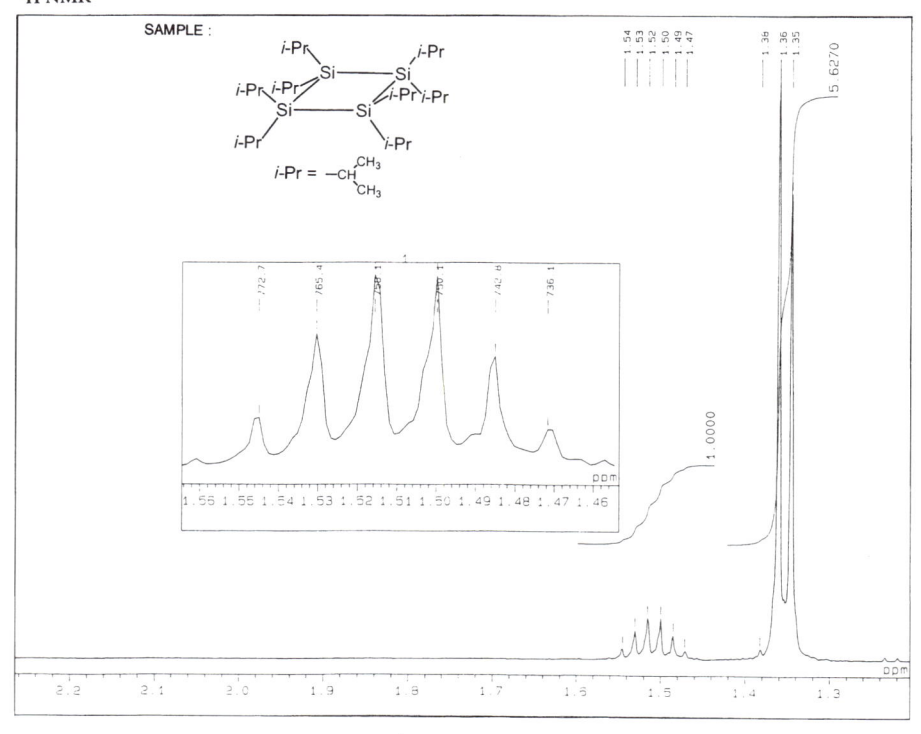

¹H NMR

図 I-2　¹H NMR スペクトル

NMR と MRI

　病院などで，大きな筒のようなものに，人間が頭から入って行く装置が使われているのを見たことがある人もいるだろう。これは，MRI（Magnetic Resonance Imaging = 磁気共鳴映像法）と呼ばれる装置で，からだの中の水分子の温度や運動を測定して，がん細胞（活発に増殖しているため，温度が高く，水分子も速く運動しているなどと。これを映像化し，腫瘍部位などの発見に用いる。実はこの装置は NMR と原理が全く同じである。サンプルの代わりに，人間を磁石の中にいれ，動かしてからだのスペクトルをとっているだけである。以前は NMR－CT（核磁気共鳴コンピューター断層撮影）と呼ばれたこともあるらしいが，核のイメージがあまりよくないのは他の国でも同じで，いまでは Nuclear の部分は外されている。

えてみるとNMRで測定しているのは原子核であって，原子ではない。水素の原子核のことを特にプロトンと呼ぶので，NMRも水素NMRではなくプロトンNMRと呼ばれる。それ以外の各種は，特に原子核に名前がついていないので，カーボン，シリコンなどと呼ばれる。

ロック　音楽ではない。鍵のロックである。4.1で詳しく述べているが，今の装置はスペクトルを何度も測定し，重ね合わせているので毎回正確に同じ場所にピークが出る必要がある。そのため，溶媒として重水素Dが入ったものを使い，この原子核を基準にして磁場を補正している。そのため，NMRの測定では，普通の溶媒ではなく重水素が入った特殊な溶媒を使う。

シ　ム　元々シムとは，ものの厚さを調節するために挟み込む薄い金属の板のことである。NMRでは，信号が対称性よく，鋭い形で観測できるように，いろいろ電気信号を加えて，磁場が均一になるように調整する。金属片を挟んでいるわけではないが，いろいろなところを調節して，ベストな状態に持ってくるという意味でシムと呼ばれている。測定をするときはロックに引き続き，必ずやらなければならない。

ケミカルシフト（Chemical Shift）　先のNMRスペクトルでいうと横軸の値がケミカルシフトである。単にシフトということが多い。現在ではδ値（デルタ値と読む）で表され，右端が0で左に行くほど数字が大きくなる。単位はppmである。0の場所は，単に基準物質（テトラメチルシラン）のピークがある位置なので，もちろんマイナスにもなる。プロトンの場合，おおむね0から10の間にピークが観測されるが，ほかの核種だと数百，数千まで大きくなることもある。

カップリングコンスタント（スピン-スピン結合定数）　単に結合定数とも言う。単位はHzである。ケミカルシフトと並んで，NMRスペクトルを解釈するときの基本的な事項である。多重線のピークにおける線と線との間隔のことであり，$J = 7.2$ Hzのように表記する。ケミカルシフトの単位がppmなのに，同じ横軸の間隔であるカップリングコンスタントがなんでHzなの？と思った人もいるだろうが，実は，J(Hz) ＝（NMRの共鳴周波数）×（ppm値）という関係式からわかるように，カップリングコンスタントをppmで表すと，測定する機械によって値が変化してしまう。そのため本来の単位であるHz単位で表す。なお，カップリングすることをスピン結合しているということもある。

積分値　基本的にプロトンNMRの場合にしか測定しない。単純にピークの面積を計算すると，それがちょうどプロトンの数と比例するため，解析の大きな武器になる。J値の後ろに6Hのようにして表記する。プロトン以外のNMRでは，核の環境によってピーク面積が変わってくるため，積分をとってもあまり意味はない。

標準物質　後ろの原理のところで詳しく述べるが，ケミカルシフトはシフトというだけあって，絶対的な値ではなく，相対的な値にすぎない。そこで，どこか基準を決めて，そこの値を0とし，ピークの位置を数字で表す。プロトンと^{13}C，^{29}Si-NMR

現在のNMR測定画面

いまではソフトウェアも進歩して，昔はすべて手作業だったことを機械がやってくれるようになった。上の写真は日本電子 AL-300 の測定画面だが，普通の測定では，左の画面の上に溶媒を入力し（今は $CDCl_3$ になっている），下の Auto Set のボタンを押すだけで，1. サンプルをプローブの中に移動し，2. 一定の速度で回転し，3. ロックをかけて，4. シム調整をする，ところまでやってくれる。そのあとは，コメント（サンプル名とか）を入力し，AGACM（ゲインを自動で調整し積算を開始する）を押すだけで，測定は完了である。

たまにロックがかかりにくかったり，シムの結果が良くなかったりした場合は，右側の小さな画面を開けて，手動で設定する。ロックやシムのコマンドが並んでいるのがわかるだろう。

こういうわけで，測定がどんどん簡単になっているいま，スペクトルの解読が非常に大事になってくるのである。

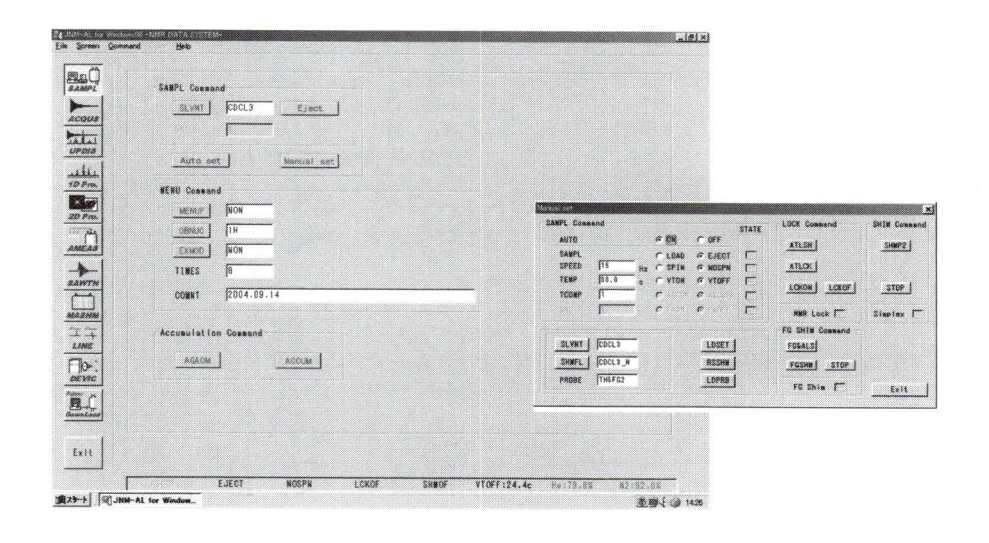

の場合は,テトラメチルシラン (SiMe₄) という化合物のピークの位置を 0 と決めている。これには理由があって,1) 溶媒やほとんどの化合物と反応しない,2) 多くの化合物のピークと異なるところにピークが出るため,重ならない,3) 測定後簡単に除去できる(沸点 26〜28℃),のような特性のためである。もちろん,この化合物には C と H と Si しか入っていないからほかの核種の場合の標準物質はすべて異なる。

残留プロトン ロックのところで,重水素が入っている溶媒を用いると言ったが,100% 重水素が含まれている溶媒でも,保存中に空気中の湿気を吸うと,部分的に式 1 のような反応が起こり,交換によって H を含むものになる[3]。したがって,この場合だと δ 1.5 あたりに HDO の,δ 7.24 あたりに CHCl₃ のピークがそれぞれシングレットで観測される(章末のよくある不純分のスペクトルを見てみよ)。場合によっては測定物質のピークと重なるため,溶媒変更の必要が生じることもある。この残留プロトンのピークだが,実は役に立つこともある。たとえば,ケイ素化合物の測定などはテトラメチルシランと化合物のピークが重なるため,標準物質を入れないで測定することが多い。その場合は,残留プロトンの場所を標準にして(例えばクロロホルムの場合はそこを 7.24 ppm にすればよい)ケミカルシフトが決定できる。なお,¹³C-NMR の場合は,溶媒から ¹³C を除くことは非常に難しいため,必ず溶媒に由来するピークが観測される。ただし,プロトンと違ってケミカルシフト幅が 200 ppm 以上と広く,シングレットのピークしか出さないため,重なりによる不都合がほとんどない。

NOE 一生必要ない人も多いと思うが,用語として知っていた方がいいので加えた。核オーバーハウザー効果のことで,ある決まったプロトンを照射すると,空間的に近いプロトンのピークが高くなるというものである。これまでの結合を通したカップリングではなく空間的な相互作用を検出するという意味で,広く用いられてきた。今ではルーチン測定の一つであり,簡単に測定することができる。X 線構造解析ができないペプチドやタンパク質の立体構造を知るためには,この NOE を起こす照射をすべてのプロトンについて適用,測定した 2 次元の NOESY が広く用いられている。

2.3 NMR の装置と注意事項

おそらくたいていの人は,NMR を測定するときにはスペクトルについてもある程度わかっていると思うが,場合によっては,いきなり測定を行う必要があるかもしれない。そういうわけで,まず,装置をみてみよう。図 I-3 に示したのは群馬大学化学系で使われている日本電子製の λ-500 という装置である。上の大きなタンクのようなものがサンプルに磁場をかけるところ(超伝導磁石),右側の低いキャビネットが,測定を制御したり,データを蓄えたりするところ(分光計と言う)である。操作は左側のパソコンの

---

[3] 正確に言えば,残留プロトンとは重水素溶媒を合成するときに,少しだけ反応せず残ったプロトンのことである。通常は 100% D の溶媒を使うことは少なく,99.5% D や 99% D のものが多いので,最初から残留プロトンが出ることになる。

$$\text{CDCl}_3 + \text{H}_2\text{O} \longrightarrow \text{CHCl}_3 + \text{HDO} \tag{式1}$$

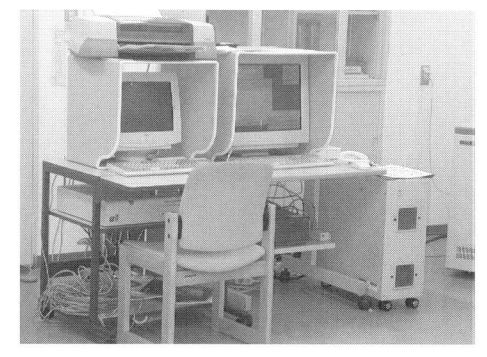

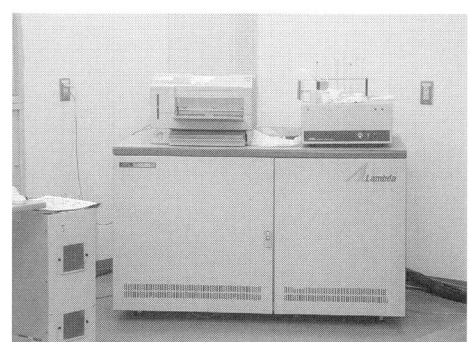

図 I-3

ようなもの（ワークステーションと言って，ちょっと高級だが）で，こちらから測定の命令を出したり，スペクトルを書いたりする。それぞれについて，簡単な説明と注意をしよう。

2.3.1　超伝導磁石

現在でもハードウェアの進歩はほとんどがこの巨大な磁石の進歩に等しい。磁気の強さを表す単位はテスラであるが，現在最も一般的に NMR で用いられている 500 MHz の磁石は，11.7 テスラである。これだけ聞いても実感がわかないと思うが，磁気と言えばおなじみの肩こり治療磁石は 80 mT（ミリテスラ）であるから，だいたい 146 倍である。これくらいだと買えそうに思えるが，NMR で大事なのは磁場の強さよりも均一性である。元々ほんの少しのエネルギーの揺らぎをみているようなものだから，ちょっとでも磁場に不均一性があったりするとノイズに隠れてピークは見えなくなる。また，100 MHz（数字が大きいと磁場も強くなる）以上の共鳴周波数を得るためには，もはや普通の磁石では不可能で，超伝導磁石というものを使う。中心部にある電磁石を液体ヘリウム（摂氏 −269 度！）に浸し，その周りを液体窒素で冷やしている。液体ヘリウムは高価なので，空気中に発散しないよう，液体窒素でさらに冷やしているのである。これだけ強い磁場なので，いくつかの注意が必要である。まず，金属のものを身につけて超伝導磁石に近づくと，そのものが吸い寄せられて磁石にくっつく。ペンなどの小さいものだと問題ないが，大きいものであると超伝導磁石から引き離すことができない。さらに，あたった衝撃が熱エネルギーに変わり，ヘリウムが一気に気化してしまうと（クエンチと言う）酸欠になり命も危ない。また，デジタルでない時計は内部が磁化されてしまって，時間が狂う（修理できる）。さらにキャッシュカードやクレジットカードは磁気データなので，これをポケットに入れて近づくと，使えなくなる。さらに，心臓のペースメーカーをつけている人は磁場でタイミングが狂うため，その部屋だけではなく，上下の部屋も含めて注意をする必要がある。

2.3.2　プローブ

超伝導磁石の中にある，磁場をかけて変化を読み取る測定器。測定できる核種やサンプル間のサイズによりいろいろ種類がある。たいていは簡単に交換できる。サンプル管が中で割れたりすると最悪の場合プローブも割れて，数十万円の損害になる。温度可変測定の場合は割れないようあらかじめサンプル管を確認するなど，十分な注意が必要である。

2.3.3　分光計

プローブから送られてくる情報を受け取ったり，信号を送ったりする装置である。近年小型化が目覚ましいが，それでも勉強机ぐらいの大きさがある。故障でもしない限り，

NMRの周辺機器

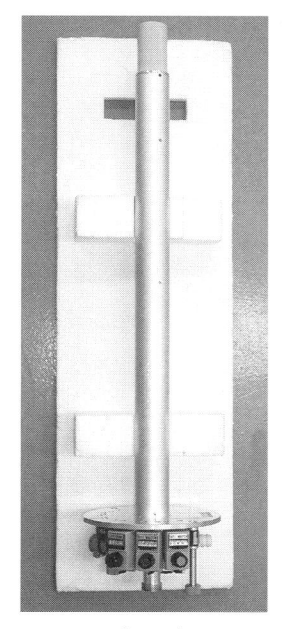

プローブ

液体窒素は毎週右の装置からパイプを通って自動的に供給される。

プローブ下部からコントロール測定用のケーブルがのびている。

特に触ることもない部分であるが，プローブとともにNMRの中心となるハードであり，その価格のほとんどを占めているので，不注意で壊したりしないよう注意が必要である。

2.3.4　解析用パソコン

以前は計算や画像化のため，ワークステーションが用いられていたが，最近ではパソコンの性能が上がり，普通のパソコンが使われることが多くなった。従って，取り扱いはハードほど注意する必要ない。測定したスペクトルはハードディスクにセーブしておくことができ，便利になったが，NMRデータ，特に2次元のものは，基本的に画像データなので非常に容量の大きいファイルになる。従って，処理が終わり必要のないファイルはどんどん消去して，スペースを空けておく。残り容量が少なくなると，機種によっては測定の速度が遅くなったり，測定できなくなることもある。NMRは共通機器であることが多いので，全体に迷惑をかけないことが重要である。

2.3.5　試料調製法

基本的には試料を重溶媒に溶かして測定するだけだが，いくつかの注意が必要である。まず，基本的に含まれている化合物すべてのピークが出てくるので，反応溶媒が残っていたり，サンプル管が十分に洗浄されていない場合は測定する化合物のピークを妨害することになる。また，溶媒に溶けないゴミなどが混じっていた場合は，分解能が低下し，ブロードなピークを与えることがある。サンプル管に移す前に，ろ過などで除去する必要がある[4]。また，分解能をよくして，鋭いピークが得られるようにすることをシム調整というが，この値はサンプルの溶液の高さによって変わる。従って，毎回同じ高さで測定をすることで，シム調整の時間を節約できる。通常サンプル管の下から2 cmのところを照射するので，標準的な溶液量は下から4 cmとすることが多い。使用する重溶媒の量は，5 mm管で0.4 mlである。特に量が少なくて，0.4 mlの溶液では薄すぎて測定できない場合は，もっと少ない量で測定できる上げ底のサンプル管や，外径5 mm，内径1 mmのような特殊なサンプル管も利用できる。

---

[4]　元々量が少ないものだから普通のろ紙では効率が悪い。ピペットにキムワイプなど繊維ゴミがでないものをつめてNMR管に差し込み，上から溶液を加えればよい(後述)。

I NMR

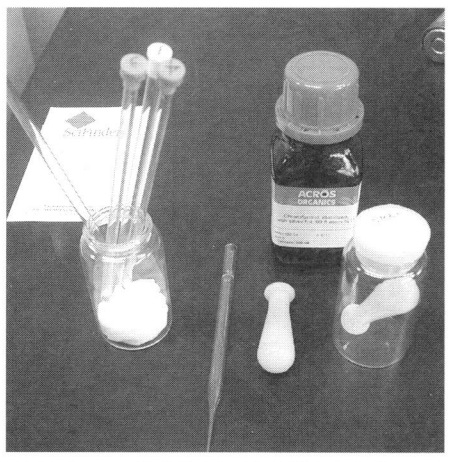

必要なもの。汚染を防ぐため重溶媒をとるピペットは新しいものを使う方がよい。

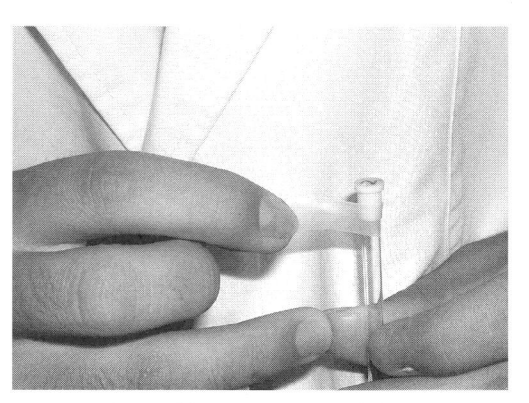

キャップをしてフィルムで固定する。

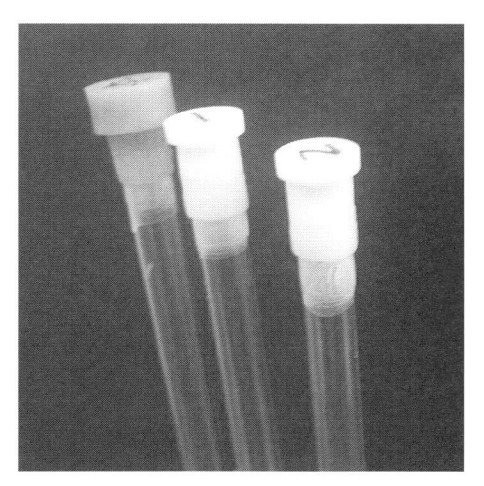

高い温度で測定するときはこのようなキャップでなくサンプル管を封じ切る。

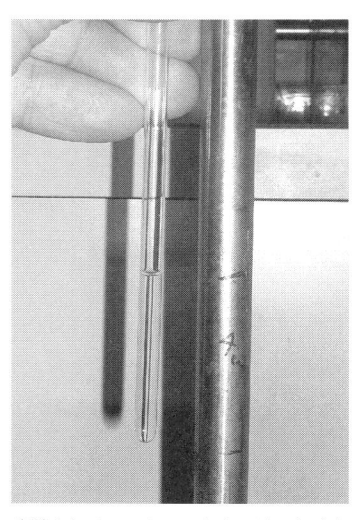

実験台に 4 cm のマークをつけておくと便利。

❸ NMR ステップバイステップ

3.1 ケミカルシフト

1次元に限って言うとNMRの情報はケミカルシフトとカップリング，積分しかない。したがって，この3つを理解すればOKである。ケミカルシフトはδ値で表され，単位はppmである[5]。見慣れたグラフとは逆に右端が0で，左に行くほど大きくなる。0 ppmは単にテトラメチルシランのピークの場所であるだけなので，もちろんマイナスにもなる。昔はτ値と言って，いまの10 ppmにあたるところが0 ppmで，右に行くほど数値が大きくなる通常のグラフと同じ軸であったが，かなり前から使われていない（古い文献を読むときは注意）。UVでは，長波長側などという言い方を使うが，NMRの場合，左側が低磁場側，右側が高磁場側である。高低が軸の数字と逆である上，現在スキャンするのは磁場ではなく周波数であるから，低周波数，高周波数側あるいは単純にδ値の大きい方，小さい方と呼ぶ方がよいと思う（こちらは教えられる先生向けお願いです）。

さて，ケミカルシフトは環境によってどのように変化するのだろうか？ここに，おおざっぱな基準をまとめる。すべてのルールがそうであるように例外もあるが，考え方のよりどころにするとよい。

(1) 測定する核を含む原子が結合している原子または置換基の電子求引性が高い場合は高周波数（δの大きい方）に出る。例えば，NHやOHのプロトンは通常CHよりも周波数の大きい方にピークがある。また，アルコール，エーテルの炭素についたプロトンも同じく高周波数側に出る。

(2) プロトンの場合，結合する炭素がsp^3（単結合）からsp^2（二重結合）となるにつれて高周波数側にシフトする。sp（三重結合）炭素上のプロトンは両者の中間である。ベンゼン環上のプロトンはさらに低く6〜8 ppmである。

(3) このほか，水素結合，空間的にベンゼン環の真上にきた場合などケミカルシフトを大きく変える要因がいくつかある。

基本的にどこに出るかを計算するのは，ファクターが多くて簡単ではないが，経験則によりかなりの精度で予測，同定できるようになっている。

章末に官能基別のケミカルシフトの位置を表にして示した（表 I-3）。

3.2 カップリングコンスタント

ある水素原子のピークに注目する。そのとなり（正確に言うとその水素原子がついている炭素の隣の炭素についている水素原子）の数がn個あった場合，そのピークは$n+1$本に分裂する。たとえば，図 I-4のような化合物（エーテル）を考えてみよう。この化合物は左右対称で，2つのエチル基は交換できるから，片方だけについて考えれば

---

[5] 水中の微量成分の濃度などを表すppmと同じである。^{1}HNMRの場合500 MHzの磁場に対し，ピークはおおむね5000 Hzの幅に収まるので，これを$5000/50000000000 = 10$ ppm（100万分の10）としているのである。

ケミカルシフトの予測法

化合物によって，どこにピークが出るかわかると，同定に役に立つのでこれまでにいろいろな方法が行われている。

1. データベース（章末を参照）で同じ化合物，あるいは類似の化合物を探し，その値から推測する。
2. 単純な炭化水素や芳香族化合物の場合は，計算式から計算できる（章末の参考文献『有機化合物のスペクトルによる同定法』に出ている。
3. ChemDraw などの化学式描画ソフトウェアでは，化学式から NMR のシフト値を計算して表示してくれるものもある（バージョンとプラットホームによるので注意）。単純なものはかなり正確だが，基本的に経験則によるもので，違っていることもある。
4. 分子軌道計算により，シフト値が出せる。アニオンやラジカルなど，これまでに存在しない化合物のシフト値を予想するときには，1～3の方法は使えないので，これを用いる。

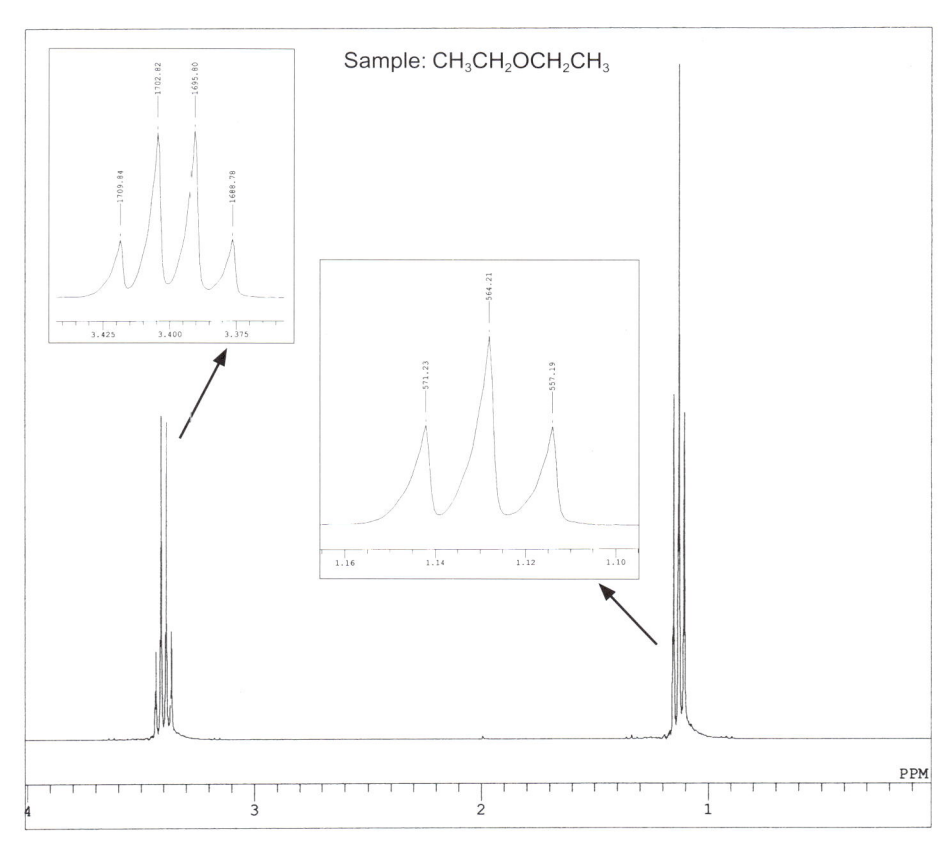

図 I-4

よい。末端のメチル基は，となりに H が 2 つある炭素がついている。従って 2+1 = 3 で 3 重線（トリプレット）になっている。一方，内側のメチレンは隣の炭素の H が 3 つだから 3+1 で 4 重線（カルテット）である。酸素の隣にあるため，かなり高周波数側にシフトしているのがわかるだろう。もう少し近寄って見てみよう。トリプレットの 3 つの線の間隔は等しく，7.02 Hz である（拡大してある方の上に出ている数字の単位は Hz にしてある）。カルテットの方を見てみると，やはり線の間隔が等しく，7.02 Hz になっていることがわかるだろう。2 組のプロトンがカップリングしているならば，カップリングコンスタントは必ず等しい[6]。ちなみにそれぞれのピークの積分値は，実際の値（左右で 4 個対 6 個）を反映して，2 : 3 になっている。

3.3 等価性について

これまでメチル基の 3 つのプロトンは同じところに出る，としてきた。しかしこれには例外がある。すなわち，1) そのメチル基が自由に回転できないとき，2) メチル基の隣の炭素の置換基 3 つが異なるとき，である。立体障害などで回転が止まっているときは，3 つのプロトンはお互いに交換できず，それぞれ空間的に違った場所に固定されるからケミカルシフトは異なる。ただし，空間的な影響は（環電流効果などの場合を除き）結合を通したものより弱いので，その差は小さく，一致することも珍しくない。2 つ目の場合は，直感的にわかりにくいので図で説明しよう。図 I-5 に示したのは，メチル基がついた化合物のニューマン投影図である。L，M，S は大中小の大きさの置換基である。プロピル，エチル，メチルとしてもよい。→の方向からこの化合物を眺めると，ちょうどこの投影図のようになることがわかるだろう。直線は結合，円は前後を表すためのもので実際にあるわけではない。この図からわかるように，メチル基の 3 つの水素は自由に回転したとしても 3 つの状態（L と M の間，M と S の間，S と L の間，とりあえずエネルギー的に不利なので，L の上とか M の上とかの状態は無視する）がある。それぞれ違った場所だから，3 つのプロトン（というよりは状態だが）は異なったケミカルシフトを示す（ただし，先と同様空間的なものだからその差は大きくない）。これが，プロトンの非等価性である。基本的にカーボンなどのほかの核でも同様である。炭素上の置換基が 3 つ違う，という言葉からキラル炭素（4 つの異なった置換基と結合した炭素）のことを思い出した人もいると思うが，LMS をプロピル，エチル，メチルとするとこの化合物はメチルが 2 つあるからキラルではない。だから，構造式から判断せず，いつもニューマン投影図を書いてみることを勧める。さて，NMR における等価性をまとめると次のようになる。回転などにより実際に重ならなくても，決まった対称操作で交換

---

[6] 装置が表示する値から計算したカップリングコンスタントが，互いにカップリングしているプロトン同士で異なる値になることがある。この場合，装置が読み出すピークトップの値に誤差があることが理由であり，その場合は同じになるように表記する必要がある。これは，NMR のスペクトルが一定間隔の点の集合を結んで描かれているため，カップリングコンスタントのように小さな値を読むときはその誤差が無視できなくなる。

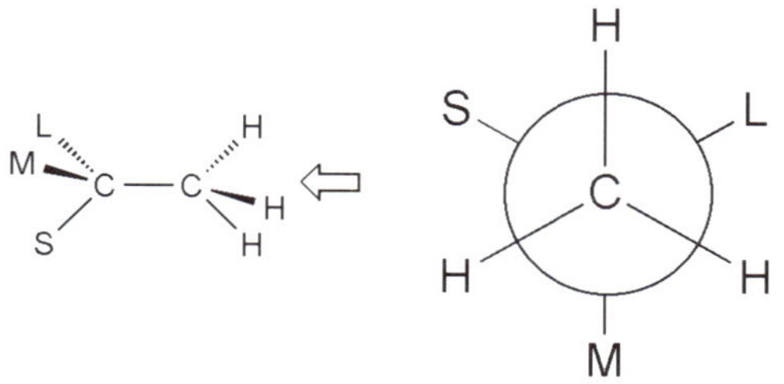

図 I-5

エナンチオマーと NMR

化合物の中で，鏡に映したものと，もとの化合物が異なるものがある（図 I-5 の化合物もそうである）。たとえば，DNA などもその例である。人間の手を見てみるとわかりやすいかもしれない。親指から小指までの構成や大きさはほぼ同じだが，どんなにまわしてみても左右が逆になり，同じものではない。化学の世界ではこのような鏡に映したもののペア（鏡像体と呼ぶ）をエナンチオマーと呼ぶ。エナンチオマーは NMR では全く同じところにピークが出るために，どちらかは区別することはできない。そういうときは，キラルシフト試薬というものを一緒に入れて NMR を測定すると，右手のエナンチオマーと左手のエナンチオマーのうち，どちらかだけと相互作用し，スペクトルが区別できることがある。エナンチオマーの区別は X 線構造解析でも難しかったが，最近では比較的きちんと決まるようになっている。

例題1 構造を求めよ。

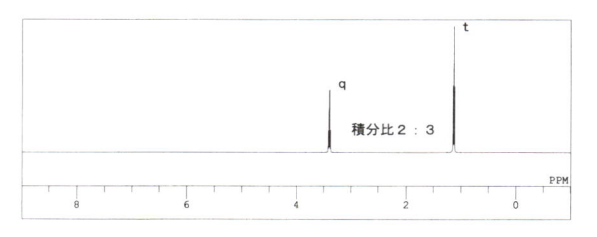

例題2 構造を求めよ。

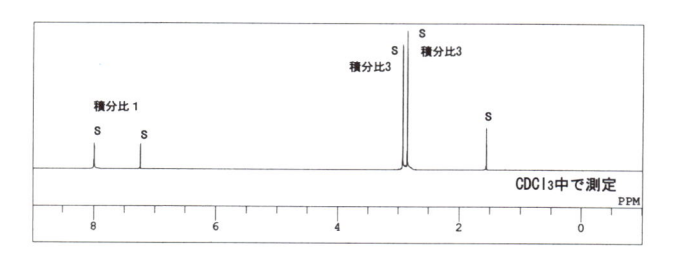

可能なものは等価である。

(1) 対称軸で交換可能なものは等価（これは実際に分子をまわせば重なるから明らかであろう。先の LMS の例では分子全体でなくメチル基だけをまわしているからこれには含まれない）。

(2) 対称面で交換可能なものは，基本的に等価である。これは，エナンチオマーの化学的性質が等しいのと同じ理由である。従って，(ジアステレオマーを考えればわかるが）周りにキラルな分子や溶媒がきた場合は異なる環境になり，非等価になる。

(3) 対称心で交換可能なものは，対称面の場合と同じである。

基本的に，すべてニューマン投影図を書くことで説明できる（かなりややこしい図になるが）。あまり重要ではないが，説明のときに便利なので用語も覚えておこう。(1) の場合はいつでも交換できるからホモトロピック，(2), (3) の場合は，鏡像の関係にあるものであるため（点対称も鏡像を含んでいる）エナンチオトロピック，LMS の場合は，鏡像体と重ねられないのでジアステレオトロピックなプロトンというように呼ぶ。幸運なことに，偶然これらの非等価なプロトンのシフトが一致して単純なスペクトルになることも多いが，複雑なスペクトルに出くわした場合はその分子をよく見てニューマン投影図を書いてみよう。

3.4 周波数って関係あるの

これまでのところ，装置の周波数はカップリングコンスタントに影響するとだけ述べた。それ以外の場合は違いがないのであろうか？もしそうであれば，高いお金を出して巨大な超伝導磁石を買わなくてもよいし，そもそも大きな磁石の開発も無意味である。そんなことはない。大きくまとめて 2 つの要因がある。複数の NMR 測定装置があって，どちらでとるか選べる場合はこの要因を考えて決めるとよい。

(1) 最初にも触れたが，NMR はわずかな環境の差を見るため感度がよくないと話にならない。大きい装置はそれだけ大きな磁場をかけることができるため，大きなピークを得ることができ感度がよくなる。プロトンのような場合はあまり関係ないが，感度の低い多核，および測定時間の関係で積算回数が限られる多次元測定の場合は大きな違いになる。特に，タンパク質など高分子の測定の場合は，少ない量でたくさんの異なったピークを調べなければならないため，高磁場の装置は必須である。

(2) こちらは 1 ほど大きな問題ではないが，高磁場の装置を使うと，カップリングの線の間隔が狭くなる。カップリングコンスタントは等しいから，2 倍高磁場の装置を使えば，線の間隔つまり ppm の差は半分になる (2.2 のカップリングコンスタントの部分参照）。これにより，多数のピークが近くに集まっている場合，たとえばカルテットの右端のピークがほかのトリプレットの左端と重なったり交差したりすることが減って，スペクトルが見やすくなる[7]。図 I-6 にエーテルを 60, 300, 500 MHz の装置で測定したスペクトルを示した。トリプレット，カルテットの間

最高磁場 NMR

　大学，企業で用いられている NMR は現在でも 500 MHz あたりが中心だが，最高磁場の NMR どれくらいなのであろうか？　2004 年現在，920 MHz の NMR が使われており，これが世界最高磁場ということになる。先に写真で紹介した NMR だと，普通の実験室に収まるサイズだが，920 MHz になると建物から専用に作らなければいけない。マグネットが巨大になるので，サンプルは 2 階に上がって挿入する。磁場も巨大なので，外に漏れないように 22 mm の鉄板をシールドとして用いている。主にタンパク質の立体構造を決定するため，多次元 NMR を中心に用いられる。ちなみに，NMR のように磁場が強いものに近づくと，いまのところ人体には影響がないとされているが，アナログ式の時計，キャッシュカード，クレジットカードなどは磁気にやられて使えなくなってしまう。また，心臓のペースメーカーも影響を受けるため，NMR を設置するところは，500 MHz 程度のものでも，周辺および上下の階に，注意の看板を立てている。

500 MHz の超伝導マグネット

---

7) 筆者は，学生の頃かなり長い間，線の間隔が広い方がよっぽど読みやすいのではないかと思っていた。実際に困った場合に出会わないと，物事の本質はなかなかわからないものである。

隔の違いがよくわかる。60 MHz のころは，プリンタなどなく製図ペンでスペクトルを書いていたので，線が太い。

3.5 プロトン以外の核種の測定（多核測定）

プロトン以外にも NMR 活性（ピークが出るということ）な核種については広く測定が行われている。通常，プロトン以外の核種では，デカップルという操作でプロトンとのカップリングを出ないようにするため（I（後述）が 0 でない核が直接結合している場合を除き）すべてのピークはシングレットに出る。従って，主な情報はケミカルシフトと等価でない原子の数である。積分は（無理に書かせることもできるが），プロトンの場合と異なり NOE やデカップル，緩和時間などの影響で個数に対応しない[8]。多核 NMR の増感や便利な測定法については後の特殊測定のところで述べる。

(1) ^{13}C：プロトンに次ぎ，最も一般的な核種である。分子内の環境によってはジアステレオトロピックになり，例えばイソプロピル基の 2 つのメチルのピークが別のところに出たりすることがある。ニューマン投影図を書くことで，説明できる。

(2) ^{19}F：F を含む化合物は一般の有機合成ではあまり多くないが，活性な質量数 19 の核が 100% であり，感度もプロトンの 83% と良好なため，よく用いられる。基準物質は $CFCl_3$ である。

(3) ^{31}P：これも同じく質量数 31 の核が存在比 100% であり，プロトンに対する感度（以後，相対感度とする）は 6.6% とあまり高くない（それでも ^{13}C の 0.018% より高いが）が有機化合物の場合，分子内の数があまり多くないことも多く，定常的に測定されている。フッ素の場合も同じだが，ロックをかける重溶媒が少しだけあれば，後は反応溶液をそのままサンプル管に入れても，溶媒にリンが含まれなければ測定に差し支えない。そこで，もっぱらリンを扱う研究室では，10 ミリの NMR サンプル管の中に，重溶媒と標準物質が入った 5 ミリの封管を入れ，そこに反応溶液を加えて測定することが多い。これにより，ほとんど手間もなく，反応を NMR で追跡することが可能である。基準物質は 85% H_3PO_4 である。

(4) ^{29}Si：ケイ素を扱う研究室では日常的に測定される。NMR 活性な核種の存在比が 4.7% と少なく，相対感度は 0.037% になる。以前は一昼夜かけて測定したり，サンプル管のピーク（ガラスはケイ素を含む）が出たりで苦労が多かったが，現在は INEPT というプロトンの感度を利用した増感測定が一般的になり，化合物中の数も少ないことから，^{13}C とほぼ同時間で測定できる[9]。

---

[8] ただし，ついている H の数や置換基など，環境が似たものについてはだいたいピークの高さが個数を反映するので，帰属の参考にすることもある。

[9] INEPT のもう 1 つの効果に，緩和時間がプロトンの分を考慮すればよい，ということがある。実はケイ素は緩和時間が長く，1 回の積算に数十秒かけないとピークが出ないという問題があったが，INEPT ならプロトン分の 1 秒程度で十分で，これにより大幅に測定時間が軽減された。

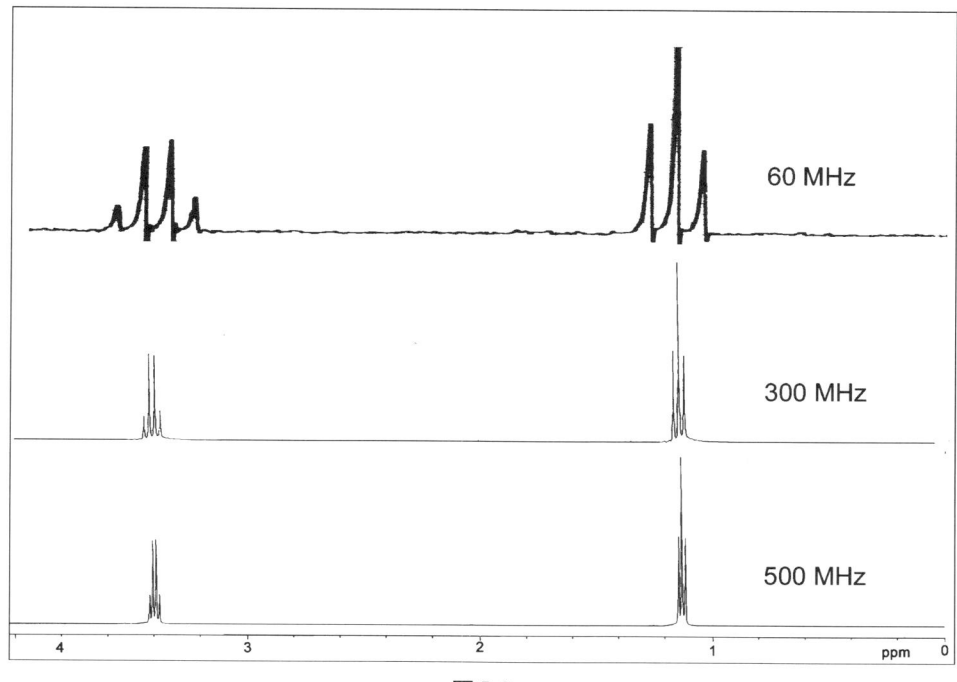

図 I-6

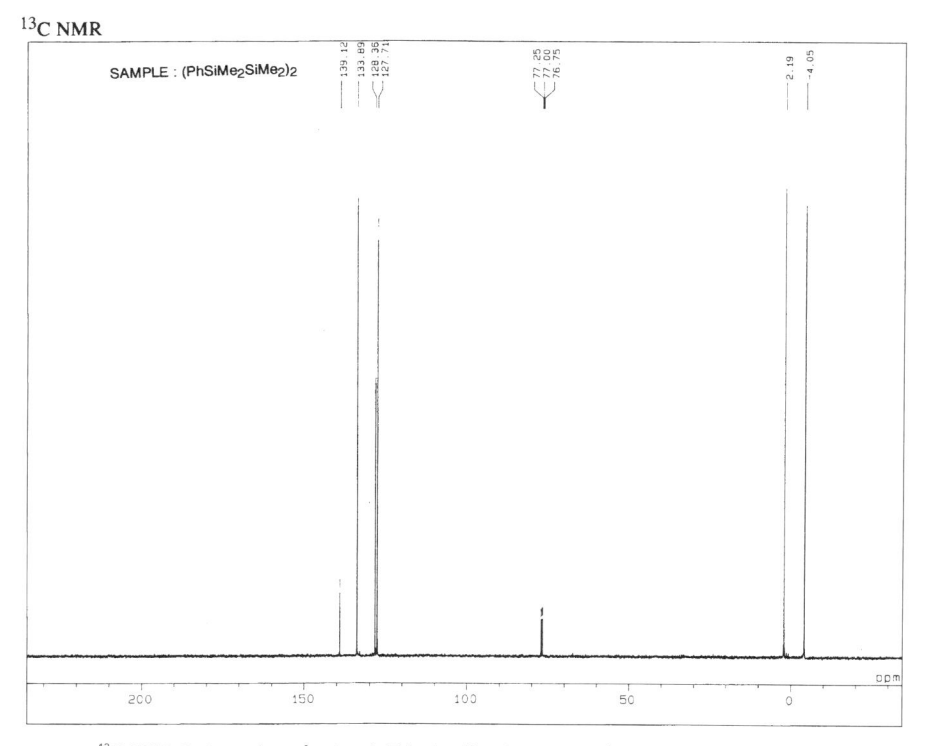

¹³C NMR のチャート。プロトンと異なり，線はすべてシングレットで，周波数も広い。

❹ NMRの原理についてのかなり乱暴な簡略説明

　先に原理はわからなくてもいいといったが，2次元や特殊測定をやる場合，ある程度わかっていないと測定のためのパラメータの設定ができない。もちろん，詳しい原理がわかるに勝ることはないが，それについてはちょっと詳しい本を読めば出ているので，ここでは最低限のことについて，きわめて乱暴にわかりやすく述べる。わかりやすいことを旨としているため，細かく見ると正しくない言い方もあるがご容赦願いたい。

4.1　なぜピークが出るのか

　先に，原理について簡単に説明したが，ちょっとわかりにくいであろう（UVって何？という人は特に）。ファインマンの教えに従い，簡単なモデルを使って説明する。原子核はそれぞれ決まったスピン量子数 I を持っている（これについては次項で説明する）。わかりやすいようにプロトンの場合を考えよう。このばあい，プロトン（原子核）を磁場（磁石の間）におくと，2つの状態に分離する。簡単に言うと，そのうち一つはプロトンのN極が磁石のN極の方に向いたもの，もう一つはプロトンのN極が磁石のS極に向いたものである。コンパス（方角を見る方ね）だと，ぐるぐると針は回るけど，プロトンの場合はこの2種類しかない。当然，N極とS極が向かい合った方が引き合うから，こちらの方が安定である。N極同士の方は反発して，いずれくるっと回ってしまうだろう。ところで，N極とS極が同じ方向で釣り合っている状態のものを手で動かせば，反対方向に向けることができる。コンパスの針なんか簡単にまわせるが，原子核のスピンは手で回せない。なので，間接的なエネルギーを使うわけだが，少しずつ力をかけていくと，最初は重くて回らない。ところが，だんだん力をかけていくと，ちょうど釣り合う力のときに，針はくるっと回って反対側を向く（先ほど言ったように途中の状態がないから，ちょっとだけ回るということはない）。力が強すぎると回りすぎて戻る（本当はちょっと違うが）。したがって，ちょうどいいエネルギーのときだけ針が動く。そうすると，エネルギーの強さをモニターしていると，力が足りないときは，使われることがないから0である。ちょうど良いときになると，その分のエネルギーが使われるから，使った分だけ増える。それをすぎるとまた0になる。これをグラフにすると，NMRスペクトルになるというわけだ。

　それでは，次にこのグラフの書き方についてちょっと説明しよう。先ほどのようなグラフを得るためには，まず，原子核の周りに磁石をおいて，次に針をまわす力を入れることが必要である。磁石は超伝導磁石でそのままである。なんであんなにでかいのが必要か，というのは，原子核なんてほんの小さなものだから，エネルギー差といったって無いに等しい。それを目に見えるピークにするためには，ものすごく強い磁石（磁場）を使って，まわすためのエネルギーを大きくしてやらないといけない，という事情による。次に，まわす力のエネルギーであるが，これにはラジオ波というものを使う。直感

プロトンの種類だけ、いろいろな磁石があると考えるとよい

それぞれの大きさに応じた力をかけると....

くるっと回転し...

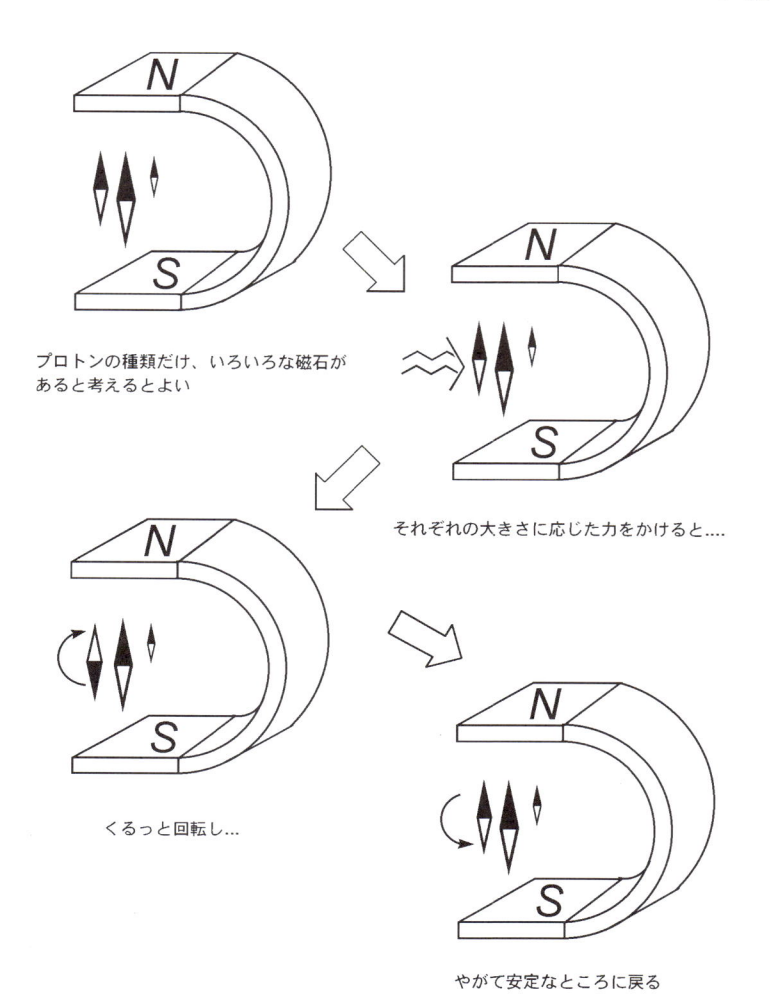

やがて安定なところに戻る

練習3 右のスペクトルのケミカルシフト, J 値を記せ。このスペクトルを与える化合物にはイソプロピル基 (-CH(CH$_3$)$_2$) があることがわかっている。チャートの横軸はケミカルシフト (ppm), 上の数字は Hz 単位のものである。500 MHz の NMR で測定された。

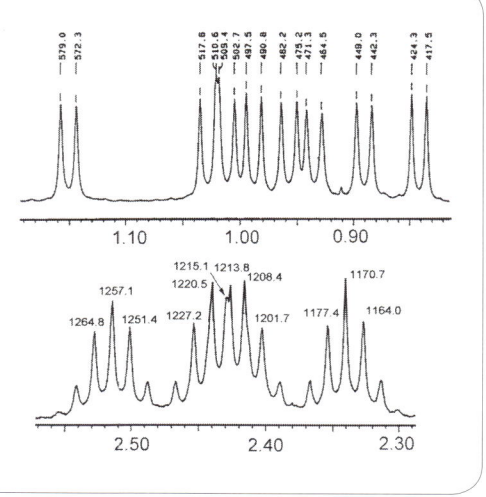

的にはわかりにくいが，すべての波はエネルギーを持つ。光の波である赤外線のストーブは熱エネルギーであったかい。紫外線にさらされていると日焼けする。ラジオ波はおなじみの携帯電話で使われている電波と同じぐらいだが，測定機器などに影響するから病院では使えない。これも一種のエネルギーである。原子核を一定の磁場において，ラジオ波のエネルギーを少しずつ変えていくと，ちょうど釣り合ったときにピークが出る。

実際は，装置を作る上での都合のため，ラジオ波は一定のエネルギーにしておいて磁場の方を動かしている。バスケットのフリースローを考えよう。ボールを投げる力をちょっとずつ増やしていくと，最初は届かないが，あるところでぴたっとあって，ゴールする。強すぎるとやっぱりだめである。ところで，同じ力で投げておいて，ゴールの高さを変えてもよい。投げている高さまでゴールが下がってくれば，やっぱり入るだろう。これと同じ原理である。

これまで述べてきた測定法は，連続的に磁場を動かしているので，CW-NMR (continuous wave) と呼ばれている。読者がきわめて幸運ならば，この装置を使って測定できるだろう。幸運と言ったのにはわけがある。いまはこの原理のNMRはほとんど使われていない。それについて，次に説明しよう。

先ほどやたらにでかい磁石を使うと言ったが，NMRの問題点は信号（ピーク）の弱さである。コンパスの話のときに，N極とN極を向かい合わせたって，すぐくるっとひっくり返って戻るだろう，と思った人もいると思うが，実際その通りで，上のエネルギー状態にいる（正確には過剰な占有比であるが）ものがごく少なく，得られる信号もわずかである。わずかでも，出れば拡大すればいいのだが，実はさらに問題がある。雑音である。100%パーフェクトな機械を使えば雑音は出ないが，ちょっと動けば磁場は変動するし，装置を動かすには電気を使う。電線を通る電子だって雑音の元になる。そんなわけで，CW-NMRではプロトンのように理想的な原子核の測定以外は不可能である。

そこで現れた新兵器がFT-NMRと呼ばれるものである。このおかげで，プロトン以外の核や，2次元，3次元と言った最新の測定が可能になった。FTの原理は数学も絡んでくるので簡単にすませるが，これは本来パルスNMRと呼ばれるものである。ノイズについては，繰り返し同じスペクトルを測定し，重ね合わせれば，ピークは同じところに出るが，ノイズは毎回違うので，相対的にピークが高くなりノイズは減る。これも数学的な根拠があることなのだが，n回スペクトルを重ねると（積算と言う）ピークはn倍の高さになるが，ノイズは$\sqrt{}$のn倍にしかならない。ということは100回積算するとノイズが10倍小さくなるということである。これは強力である。ところが，先ほどのCW-NMRでは，別のプロトンによるピークがちゃんと区別できるように出るためには，1回の測定に早くても3分程度かかるから，100回やれば5時間である。プロトン以外の核種ではよほど濃いサンプルを取らないと100回の積算では測定は無理である。5時間かけても無理であると，やはりかなり厳しい。

それではどうしたらいいか？答えは1975年にクマーとエルンストという科学者に

NMR 裏技 —その1—

　NMR を測定するときに，溶媒に溶けないゴミが入っているとスペクトルの分解能が落ちて，ちゃんと測定できない。ちりや埃などは，注意してサンプリングしても微量に混入することがある。そういうときは次のようにするとよい。

1. 用意するものは下の写真のようにきれいなピペットとスパチュラ，毛埃の出ないワイピングペーパーだけである。まず，測定サンプルに重溶媒を加える。このときに，ゴミや溶け残りの化合物がないかチェックする。
2. ペーパーを少しちぎって，それをピペットの中にスパチュラで押し込む。隙間ができないように，さじの部分や反対の平たい部分でよく押し付ける。
3. このようにして作った即席濾過装置を NMR のサンプル管に差し込む。
4. 上から，別のピペットで，サンプルの溶液を加える。
5. そのままだと，ペーパーに溶液がついて残るので，ピペットゴムを即席濾過装置の上につけて，すべての溶液をサンプル管に移す。

ちょっと慣れが必要なのは5のステップだけなので，すぐに上手にできるようになるだろう。

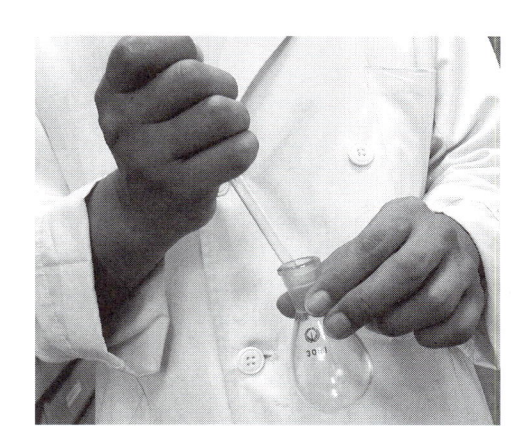

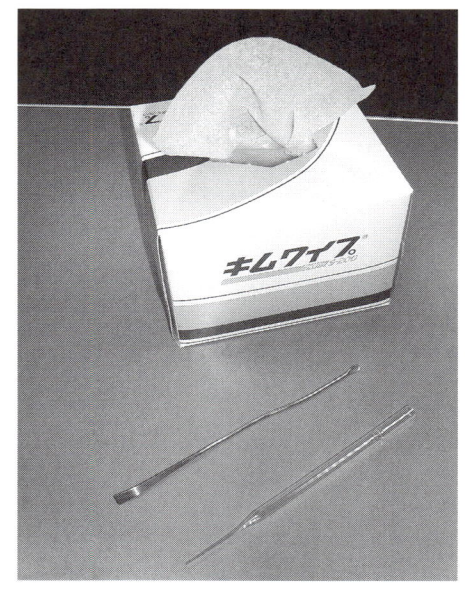

よって得られた[10]。要するに時間がかかるのは磁場の掃引であるから，これをなんとかすればよい。そこで，パルス化された強力なラジオ波を使って，いっぺんにすべての磁場（周波数）範囲を測定し，これが時間変化で減衰していくところ（これを FID: Free Induction Decay，自由誘導減衰という。FT-NMR を測定していると，待っている間ずっとこの波形を眺めていることになる）をフーリエ変換という数学的処理をして，スペクトルを得る。これによると，1 回の測定が 1 秒以下で終わり，何回も積算できて，美しいスペクトルが得られる。スペクトルを得るときにフーリエ変換（Fourier Transform）するため，FT-NMR と呼ばれるようになった。純粋に数学的処理なので，NMR に限らず IR や UV にも応用され，用いられている。

4.2 原子は何でも OK なのか

これまでの説明では，原子核を測定する，と言ってきたので，ならばすべての原子で測定できるのか？と思える。結論から言うと，それは間違いで，実際かなり限定された核に限られる。先ほど，電磁場と共鳴すると高いエネルギーの状態に上がるといったが，この，エネルギーの準位がいくつあるかが核スピン量子数というもので決まる。具体的には各スピン量子数を I とすると $2I+1$ だけ準位が生じる。プロトンの場合は $I=1/2$ なので，エネルギー準位は $0.5\times2+1$ で 2 つの準位がある。I が 0 の核も多くある。たとえば，質量数 12 の炭素，質量数 16 の酸素，質量数 28 のケイ素などである[11]。I が 0 だと，エネルギー準位は一つだから，上の方に上がることもなく，ピークも観測されない。炭素が測定できないと，有機化学ではかなり厳しいことになるが，幸いなことに炭素は質量数 12 の普通の炭素のほかに中性子が一つ多い質量数 13 のものがある。この炭素は I が 1/2 でプロトンと同じなので，NMR が測定できる。質量数 13 の炭素（^{13}C と書く）はどこにあるのか，というと，もちろん試薬メーカーでも買えるが，実際はすべての炭素原子の中に一定の割合（1.1％ぐらい）混じっている。それなので，特に何もしなくても，合成した化合物の炭素の中には必ず入っている。1.1％というと，100 人に 1 人ぐらいだからちょっと濃度が薄いと苦しいが[12]（濃度が薄いとピークも小さい），幸い今の NMR は何回も何回も照射して，ピークを大きくすることができるので測定には差し支えない（もちろん ^{1}H がほぼ 100％のプロトンには全く及ばないが）。そういうわけで，炭素の NMR は ^{13}C-NMR と書き，じゅうさんしー NMR とか，カーボンサーティーン NMR と呼ばれる。一般に，プロトン以外の核種は炭素と同じく，活性な核の存在量が少ないので，時間がかかるが例外もある。質量数 19 のフッ素と 31 のリンは I が 1/2

---

10) エルンストは 2 次元 NMR の原理開発などで 1991 年にノーベル化学賞を受けた。2003 年には，病院でおなじみの MRI（こちらも原理は NMR で，スペクトルを画像化したものである）の原理開発で，ノーベル医学・生理学賞が与えられている。NMR に関するノーベル賞は，さらに，その原理発見に対し物理学賞が 2 件あり，2002 年にも化学賞が与えられているから，機器分析の中でどれだけ重要であったがわかるだろう。
11) 一般に陽子と中性子がともに偶数であれば I は 0 である。
12) 実際は存在比だけではなく，磁気回転比 γ その他いろいろの要因が効いてくるため，^{13}C の感度は ^{1}H の 1/5680 というものになる。

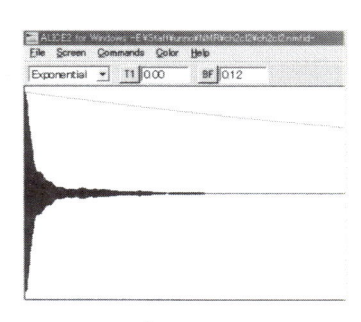

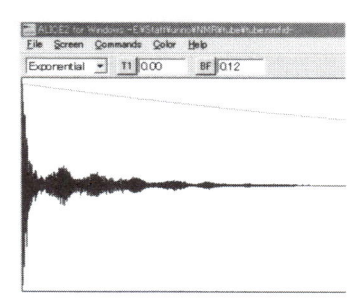

FIDの図
左：CH$_2$Cl$_2$，右：フタル酸ビス（2-エチルヘキシル）
プロトンの種類によって見え方も異なる。

スペクトルの多重度に 'm' を使うべからず

NMRの結果を論文などに載せる場合，スペクトルを載せるのはスペースの効率が悪いため，すべて数字で示す。例えば，CDCl$_3$中で測定し，ケミカルシフト1.00 ppmにプロトン3個分のトリプレットピークがあり，カップリングコンスタントが7.2 Hzだった場合は，以下のように示す。

^{1}H NMR (CDCl$_3$) δ 1.00 (*t*, 3H *J* = 7.2 Hz) ppm

ピークが複数ある場合はカンマでつなぎ，最後にppmをつける。多重度はシングレットから順にs，d，t，qのような略号を用いる。

ところで，昔のように感度が悪く，ピークの分離がよくないスペクトルしかとれなかった時代は，どうしても解析不可能なピークの場合，多重度にm（multiplet：多重線）と示した。この場合は*J*値などは記載せず，プロトンの総数だけ書けばよい。ところが，これを悪用して，複雑なピークを解析するのが面倒くさい場合，適当にmとする学生が最近多い。予想されるスペクトルを考えて解析すれば，かなり複雑なスペクトルも，きちんと複数のピークに分離し，それぞれ多重度と*J*値を記載することができるはずである。いつもごまかしていると，大事な情報や，あとで大きな問題になる不純物を見逃しますよ！

複雑なピークを解析している例

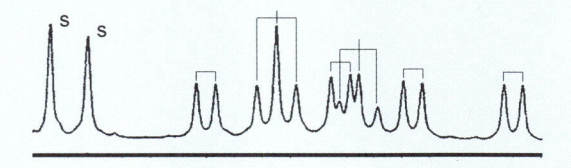

の活性核が100%の存在比であるので，比較的短時間で測定できる[13]。これらはともに，日常的に測定される核種である。

4.3　緩和時間

先に，ちょうど良い電磁波を受けたときに，核はエネルギーの高い状態に上がる，といったが，そのままの状態でとどまるわけではない（そうなったら，一度共鳴したら二度とエネルギーを吸収できず，繰り返し照射を行うことが普通の最近のFT-NMRは不可能である）。UV吸収でも同様であるが，エネルギーの高い状態にあるものは，なんとかして低い状態に戻ろうとする。そのときに，それで余ったエネルギーをいろいろな形で放出する。NMRの場合はおおむね2種類あって，一つは核の周りの分子格子に放出するもので，スピン－格子緩和と呼ばれ，それに要する時間のことをT_1と書く。もう一つは，周りの核に放出するもので，スピン－スピン緩和と呼び，その時間をT_2で表す。

緩和時間が問題になるのは，主に2つの場合で，まず緩和時間が長いと，繰り返し照射をするFT-NMRでは，その核が完全にもとの状態に戻る前に次の電磁波がくることになり，エネルギーは吸収されない。結果的にピークの高さが低くなる。そのため，緩和時間の長い核（最も有名なのは^{13}Cスペクトルにおける，Hがついていない4級の炭素である）がある場合は，繰り返し時間を長めに取る必要がある。2つ目は，線幅の問題で，緩和時間が短いとスペクトルの線の幅が広くなる（ブロードニングという）。

4.4　カップリングコンスタント

簡単な考え方は先に述べたが，原理がわかっていないと複雑な系に出会ったときお手上げであろう。それほど難しくないので，ここに述べる。先に，核スピン量子数Iの話をした。プロトンの場合，Iは1/2なので，＋1/2と－1/2の2種類のスピンがある。上と下でもよいのだが，とりあえずそれぞれαスピン，βスピンと呼ぼう。最初の方で，磁石（コンパス）に例えて話をしたが，隣の炭素原子にプロトンがついている，ということは近くにもう一つ別の磁石があるようなものである。当然，そのコンパスがどちらを向いているかで，引力や斥力が働き影響を受けるだろう。コンパスと異なり，途中の段階がないので，αかβの2種類があることになる。そうすると，αが隣にきたときと，βが隣にきたときでエネルギーが微妙に異なるので2本のピークが出てくることになる。αとβは同じ確率で存在するので，同じ高さの2本のピークになる。これが，ダブレットである。それでは，隣の炭素に水素が2個あるときはどうだろうか？先ほどはαとβで1：1だったが，今度は2個あるから，$\alpha\alpha$，$\alpha\beta$，$\beta\alpha$，$\beta\beta$の4種類がある。$\alpha\beta$と$\beta\alpha$は磁石の効果としては同じだから同じところに出る。ただし，2個（正確には確率が2倍）あるから強さは2倍になり，1：2：1の比で3本のピークになる。これがトリプレットである。あとは同様で3つあれば1：3：3：1でカルテット，4つ

---

[13]　しかし，先ほど示したγなどの要因のため，^{31}Pの相対感度は^{1}Hの1/16である。

通常は隣の炭素についたプロトンとのカップリングを読むのがほとんどであるが，もちろん，同じ炭素についたプロトンのシフト値が異なれば，互いにカップリングする（しかも，その値は隣の場合よりずっと大きい）。プロトン以外でも，スピン（I）が 0 以外の核がくると分裂する。たとえば D は $I=1$ だから，3 種類（$1\times2+1$）の状態があり，$CDCl_3$ の炭素は三重線になる。

カップリングが起こるわけ

NMR 裏技 ―その２―

　研究室で合成する化合物にはいろいろあり，中には微量の酸で分解してしまうものもある。重溶媒としてよく使われる $CDCl_3$ は，ほぼ中性であるが，その製造過程から微量の酸が混じることがある。メーカーやバッチによって違うので，化合物が壊れてしまうようなときには，用いる $CDCl_3$ を換えることもよく行われるが，最初から酸に不安定であることがわかっている場合は，あらかじめ除いておくこともできる。裏技その１で紹介した，ピペットにペーパーをつめたものに，カラムクロマトグラフィーで用いる，アルミナの粉を 2 cm ほどつめる。あとは，ゴミ除きのときと同じ要領で（ただし，サンプルを溶かす前に行うこと。サンプルはアルミナに吸着されて，出てこないことがあるので）$CDCl_3$ を上から加え，出てきたものに化合物を溶かして用いればよい。

なら 1 : 4 : 6 : 4 : 1 のクインテットである。この強度比は，二項定理と同じことなので，パスカルの三角形を書けば暗算で計算できる。もっとも，隣にある水素の数は最大で 9 個，通常多くても 4 個程度だから三角形を書くこともないだろう。これが，先に述べた n 個のプロトンが隣の炭素についていると $n+1$ 本のピークになるということのちゃんとした説明である。さて，カップリングについては知っておいた方がいいことがいくつかある。それらをまとめよう。

(1) **同じケミカルシフトのプロトンはカップリングしない。** これまでは，カップリングは隣の炭素についているプロトンに限定して説明してきたが，磁石の影響だから近くにありさえすればよい。ならば，なんでメチルのプロトンは自分以外に 2 つプロトンがすぐ近くにいるのに，隣の炭素にプロトンがないとシングレットなのだろう？実は，ケミカルシフトが同じ場合，お互いのカップリングによるピークの分裂はない，という事実によるものである。この原理を簡単に説明するのは難しい（ので，このことは大事なのだがあまりどの本にも書いていない）が，一言でいうとカップリングというのはほかの磁石から影響を受けるものだから，自分と全く同じ環境にあるものは，自分自身のエネルギーの分裂と重なってしまうため，影響を受けないというようなことになる。このため，（あとで述べるが擬キラルのエナンチオトロピックなプロトンや回転が阻害されている場合を除いて）同一の炭素についたプロトンのケミカルシフトは等しく，カップリングはない。また，隣にある炭素上のプロトンでも，偶然にケミカルシフトが一致した場合はカップリングしない。

(2) **カップリングには相手がいる。** カップリングというだけに当たり前だが（相手がいなければカップルではない），自分の隣の炭素についたプロトンは，相手から見たら自分もとなりの炭素についたプロトンである（ややこしい）。したがって，カップリングコンスタントはお互いに必ず等しい。これがなかなか便利な性質で，たくさんのピークが重なって出ているような場合も，特定のピークを抜き出して考えるのに役立つ。たくさんの人の名簿から親子を抜き出すのは簡単なのと同じである。

(3) **カップリングしているピークは，その相手に近い方のピークが高くなる。** 図 I-6 に示したように，トリプレットとカルテットは完全に左右対称ではなく内側が少し持ち上がっているのがわかるだろうか？これは，カップリングの相手のピークがどこにあるかを探すのに役立つ。それでは，2 つのプロトンのケミカルシフトがだんだん近づいていくとどうなるか？内側のピークがだんだん持ち上がり，ついには中央のピークよりも高くなり……最後は？答えはすでに述べた。ケミカルシフトが一致すると，カップリングはないからシングレット 1 本にまとまる。

(4) **カップリングの値にはおおむね法則性がある。** カップリングが空間的な距離を反映して変わってくれれば立体構造の有用な情報になるが，実際は結合を通して相互作用するのでその意味では使えない。ただし，結合の種類によってだいたい決まった値をとるので，構造解析の参考にはなる。

特殊なサンプル管

右のサンプル管は通常の 5 mm 管の中に，1 mm ほどの管がはいっている。これにより少ないサンプル量でも濃度を濃くすることができる。

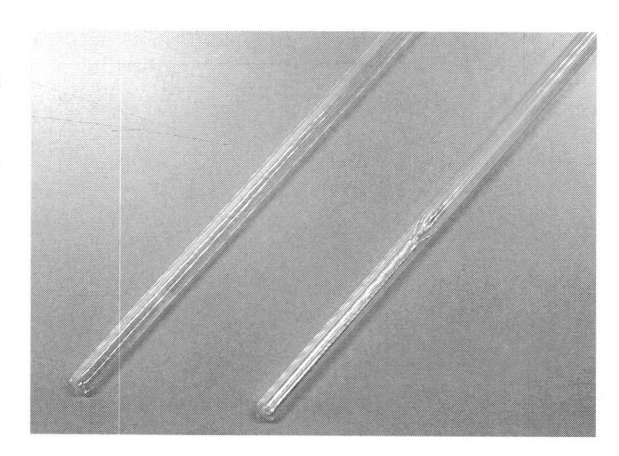

NMR これだけはやってはいけない

たいていの場合，NMR のような機器は共用で使用されることが多いから，他の人が使えなくなるような事態はさけなければいけない。主なものをあげてみよう。

1. 超伝導磁石は液体ヘリウムで冷却され，さらにその液体ヘリウムが液体窒素により冷却されている。磁石に大きな力や振動が加わると，それが熱エネルギーに変わり，絶対 0 度に近い温度の液体ヘリウムは一気に気化してしまう。これをクエンチといい，直すためには百数十リットルの液体ヘリウムを入れ直すところから始めなければならず，100 万円近い修理代となる。くれぐれも，磁石の近くに鉄製の重いものを近づけないこと。うっかり近づけてしまうものとして，掃除機などがある。強力な磁力なので，重いものがいったん吸い付けられてしまうと人の力ではもはや引き離すことができない。

2. 次に高価で壊れやすいものはプローブである。特に温度可変で加熱するときは，サンプル管が破裂するとプローブにひびが入ってしまい，数十万の修理費となる。加熱測定をするときは，あらかじめ研究室の装置で，測定するよりも高い温度でしばらく加熱してみて，サンプル管に異常がないことを確認しておくこと。

3. サンプルを挿入するときは，まず，空気で磁石の上にある導入口にサンプルを浮かせておき，その空気をゆっくり止めて，プローブの中に入れる。空気が出ていないのに，サンプルを導入口に入れると，一気にプローブの中に落ちて，サンプル管が割れることがある。必ず，空気が出ていることを確認する。

❺ 応用測定法

以下に述べる方法は，最近よく用いられている手法で，自分の化合物に適用できるものはどんどん使うとよい。

5.1 ^{13}C NMR で用いられるパルスシークエンス

耳慣れない言葉だが，NMR では照射時間や取り込み時間，照射範囲などを変化させて測定条件を変えるため，このようなものをひっくるめてパルスシークエンスと言う。プロトンはカップリングがあるので，帰属の足しになるが，カーボンの場合はデカップルしているため，帰属が曖昧になることがある。そのときは以下のような測定法が有効である（測定法は特に変わったものではなく，積算の前にこれらのパルスシークエンスを選ぶだけで測定できる。個々の測定器のマニュアルに必ず載っている）。

(1) INEPT (Insensitive Nuclei Enhanced by Polarization Transfer) 法：簡単に言うと，感度の高い核（プロトン）を利用して，C の感度を上げる方法である。INEPT は略号であるが，ちゃんと単語としての意味がある。あとの INADEQUATE とともに調べてみると面白い（皆さん自分の作った新しいシークエンスがよほど気に入らなかったのか？）。第一の目的は感度を上げることだが，プロトンを利用することで副次的な（今やこちらがメインだが）効果が出てくる。パラメータを変えることでいくつかの種類があるが，よく用いられるのは CH，CH$_3$ が上に出て，CH$_2$ が下，プロトンのない C（4 級という）はピークが出ないものである。通常の ^{13}C NMR スペクトルと比較することで帰属がぐっと楽になる（図 I-7）。

(2) DEPT 法：最初の D は Distortionless であとは一緒である。基本的に INEPT と同じ結果を与える。^{13}C で用いる場合は，どちらでもよい。

(3) APT (Attached Proton Test) 法：基本的に上の 2 つと同系列だが，CH，CH$_3$ が上で，CH$_2$ と 4 級が下に出る。基本的に同じ方向に出るカーボンはケミカルシフトの領域が異なることが多いので，ほかのデータがなくても帰属しやすい。Varian の装置だとデフォルトであるが，日本電子の装置の場合，パラメータ設定が必要なこともある。

5.2 多核 NMR で用いられるパルスシークエンス

先に述べたように F，P などいくつかの例外を除き，多核 NMR は感度が低い。そのため，いろいろ工夫がされている。例えば，^{29}Si NMR ではあらかじめ INEPT のパルスシークエンスを作っておき，それを用いて測定することで，終夜の測定が 1 時間程度で終了する。^{29}Si NMR 特有の事項も含めて，いくつか注意点を述べる。図 I-8 に通常モードでとった ^{29}Si NMR と INEPT モードでとった同じサンプルのチャートを示す。INEPT の方が短時間（2 分 vs. 90 分）で大きいピークが得られることがわかるだろう。

(1) INEPT 測定に限ったことではないが，^{29}Si NMR 測定の場合サンプルのピークと重なることが多いため，重溶媒にテトラメチルシランが入っていないものを使うことが多い。プロトンやカーボンでは残留プロトンや溶媒のピークが使えるが，ケイ

C-13 NMR ENHANCED BY POLARIZATION TRANSFER

DEPT CH only
SAMPLE : (i-Pr$_2$Si)$_4$

DEPT all up except quaternary

INEPT CH only

INEPT all up except quaternary

^{13}C-NMR (BCM)

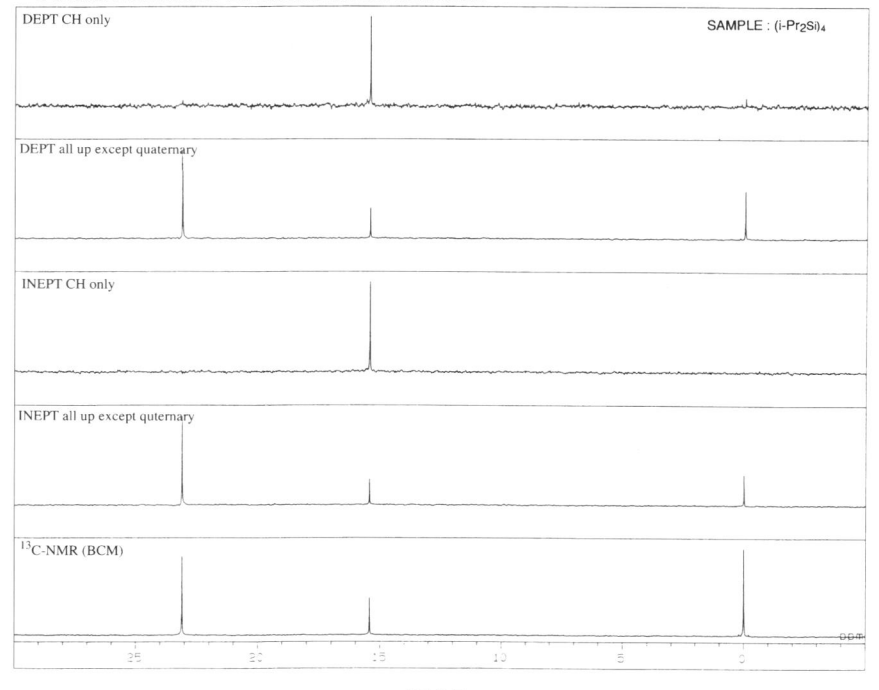

図 I-7

Si-29 NMR ENHANCED BY POLARIZATION TRANSFER

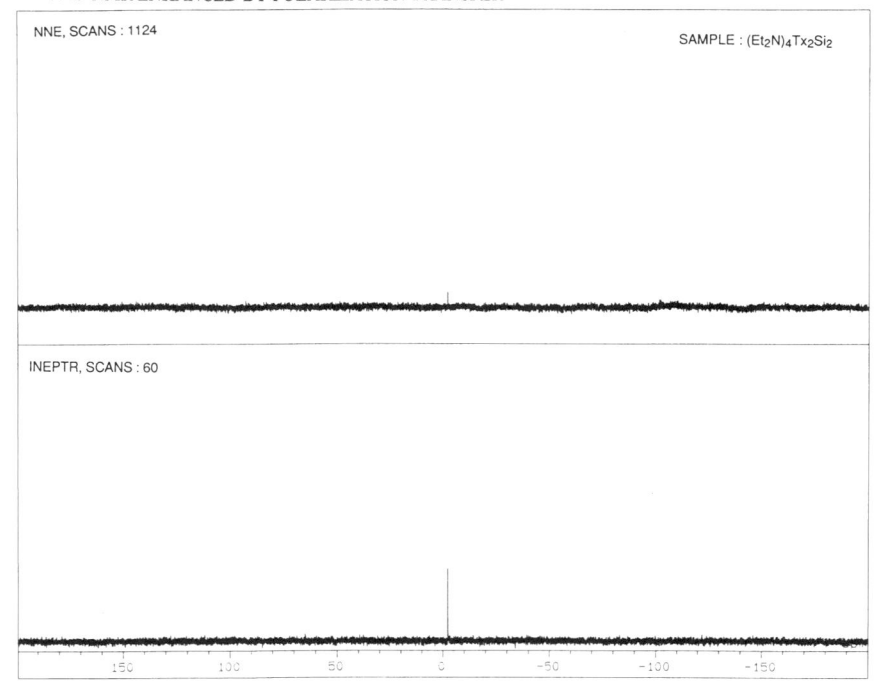

NNE, SCANS : 1124
SAMPLE : (Et$_2$N)$_4$Tx$_2$Si$_2$

INEPTR, SCANS : 60

図 I-8

素の場合そのような内部標準はない。そこで，あらかじめテトラメチルシランを入れたサンプルを測定しておき，軸を補正したスペクトルを保存しておく。各測定のときにはそれを呼び出して軸を残してスペクトルを上書きすることで，内部標準なしに正しいシフト値が得られる。軸の位置は溶媒の種類により微妙に異なるので，溶媒ごとに測定する必要がある。

(2) ケイ素の INEPT シークエンスはデフォルトで入っていない場合が多いので，新しい機器を買ったときなどは自分で入れる必要がある。基本的に変えるところは，2ヵ所（*J*cnst と *J*tim1：日本電子の場合）しかないので，自分たちがよく使うサンプルで一番ピークが高くなるように設定する。プロトンによる増感なので，ケイ素からどれくらいはなれているか，いくつあるかで値が変わるため，置換基によりファイルが複数あると便利である。

5.3 2次元 NMR

いまでは一般的になっているが，やはり測定時間（長い）やサンプル量（多くないとだめ）の制限を受けることには変わりない。いくつか代表的な測定を示す。

(1) COSY (Correlation Spectroscopy)：最後の Y は spectroscopy の Y で，「居心地のよい」言葉にするのに努力の跡が見られる。図 I-9 に示したように，プロトンの場合はカップリングしているピークのところ（縦軸と横軸の交点）にピークが見られる。等高線のようになっているが，ピークには高さがあり，山を上から見たような図になっている。対角線を引いたが，ここは自分同士の交点であり，必ずピークが現れる。これ以外の部分が相関ピークである。図 I-10 にスタックプロットの図を載せた。図 I-9 と同じスペクトルを立体的に書いたものである。2次元スペクトルはすべてこのような立体的なものであるが，インクを大量に消費するため，通常上から見た図を描き，高さは等高線と色の変化で表現する。

(2) NOESY：NOE の相関スペクトルという意味である。先の方で，あるプロトンを照射すると NOE により，空間的に近いプロトンの強度が上がることを述べたが，それをすべてのピークに試したものが NOESY である。相関ピークが観測されたところは空間的に近いと言ってよい。以前は，これとほぼ同じ情報を与える ROESY が主に用いられていた。X 線に適する結晶が得られにくい，ペプチドやタンパク質の立体構造を知る貴重な測定法であり，現在はいろいろ新しいパルスシークエンスも含めて広く用いられている。図 I-11 に例をのせた。空間的に近い 1 と 4，1 と 5，4 と 5 のプロトンの間に相関ピークが出ている。

(3) CH-COSY：上記 2 つはプロトン同士の同核 2 次元であるがこれは C と H の相関を示すもので，互いに結合している場合相関ピークが出る。プロトンまたはカーボンが完全に帰属されている場合，この測定によってもう一方の帰属もできる。HETCOR，HMQC なども同じものである。図 I-12 に例をのせた。お互いに結合しているところに相関ピークが出ているのがわかる。

COSY SPECTRUM

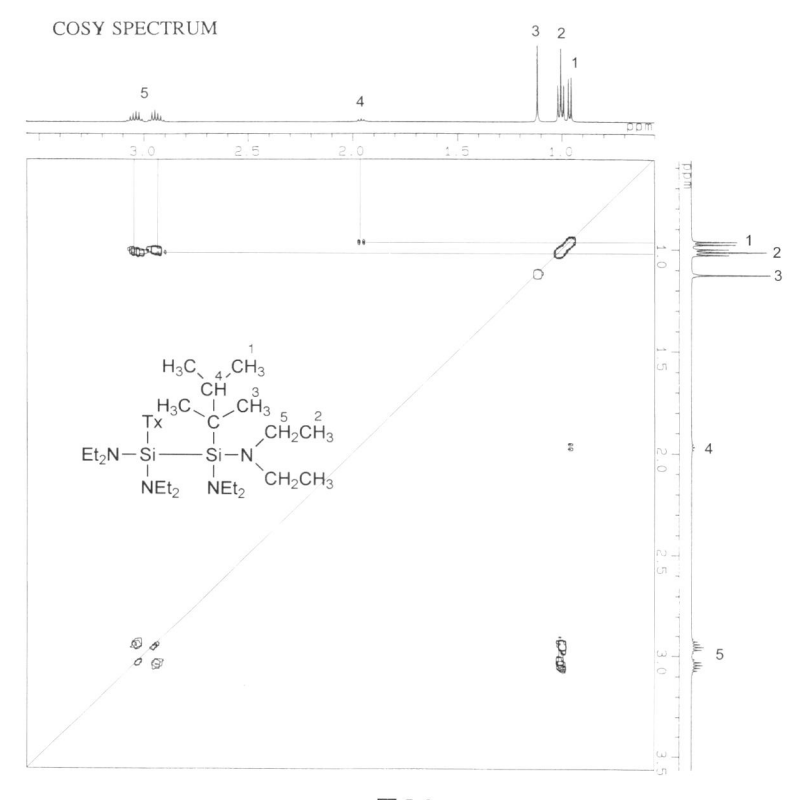

図 I-9

COSY SPECTRUM (STACKED PLOT)

図 I-10

(4) INADEAUATE (Incredible Natural Abundance Double Quantum Transfer Experiment)：名称としてはCC-COSYの方がわかりやすいが，この困難な略号を考えた研究者に敬意を表して，この名称がいまでもよく用いられている[14]。^{13}Cの同位体存在比が約1％ということは，隣同士にくる確率は0.01％である。元々感度の低いNMRでこの程度のものをピークとして観測するのがいかに大変かが予測できるであろう。ケイ素同士の相関を表したINEPT-INADEQUATEなど，初期の頃はよく用いられていたが，現在はX線解析が手軽に行えるようになったため，あまり文献でもお目にかからなくなった。

5.4 固体NMR

工学系の学科では固体NMRが使えるところも多いであろう。得られるスペクトルは液体と同じで，解析が異なることもないので，液体NMRと違う点だけを簡単に述べる。Cross PolarizationとMagic Angle Spinningという2つのテクニックで感度よく測定することができるようになったためCP-MAS NMRといわれることもある。

(1) サンプル管は5mm×2cmぐらいのキャップのついたチューブで，その中にスパチュラでサンプルをつめる。量が足りない場合は，NaClで薄めて使う。固体は液体と違って不均一だから，感度が低いと思いがちだが，薄めないで測定ができるので，^{13}Cでも積算数回でピークが出たりすることもある。

(2) 一般に，溶媒に溶解しないポリマーなどの測定によく用いられるが，重溶媒も用いず，短時間で測定できることが多いので，通常の化合物でもメリットがある。

5.5 温度可変測定

NMRは溶液中での化合物の状態を測定しているが，化合物によっては温度によって状態が変化するものもある。例えば，メチル基などはだいたいいつでもぐるぐる回っているが，かさ高い置換基が集まっているような場合は，室温では回転が止まってしまうことがある。その場合，ニューマン投影図を書くとわかるように，回転していると等価になる部分が非等価になり，違ったケミカルシフトを示すことになる。温度を上げることによって，分子の運動が激しくなり，回転できるようになると等価になり，ピークの数が減る。このように，温度などによって変化するNMRスペクトルを測定する手法およびその結果をダイナミックNMRと呼ぶ。温度を変えて何点か測定することにより，置換基の回転や異性化の活性化パラメータなどを求めることができる。測定方法は複雑ではなく，温度を室温より上げる場合はプローブに内蔵されたヒーターによりワンタッチで制御できる。下げる場合は，サンプル管回転用のエア導入部に液体窒素のはいったデュワ瓶（通常のデュワ瓶は超伝導磁石にくっついて破壊するので注意！専用の非磁性のものを使うこと）を接続して行う。

---

[14] うそである。略号はともかく，2量子フィルターを用いる測定法として，得られる情報も画期的であったため，この名前が広く用いられている。

NOESY SPECTRUM

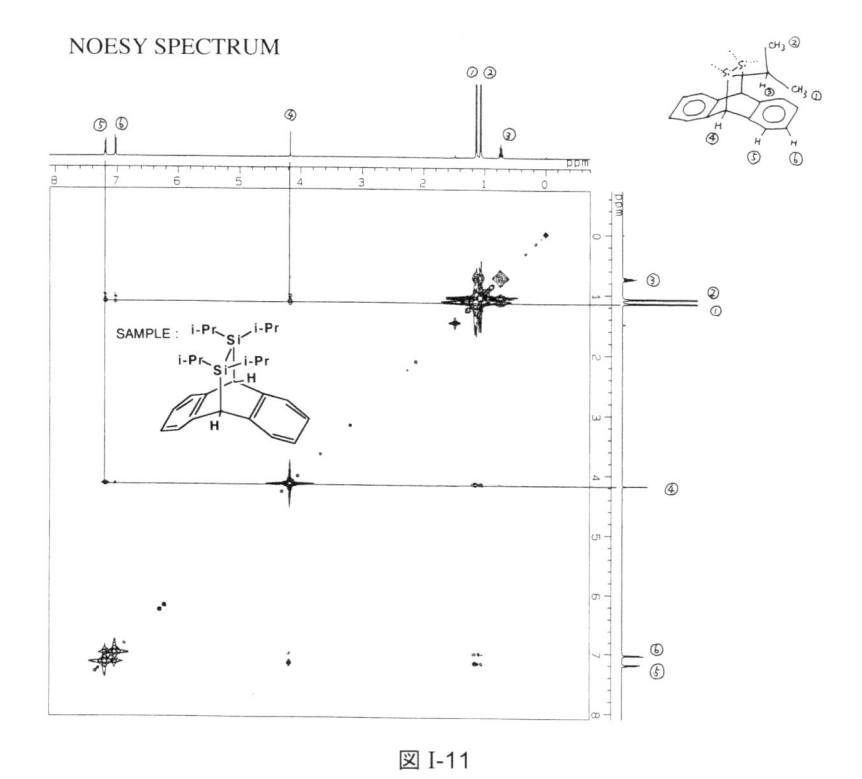

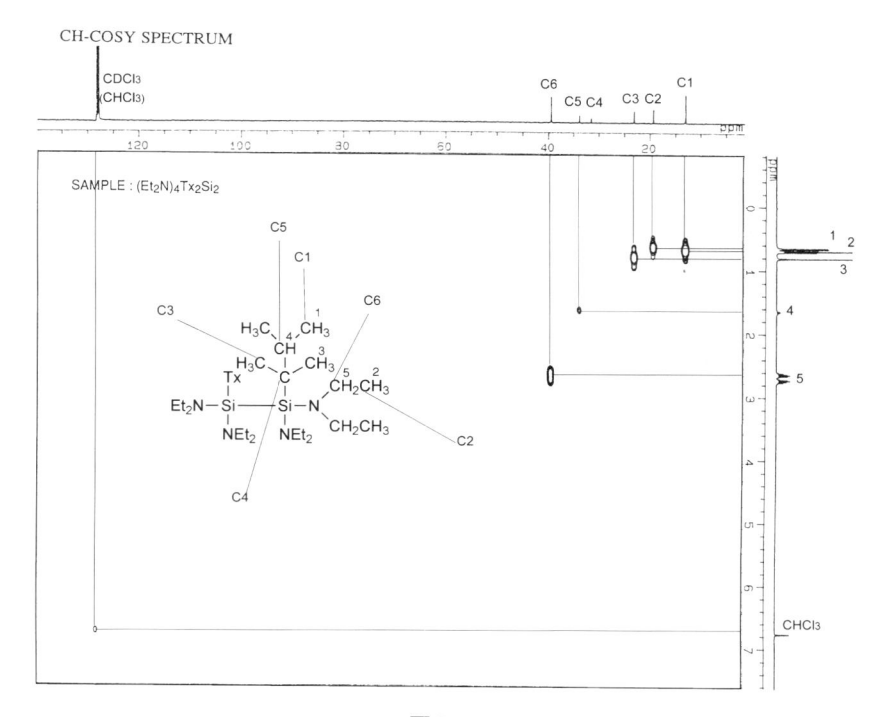

図 I-11

CH-COSY SPECTRUM

図 I-12

❻ 役に立つデータ集

NMR を測定するときに，いくつか必要な数値や手元にあると役に立つデータがある。それらをここにまとめる。

テトラメチルシラン入りの溶媒を用いる場合はそれを 0 ppm とすればよいので問題はないが，ケイ素化合物の測定などで入っていない溶媒を用いるときは，プロトンの残留 H のピークあるいはカーボンの溶媒のピークを基準にする。その値を示した。また，温度可変測定のときには重溶媒の沸点，よく使われる $CDCl_3$ 以外の溶媒を検討するときには値段なども考慮すべきであるので，ここに示した。

NMR を測定していると，測定した化合物にないピークが現れることがある。これらを知っておくと，よけいな時間を取られることがない。主なものには，サンプル管を洗うときに使った溶媒，反応容器に使ったグリース，反応容器に接続したチューブのとけたものなどである。4 以降は溶媒のスペクトルを示した。不純物の同定のほか，それらの重溶媒を使うときの残留プロトンの目安にも使える。いずれも 500 MHz の装置による測定である。

1. シリコングリース（信越シリコーン製）：反応容器のすり部分の気密や回転のために用いる。
2. アピエゾングリース：特に高真空にする場合使うグリース。グリース類は沸点も高く，混入すると除きにくいので，反応時注意のこと。
3. チューブの可塑剤：反応を窒素やアルゴン下で行うときはガスを導入するのにチューブを使う。溶媒が気化してチューブに触れると，チューブの成分である可塑剤が溶け出して，反応溶液に混じることがある。フタル酸ビス（2-エチルヘキシル）という化合物である。
4. アセトン：日本ではサンプル間の洗浄によく用いられる。乾燥が不十分ならピークが出る。
5. THF（テトラヒドロフラン）：比較的複雑なスペクトルなので，間違いやすい。よく使われる溶媒である。
6. DMSO（ジメチルスルホキシド）：沸点が高いため，なかなか除去しにくい。スペクトルは単純だが，水を溶かしやすいので HDO のピークが伴うことが多い。
7. DMF（ジメチルホルムアミド）：DMSO と同様。3 ppm あたりのピークがなぜダブレットになるのか考えてみよ。
8. CH_2Cl_2（ジクロロメタン）：ちょうど水酸基のプロトンが出るあたりにシングレットで出るので紛らわしい。
9. エーテル：沸点が低くて残ることはまれだが，エタノールとの違いを見よ。
10. エタノール：こちらの沸点が高く，残りやすい。
11. メタノール：シングレット 2 本なので，同定しにくい。
12. ヘキサン：市販の炭化水素は濃縮すると不純物が残ることが多く，似たような場所にピークが必ず出るようなら蒸留するなどが必要になる。

表 I-1 よく使うNMR重溶媒の残留プロトンの化学シフト値(ppm)および多重度と融点(℃), 沸点(℃), 価格(円)

a. NMR に使う重溶媒は，D 化率が 100%でなかったり，保存中に空気中の水分と反応したりして一つの D が H に置き換わることが多い。このピークは同じ場所に出るので，テトラメチルシランなどの内部標準が入れられないときのシフト値の参照ピークとして用いられる。このピークを残留プロトンピークと呼ぶ。D が複数含まれている溶媒では，カップリングで多重線になる。
b. よく使う溶媒は空気中で保存しておくと水分をすってそのピークが観測される。測定した化合物のピークと間違わないようにその場所を覚えておくと良い。
c. ^{13}C の場合は溶媒に炭素が含まれていればピークとして観測される。重溶媒では D が結合していることが多いので，多重線として観測される。
d. 温度可変の NMR を測定するときは，サンプルの溶解度に加えて重溶媒の融点, 沸点を把握しておく必要がある。たとえば融点 5℃のベンゼンを 0℃以下の低温測定には使えないし，クロロホルムを 100℃以上にするサンプルの溶媒にしてはいけない。
e. クロロホルムやベンゼンに溶けないときは他の溶媒を探すことになるが，重溶媒は種類によって値段が著しく異なるのでどれを使うか選ぶときの判断材料に価格も含めるべきである。たとえばアセトンとメタノールに溶けるときはアセトンを使うべきである。

溶　　媒	^{1}H[a]	水分[b]	^{13}C[c]	融点[d]	沸点	価格[e]
クロロホルム -d (CDCl$_3$)	7.24 (1)	1.5	77.0 (3)	−64	62	520
ベンゼン -d_6 (C$_6$D$_6$)	7.15 (1)	0.5	128.0 (3)	5	80	5600
塩化メチレン -d_2 (CD$_2$Cl$_2$)	5.32 (3)		53.8 (5)	−95	40	15800
メタノール -d_4 (CD$_3$OD)	3.30 (5), 4.78 (1)		49.0 (7)	−98	65	10600
エタノール -d_6 (C$_2$D$_5$OD)	1.11, 3.55		17.2 (7), 56.8 (5)	<−130	79	34000
アセトン -d_6 ((CD$_3$)$_2$CO)	2.04 (5)		29.8 (7), 206.0 (13)	−94	57	3300
トルエン -d_8 (C$_6$D$_5$CD$_3$)	2.09 (5), 6.98, 7.00, 7.09		20.4 (7), 125.2 (3), 128.0 (3), 128.9 (3)	−95	111	10800
ピリジン -d_5 (C$_5$D$_6$N)	7.19, 7.55, 8.71			−42	116	13200
テトラヒドロフラン -d_8 (C$_4$D$_8$O)	1.73, 3.58		25.3, 67.4 (5)	−109	66	51800
クロロベンゼン -d_5 (C$_6$D$_5$Cl)	7.2-7.3 (m)		126.4 (3), 128.6 (3), 129.6 (3), 134.2 (3)	−45	132	46400
テトラクロロエタン -d_2 (CDCl$_2$CDCl$_2$)	5.95 (1)		74.1 (3)	−13	147	24000
水 -d_2 (D$_2$O)	4.63			4	101	1880
アセトニトリル -d_3 (CD$_3$CN)	1.93 (5)		1.3 (7), 118.2	−45	82	6500
ジメチルスルホキシド -d_6 ((CD$_3$)$_2$SO)	2.49 (5)	3.25	39.5 (7)	18	189	3500
ジメチルホルムアミド -d_7 ((CD$_3$)$_2$NCDO)	2.74 (5), 2.91 (5), 8.01		30.1 (7), 35.2 (7), 162.7 (3)	−61	153	48500
トリフルオロ酢酸 -d (CF$_3$COOD)	11.5 (1)		116.6 (4), 164.2 (4)	−15	72	4100

a, c, d　The Aldrich Library of 13C and 1H FT NMR spectra, Edition 1, Aldrich (1993).
e　アルドリッチ総合カタログ (2003～2004) より，それぞれ 10g あたりの値段。グレードの異なるものがある試薬の場合は最も安いものを選んだ。10g のパッケージがないものは，最も近い容量の価格を比例配分した。

表 I-2 　NMR によく出てくる不純物のチャート

1. シリコングリース

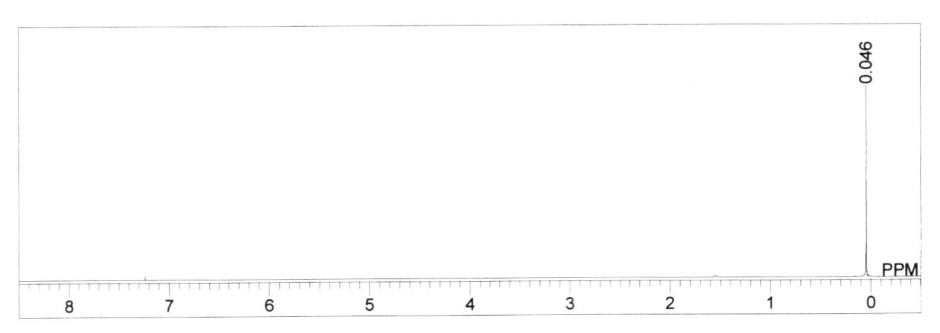

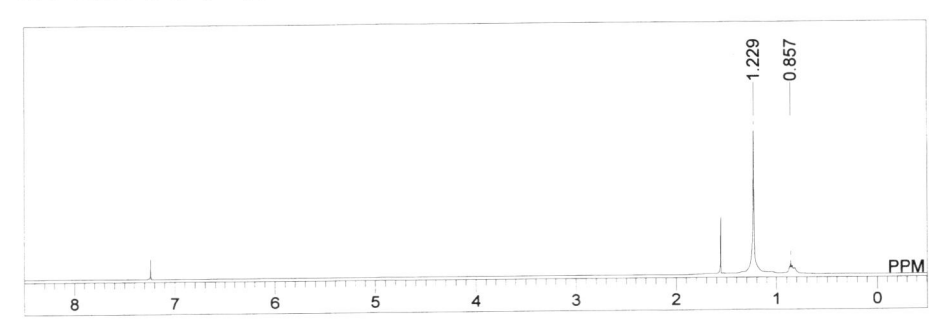

2. アピエゾングリース

3. チューブの可塑剤

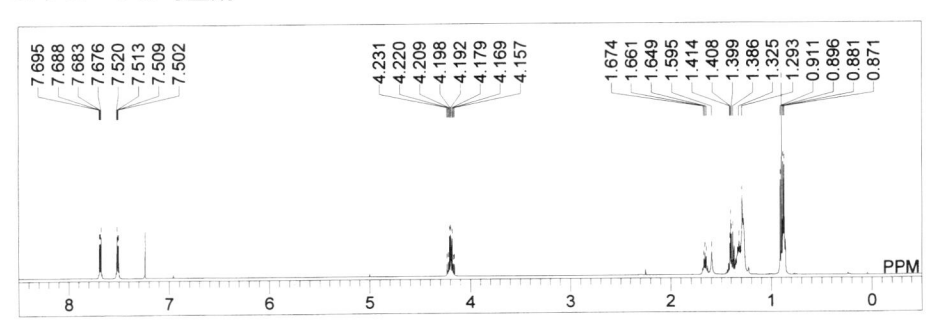

4. アセトン

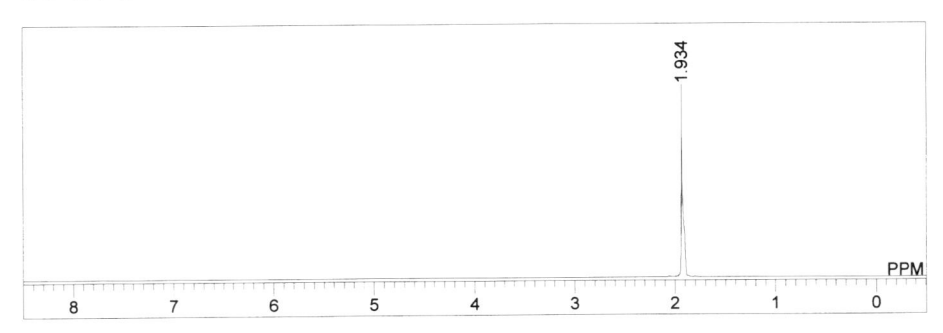

5. THF

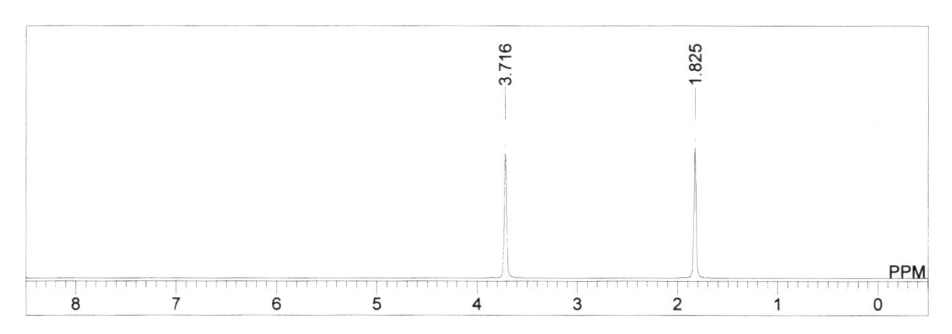

6. DMSO

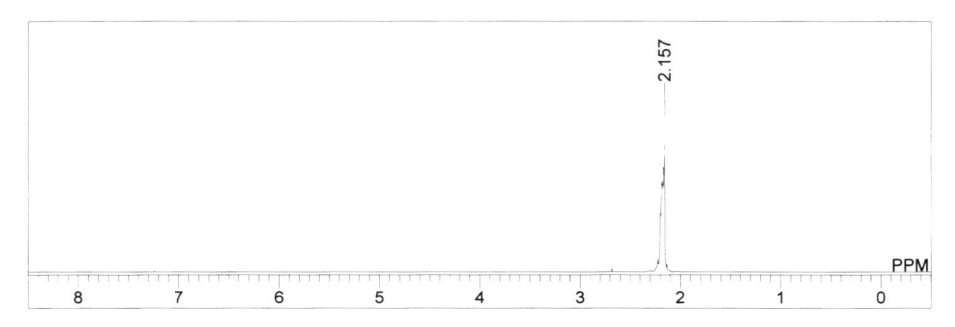

7. DMF

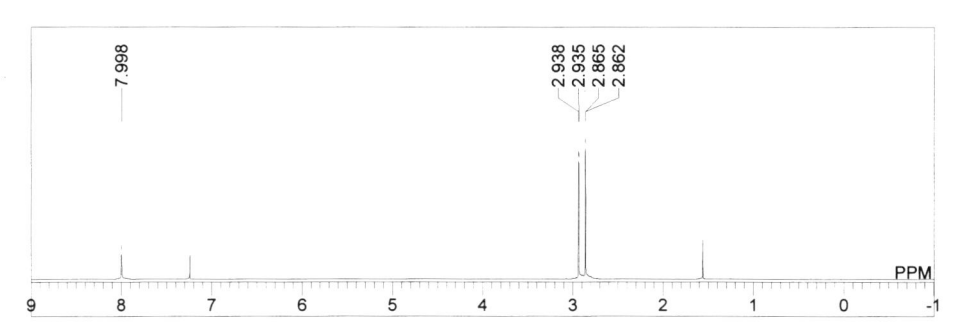

8. CH_2Cl_2

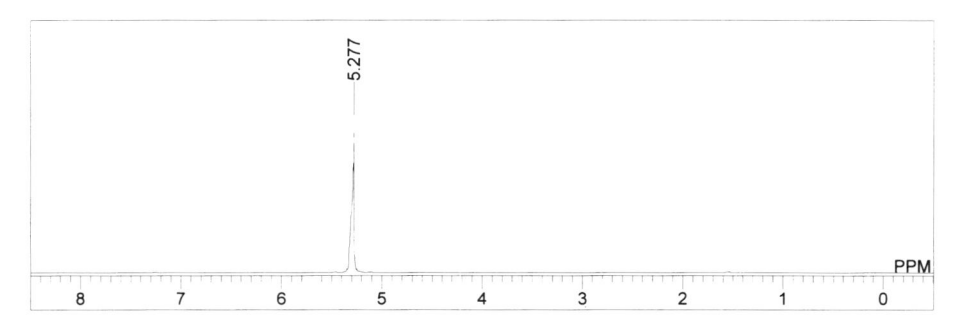

9. エーテル

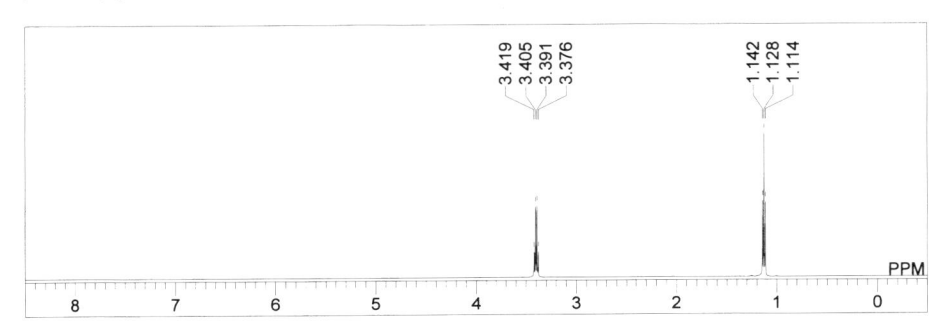

3.419
3.405
3.391
3.376

1.142
1.128
1.114

10. エタノール

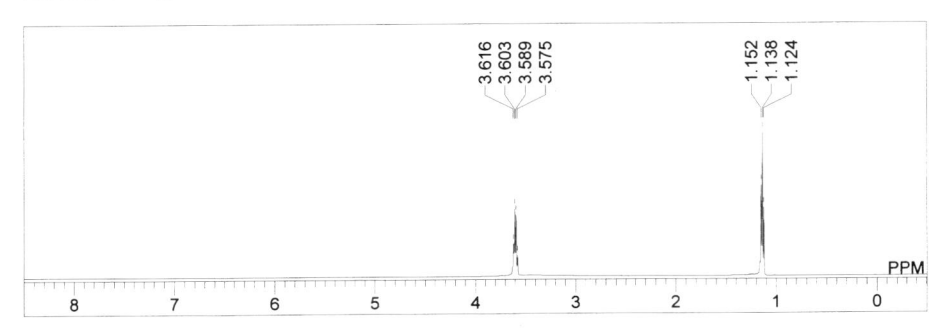

3.616
3.603
3.589
3.575

1.152
1.138
1.124

11. メタノール

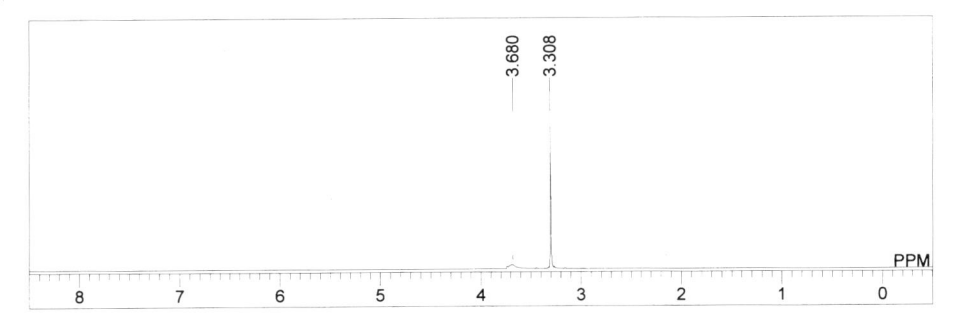

3.680
3.308

12. ヘキサン

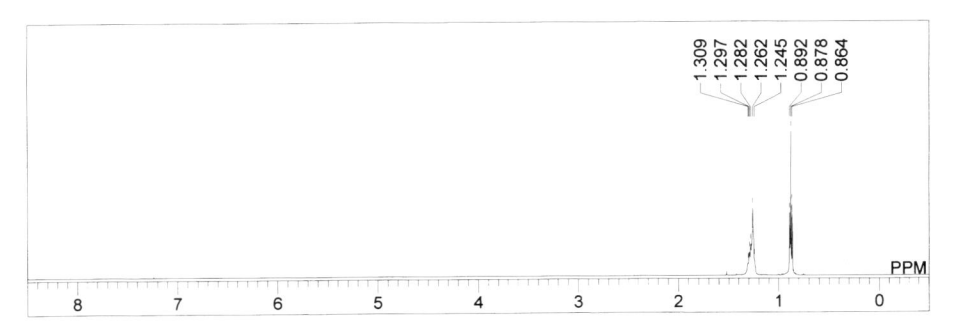

1.309
1.297
1.282
1.262
1.245
0.892
0.878
0.864

表 I-3　標準的なピーク位置

[化学シフト図：各官能基のプロトンの標準的なピーク位置]
- -COOH : 約 13.0～11.0 ppm
- -CHO : 約 10.5～9.5 ppm
- 芳香族環上のH : 約 9.0～6.5 ppm
- ⟨benzene⟩-OH : 約 11.0 付近
- -CH=CH- : 約 7.0～5.0 ppm
- ROH (R=アルキル基) : 約 6.0～0.5 ppm
- R$_2$H-X (X=ハロゲン) : 約 5.0～2.0 ppm
- -NH- : 約 5.0～0.5 ppm
- -S-CH- : 約 3.0～2.0 ppm
- -P-CH- : 約 2.5～1.5 ppm
- -C≡CH : 約 2.5～1.5 ppm
- -CH-CN, -CH-C(=O)- : 約 2.5～2.0 ppm
- アルキル基上のH : 約 2.0～0.5 ppm
- -Si-CH- : 約 0 ppm

Chemcal Shift ppm

参考文献およびお薦めしたい本

『NMRの書』，荒田洋治著，丸善（2000）．

　NMRを仕事とする人は，手元に置いておきたい一冊である。その原理からコンピューター処理まで，NMRの理解に必要な事項がすべて網羅されている。したがって，内容は高度であるが仕事が進むにつれて少しずつ理解できるであろう。東大を定年で退官されてから出版されたので，すべてのページに手がかかっており，よくある他の書からの受け売りなどは全くみられない。最近ではまれな力の入った本である。荒田先生は何を隠そう私が学部3年の時にNMRを初めて教わった先生である。黒板に大きく「プロ」と書き，君たちは化学のプロになるのだから，プロとしての心がけが必要である，とおっしゃった講義は忘れられない。

『化学者のための最新NMR概説』，Andrew E. Derome 著（竹内敬人・野坂篤子訳），化学同人（1991）．

　いまの大学に移ってから最もよく読んだ本。それまでの参考書が測定よりも解析に重きを置いていたのに対し，例えばシム調整など測定についても詳しく扱った最初の書である。また，極力数学を排した説明は，化学者にとって非常にありがたい。毎週NMRを測定する人はまず一通り読んでおくとよい。不幸にもNMRの管理者になってしまった人は，最後の抵抗として共通経費でこの本を買ってもらおう。高次のシム調整で何が変わるかということが書いてある本はこれくらいしかない。幸い私には経験がないが，ボスが後ろに立って仕事を見ているときに限って，シムが合わないという記述は秀逸である（ちなみに訳された竹内先生は私の修士論文の主審査をやっていただきました）。

『スペクトルを探る旅』，中田宗隆著，東京化学同人．

執筆時（2004年2月）まだ単行本になっていないが，いずれ発行されるはずである。タイトルは変わるかもしれない。21章からなる，かなり苦しいこじつけのたとえ話から始まるスペクトルの本は読んでいるだけでも楽しい。もともと量子化学の先生なので数学的な話もあるが，たとえを多用して説明してくれるのでわかりやすい。NMRに関する部分は3回しかないが，トータルとして量子化学の勉強にもなるし，学部後半から院生レベルにおすすめである。またまた偶然なのだが，私は4年の物理化学実験でお世話になった。物化実験ではレポートを出した後，担当の先生の口頭試問があり，厳しい某K先生など皆びくびくしながら行ったものだが，中田さんは温和で優しく，人気であった。

『有機化合物のスペクトルによる同定法（第6版）』，Robert. M. Silverstein, F. X. Webster 著（荒木峻ら訳），東京化学同人（1999）．

我々が学生の頃は，構造解析の本と言えばこれしかなかった。著者の名前をとってシルバーシュタインと呼んでいた。現在でも，経験則によりNMRのシフトを予測したり，計算で求めたりするデータ集としてはこれに並ぶものはない。ほかに，IR，MSも含まれておりちょっと高価だが（しかし原書より安い）一生使える。

インターネットでスペクトルが参照できるサイト

これまでは図書館などに行って分厚い本を調べるしか方法がなかったが，今はパソコンからデータベースを参照することができる。2010年時点で以下の2つが利用可能である。

1. SDBS：産業技術総合研究所が制作・管理している有機化合物のスペクトルデータベース。名前のほか，分子式などからも検索でき，NMR以外のスペクトルもそろっていておすすめである。検索サイトでSDBSと入力し，サイトを選んでください。

2. Sigma-Aldrichのホームページ：こちらも化合物名などから検索ができる。NMRのデータがすべて300Mhzの装置で測定されていて比較的新しい。こちらは試薬の付属資料としてスペクトルがリンクされているため，同一の試薬でもスペクトルがあるものとないものがある。探し方のヒントとしては，製造元がAldrichのもの，純度が低いものから選んでいくとよい。NMRはもともとAldrich社がデータとして出していたもので，Sigma-Aldrich, Fulkaによる試薬にはリンクされていないことが多い。http://www.sigmaaldrich.com/ のサイトから，右上の検索ボックスに化合物名を英語で入力し，リストで出てきた化合物名をクリックすると，左側にFT-IR，Raman，FT-NMRのリンクが出るので，クリックするとスペクトルが表示される。

II MS

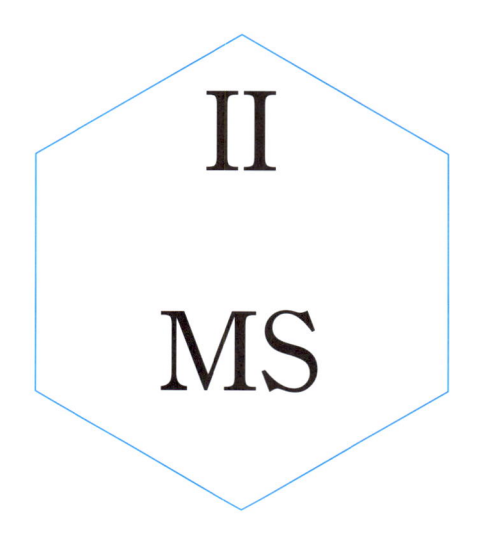

Mass Spectrometry：質量分析

　これまでは縁の下の力持ち的な扱いを受けていた質量分析であるが，最近，環境分析や毒ガスの使用などで表面に出てくることも多くなった。たとえばダイオキシンの分析には高分解能質量分析が不可欠であり，また犯罪捜査やスポーツのドーピング検査にもガスクロマトグラフィーと組み合わされた質量分析が活躍している。今後も，質量分析のテクニックは（それを身につけることができれば）貴重な財産となっていくであろう。

　この章は，質量分析の全体説明と，実際に使いこなすために必要なデータ集からなっている。初めて質量分析を学ぶ場合は，本文を読み通し，（難しいことはとばして）理解するとよい。さらに，実際に自分でサンプルを測定し解析する場合はデータ集を手元に置き，常に参照すれば他の参考書は必要ないはずである。また，本文中には大学院レベルでも役に立つように，4年までに有機化学で習う事項も用語として含めてある。まだこれらを習っていない場合は，わからなくても無視してまったくさしつかえない。

❶ マススペクトル－なぜ必要か

　質量分析（Mass Spectrometry，一番短く示すと MS である。研究室内ではマスということが多い）は，化合物や単体の分子量を測定する分析方法である。それではこのようなスペクトルとその解析がなぜ必要になるのであろうか？

　いま原稿を書いている僕の後ろで，大学院生が図 II-1 のような反応の実験を行っている。予想通りに反応が進むと，ベンゼン部分と塩素原子が置き換わって化合物 **1** が生成するはずである[1]。反応がうまくいっていることを確認する一番簡単な方法はマススペクトルをとってみることである。原料の分子量は 268 であり，化合物 **1** は 184 だから，184 のところにピークが見えていれば OK である[2]。もちろん，偶然分子量が同じ化合物が（化学的には不可能に見えても）生成する可能性を否定できないので，NMR や IR を測定することも必要である。

　ところで，他のいろいろなことと同様，研究の現実はそんなに甘いものではない。ときどき（あるいは，時間がなくてどうしてもうまくいってほしいときはたいてい）思った通りに反応が起こらないことがある。こういった予想外の反応から化学は発展していくのであるが，いまはそんなことは知ったこっちゃない。何ができたか突き止めないと，週末のディスカッションで教授にからまれるのは火を見るより明らかだ。そこで，構造解析のスキルが必要になるのである。

　本来 184 のところにピークが出ているはずが見あたらない。その代わりに 148 のところに出ている。分子量が小さくなっているのだから，基本的にケイ素はひとつで，置換基がかわっている可能性が高い。単純に引き算すると 36，ただしそれに当たる適当な組み合わせはない（塩素 35，イソプロピル 43 なので）。それなら，2 つ置き換わるとしてひとつあたり 18，これなら 35 の塩素が 17 になればいい。17 といえばいちばんありがちなのは水酸基である。そういうわけで，化合物 **2** のような物になってしまったようです，と報告できるようになる[3]。

　いまは，分子量の話だけしかしていないが，マススペクトルを解析するには他にも大事なポイントがいくつかある。**分子イオン**，**フラグメント**，**同位体分布**などである。これらについては，それぞれ後で詳しく解説する。

---

1) ここに示した反応は，見たことがないかもしれないが気にする必要もないし，覚えておかなくてもよい。ケイ素に特有の反応である。ちなみに *i*-Pr とはイソプロピル基のことで，-CH(CH$_3$)$_2$ のように枝分かれをした置換基である。
2) このあたりの数字がさっぱりわからない人はラッキーである。なぜなら，この本を読むことによって得る物がとても多いから。詳しくは後で出てくる。
3) ケイ素上の塩素は空気中の湿気などで加水分解されて水酸基に置き換わりやすい。これは，厳密に水分を除くなどして注意すれば防げるので，週末のディスカッションでは注意が足りない，といずれにしても教授にからまれることになる。

図 II-1　ケイ素化合物の反応

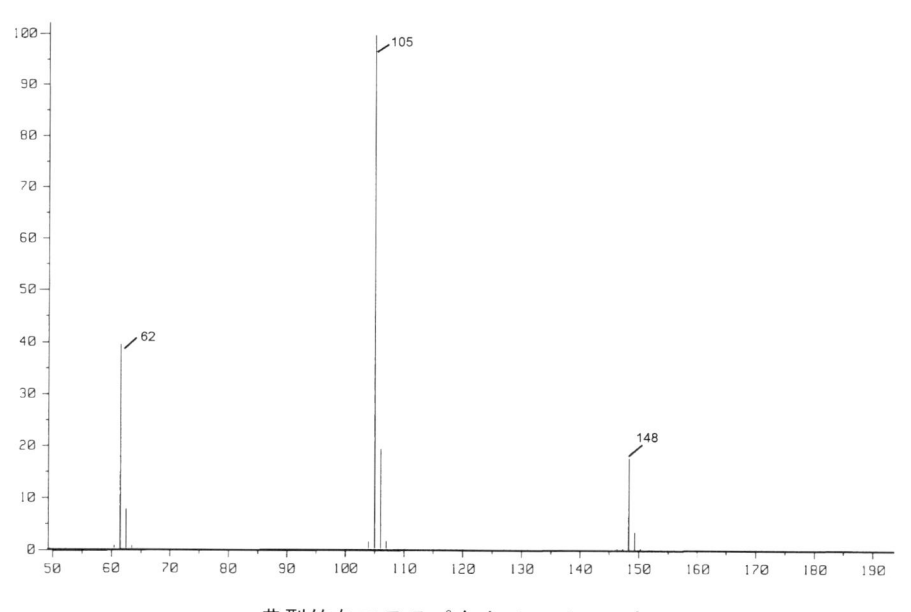

典型的なマススペクトル・チャート

❷ マススペクトル－その特徴

　この測定法の最も大きなメリットは，**微量の試料**しか必要としない，ということである。通常 1 mg もあれば十分であり[4]，その量は NMR，IR，UV などに比べても圧倒的に少量である。サンプルが回収できない破壊型の測定法だが，通常そのことは全く問題にならず，微量しか得られない天然物の分析にも活用される。もう 1 つのメリットは，**混合物の測定が可能**である，ということである。化学の実験において，分離，生成は実は合成反応や同定よりも手間や時間がかかることが多い。NMR や UV では混合物を測定するとそれぞれのピークや吸収がいっしょに出てきてしまうため必ず純粋な化合物で測定するが，マススペクトルでは異なった化合物は別々のスペクトルとして観測できるため単離する必要がない。これは大きなメリットである[5]。限界としては，通常の測定法ではだいたい分子量 1000 までの化合物しか測定できない。それ以上のものについてはイオン化の方法を変える必要がある。

　典型的なマススペクトルのチャートを前頁に示した。NMR などと異なり，質量（m/z）とその強度だけのシンプルなスペクトルである。通常は読みやすいこの形式で出力するが，m/z，強度，相対強度を数字だけで表のように出力することもできる。論文などに発表する場合は，普通はスペクトルを示すことはなく，数字のみで表す。

　ところで，混合物がどのように測定できるのだろう？　その秘密は，測定の方法にある。次頁に TIC（Total Ion Chromatogram）を示した。横軸がスキャンになっており，100 まで数字が並んでいるのが読めるだろうか。マススペクトルの測定は，実は 1 回だけ行うのではなく，数秒ごとに何回も測定する。この場合は約 100 枚スペクトルの測定を行っている。縦軸はイオン強度，すなわち，どれくらい帯電したイオンが飛んできたかを示すものである。このグラフの山の部分ではたくさんのイオンが飛んでくる，すなわち，イオン化が起こって，分子の切れたものが検出器に入っていることになる。したがって，山の部分を読めば，その化合物のマススペクトルが得られる。異なった化合物は通常違うところでイオン化するので，このように山が 2 つ出るような場合は，それぞれの山の部分を読めば，2 つの化合物のスペクトルを得ることができる。

---

[4] 逆にそれだけの微量を計りとるのは困難なので，通常薄い溶液にしておいてそれをマイクロシリンジでとってサンプル管に注入する。
[5] ただし，イオン源を汚染するので測定前の精製は必要である。反応の副生成物のポリマー，ゴミなどは完全に除いておかなければいけない。

MSのサンプル管。この中に化合物の薄い溶液をマイクロシリンジで1μlほど注入し，測定する。

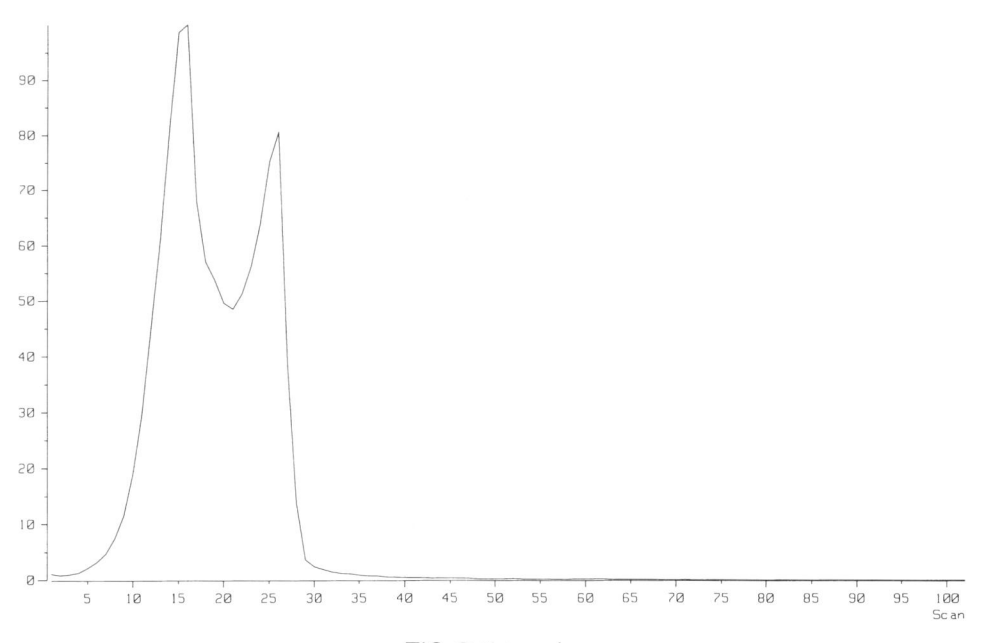

TICのチャート

③ 質量分析装置について

マススペクトルを測定する機械のことを質量分析装置，英語で Mass Spectrometer と言う。他の分析機器と同様，測定してでてくるもの（結果が書いてある紙のことをチャートという）は spectra（単数形 spectrum），分析手法を spectrometry と言う。ちなみに，スペクトルのデータのように形容詞形で使うときは spectral data のようになる。

分析機器の参考書を見ると，たいてい質量分析装置の詳しい図がのっているが，機械の内容を知っておかないといけないのは，1) その機械を設計，販売している会社に就職した場合，2) 不幸にも質量分析装置の管理人にあたってしまい，予算が少ないため自分で修理して使わなければならなくなった，のようにあまり可能性のない場合ぐらいしかないと思うので，ここでは最低限のことだけ簡単に説明する。

3.1 検出方法

分子ひとつは非常に微少なものなので，その重量だけを測定することは大変難しい。そこのところを，マススペクトルでは大変賢い方法をとっている。つまり，試料をイオン化（通常電子ひとつをとる：これは簡単にできる）して，ある方向に飛ばす。そうすると，試料はある一定の重さ（分子量，m）と電荷（+1, z）をもつものになる。電荷があるので，磁場をかけてやると曲げることができる（磁石の N と S がくっつくのと同じ原理である）。ところで，その分子の曲がり方は，重さに比例する。つまり，高速で飛んでいる重い物は同じ力をかけても曲がりにくい。一方，軽い物は簡単に曲がる。したがって磁場を微少ずつ変えていくと，最初は軽い分子が曲がり，磁力が強くなるにつれて重い分子も曲がるようになる。ある一定の角度のところにイオンの検出器をつけておくと，最初は軽い物が，そしてだんだん重い物が飛び込んでくる[6]。磁場をどれくらいかけているかをモニターすることによって，正確な分子量がわかる。たとえば酸素分子と窒素分子の 1 個あたりの重さの差は，だいたい 6.6×10^{-24} グラムしかないのでその差をはかるのは大変だが，分子量と電荷の比（m/z）でいえば 32 と 28 で，かける磁場の差は 12％も違うから[7]，簡単に区別でき，分子の重さが正確に出てくるというわけである。現在のところ，分子量は小数第 4 桁程度まで普通に区別できる。酸素の分子量は 31.9898 まで測定できる。これはなかなかすごい[8]。

---

[6] イオンを曲げずに，同じエネルギーで打ち出してどれだけ早く飛ぶか（もちろん重い方が遅い）を調べて分子量を測定する方法もある。TOF-MS（飛行時間型マススペクトル）という。
[7] 分子量の差は 14％だが，磁場は 2 乗できいてくるので，磁場の差は 12 になる。電磁気学を勉強するとすぐわかります。
[8] 通常はここまで正確にする必要がないので，整数値でだす。化合物が厳密にある組成であることを示す必要があるときは小数第 4 桁まで測定する。高分解能マススペクトルという。

質量分析装置のいろいろ①

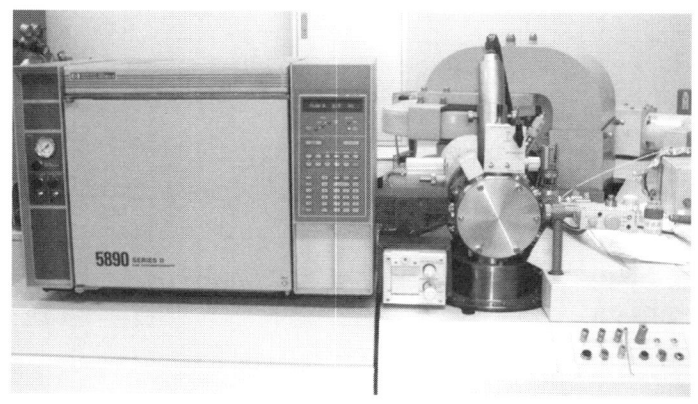

最も一般的な二重収束装置。左側はガスクロユニットである

イオンは湾曲したフタの中を通り，右手奥の検出器で検出される

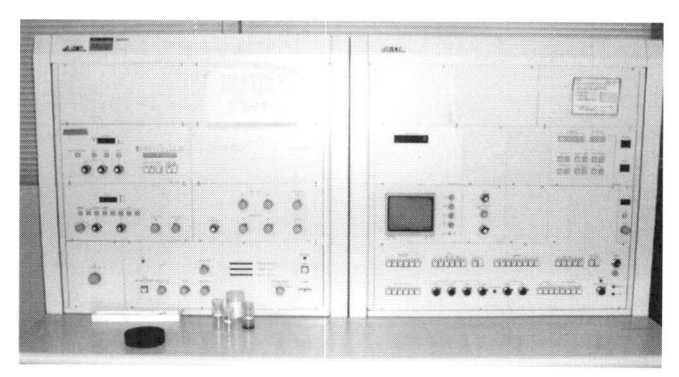

温度，イオン化法などのコントロールユニット

3.2 イオン化法

イオン化法について,少し述べておこう。最終的にプラスかマイナスの電荷を持つようにすればいいのでイオン化の方法にはいくつかある。一番簡単なのは電子を1個とることである。まず,分子同士が近くにいると電子をひっぱがすのは少々大変なので,超高真空で化合物を気化して分子を引き離す。その上で,電子銃というものから電子をぶつけてやりイオン化をする。電子をぶつけるのに電子がとれるのはなぜかということを深く考える必要はない。ビリヤードのようなものと思えばよい。この方法をEI(電子イオン化法)という。これ以外に,イオン化しにくい試料とメタンなどのガスを混ぜておいてからイオン化すると,量の多いガスがまずイオン化され,それと試料が反応してイオン化される。これはCI(化学イオン化)と呼ばれ,EIとほぼ同様の機械で可能なので,両方測定できる機械が多い。最近むしろCIなどよりよく用いられているのは,ESI(エレクトロンスプレー)であり,特に高分子量の生体分子(タンパク質,ペプチド,糖など)の分析ではよく用いられている。溶媒で試料を溶かし,これを霧吹きのような物で細かい液滴にする。これに高電圧をかけると試料はイオン化され,飛んでいる間に溶媒はなくなってイオンが検出器にはいるというわけである。プラスのイオンだけでなくマイナスのイオンも発生可能で,また,+1だけではなく2とかそれ以上の多価のイオンも生成できるので,特に高分子では都合がよい。ここまでくるとおわかりのように,マススペクトルの単位が無名数ではなくてm/zで表されるのは分子量と電荷の比率だからである。上で述べたように通常電荷は+1なので,m/zが分子量mと同じ値になる。ところで,イオン化法によっては,+2のイオンが出ることがある。そのときは,m/zのzが2になるので,ちょうど分子量の半分に当たるところにピークが出る。ということは,1000までしか計れない機械[9]で1800の化合物は測定できないが,2価イオンにしてやれば900のところに出るから観測可能である。そういうわけでESIは最近人気がある[10]。

3.3 GC-MS

イオン化の方法は上に示したとおりだが,イオン化する前にどういう状態で打ち込むかについていくつかの方法がある。ひとつの方法は**直接導入(DI)**といい,1ミリぐらいの小さなガラス管に化合物を溶媒にとかして入れ,それを機械の中に入れて高真空にして気化させる。もう1つよく使われる導入法が,**GC-MS**すなわちガスクロマトグラフで気化させる方法である。ガスクロマトグラフは研究室では一般的に使われている機械なので知っている人には説明の必要がないが,ひとことで言うと「サンプルをガス化して,カラムの中を通し分離する機械」である。カラムというのは,中に砂のようなも

---

[9] 質量分析はいくつでもOKというわけではなく,通常の機械では分子量1000あたりが限界になる。さらに大きな分子量を計測するためにはイオン化法などを変える必要がある。
[10] この方法を開発したジョン・B・フェンはその業績により2002年ノーベル賞を受賞した。

質量分析装置のいろいろ②

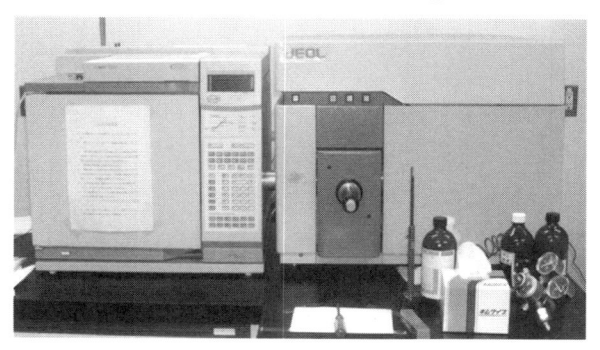

こちらは四重極型の装置。左半分はガスクロユニットなので，装置のコンパクトさがわかるだろう。先の二重収束型とともに高分解能マススペクトルの測定も行える。

Data File : HRMS　　　Date : 04-OCT-2004(Mon)　　11 : 24 : 44

Mass	Intensity	mmu	Formula
299.2852	7.44	−9.8	C19 H39 O2
298.2873	68.46	0.2	C19 H38 O2
		4.7	C18 H37 O2
297.9855	7.97	1.5	*C9 F10
↑	↑	↑	↑
測定された質量	強度	計算値との誤差	組成式

　上の例では，298.2873 に観測された強度 68.46 のピークが組成式 $C_{19}H_{38}O_2$ の化合物の質量と 0.2 ミリマス（＝ 0.0002）の誤差で一致している。この化合物の正確な質量は 298.2875 である。ちなみに，一番下の C_9F_{10} のピークはキャリブレーションとしてサンプルと一緒に流して測定しているパーフルオロケロセンのピークである。

高分解能マススペクトルの出力例

のが詰まった細い管である。化合物によって，その細い管をどれくらいの速さで動くかが変わってくるので，出てくる時間を測定するとどういうものが含まれているかがわかる仕組みになっている。これは単に化合物をガス化するだけではなく，化合物が複数含まれている場合，順番に出てくるので出てきた順にMSを測定すると，きれいなスペクトルが得られる。直接導入でも混合物は可能だが，沸点が近いものだと分離されずにいっしょに出てきたりするため，GCに比べるときれいなチャートが得にくい欠点がある[11]。

3.4 キャリブレーション

たとえば分子量800の化合物ならば，1から800までの800箇所に出るピークを区別しなければいけない[12]。これは結構たいしたものだと思うだろう。ただしここには秘密がある（そんなたいしたものではないが）。通常1日1回，測定を開始する前にキャリブレーションというものを行う。日本語で言うと較正である。これは，あらかじめ分子量とフラグメントピークの形が完全にわかっている化合物を打ち込んで[13]，出てくるピークを機械が記憶している正しい形と比較する。両者が一致するように，軸を動かし，次に取るサンプルも正しい軸になっているようにするわけである。

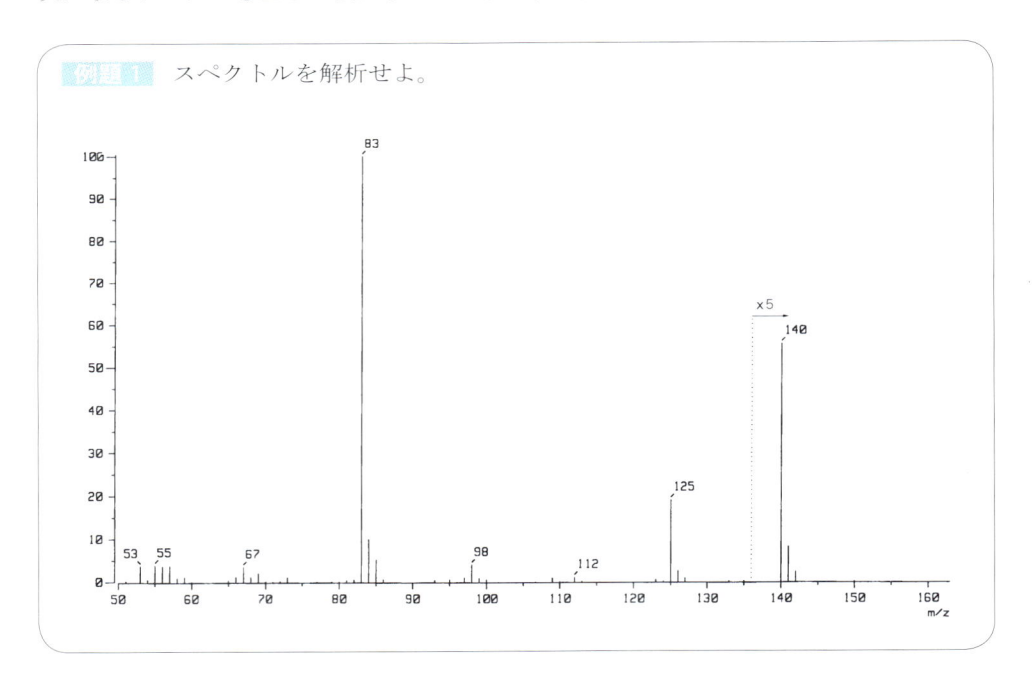

例題 1 スペクトルを解析せよ。

[11) といっても，分子量の大きい化合物はGCに打ち込んでも出てこないので，すべてのものがGC-MSで測定できるわけではない。さらに，DIでも分離のいいスペクトルが得られるように工夫されているので，実用上は問題ない。気持ち程度の差である。
12) 実際は窒素や酸素のピークがつねに観測されてしまうため，通常 m/z 50以上を測定するように設定してある。
13) パーフルオロケロセン(PFK)という化合物が，標準物質としてよく使われる。このフッ素化合物はポリマーであるが，規則正しくすべての質量数域にフラグメントが出るので，すべての軸を正しく定めるのに都合がいい。

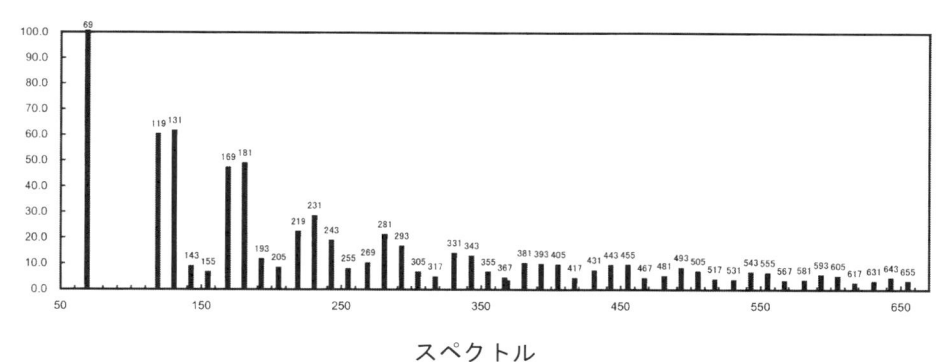

スペクトル

キャリブレーションピークの m/z と強度

m/z	強度	m/z	強度	m/z	強度
68.9952	100.0	304.9824	6.0	492.9697	7.7
118.9920	59.6	316.9824	4.2	504.9697	6.4
130.9920	60.9	330.9792	13.3	516.9697	3.3
142.9920	8.3	342.9792	12.2	530.9665	3.0
154.9920	5.9	354.9792	6.0	542.9665	6.0
168.9888	46.7	366.9792	3.8	554.9665	5.8
180.9888	48.2	368.9760	2.7	566.9665	2.7
192.9888	10.9	380.9760	9.5	580.9633	2.9
204.9888	7.7	392.9760	9.1	592.9633	5.0
218.9856	21.6	404.9760	8.9	604.9633	4.5
230.9856	27.8	416.9760	3.7	616.9633	1.9
242.9856	18.1	430.9729	6.7	630.9601	2.6
254.9856	7.3	442.9729	8.7	642.9601	3.7
268.9824	9.6	454.9729	8.8	654.9601	2.5
280.9824	20.5	466.9729	3.7		
292.9824	16.0	480.9697	4.5		

キャリブレーションには通常 PFK（パーフルオロケロセン）という化合物を使う。この化合物は，1. 安定で，2. 揮発性がよく，3. すべての範囲にピークが出る，という特徴がある。上のスペクトルからもわかるように，12 ごとにまるで方眼紙のようにピークが出ていることがわかるだろう。

キャリブレーションに用いる標準サンプルのスペクトルとデータ

❹ スペクトルの読み方

4.1 分子イオンピーク

さっきからピークだの，単位がどうこうだの言葉ではわかりにくいことが次々出てきて，閉口している向きもあろう。さっそく生の[14]スペクトルデータを見てみよう。図 II-2 はヘキサン（$CH_3CH_2CH_2CH_2CH_2CH_3$）というシンプルな化合物のスペクトルである。一番右側に出ている高いピークを見てみよう。ピークというのはスペクトルの中に出てくる線とか山とかを示すと考えられたい。80 から数えてみると 86 のところにピーク，両側に小さいピークが見える。この 86 のピークのことを**分子イオンピーク**または**親ピーク**という[15]。分子量の計算は高校でも学ぶと思うが，C=12，H=1 とすると，先ほどのヘキサンは C_6H_{14} になるから $12 \times 6 + 1 \times 14 = 86$，おお，ぴったり合っているようだ。さて，分子イオンピークが分子量を表すことはこれでわかったが，なぜ分子イオンか？それは前のセクションで出てきたように，分子をイオン化して測定しているため，実際は $[C_6H_{14}]^+$ という化学種を観測しているので，分子そのもの＆イオンになっている，ということで分子イオンピークという。簡単に M^+ と表現する。M は分子の英語 molecular の M である。論文中では（できるだけスペースを取らずに表現しなければいけないので）「m/z 86（M^+, 10%）」のように示す。10% というのは縦軸の高さである。これについては後述する。

ところで，分子量は無名数であり，ピークは m/z 86 のように表すが，質量数に単位はあるのだろうか？ これは重さであるのでちゃんと単位が決められていて u を使う[16]。分子量 86 なら 86u である。ところが，これにはほとんどお目にかかることはない。有機化学者は分子量を無名数で扱うことが多いし，生物化学の世界では Da（ドルトン）を使う。タンパク質などで 66 キロドルトンという表記があれば質量 66000 ぐらい，ということである。ちなみに，これらの物質は組成がきっちり決まっているわけではないので，分子量を定めることができない。おおよその質量と考えればよいであろう。

さて，スペクトルで最初に目をつけるところは分子イオンピークであることはわかったが，それ以外にもピークは多数ある。これらについても読めなければ解析できたとはいえない。

---

[14] 測定機器から打ち出したままの，と言う意味。実際に発表されるときはスペクトルの図は出さず，数字だけで結果を示す。
[15] 化合物によっては分子イオンが不安定ででにくいものがある。そういうときは研究室では「親がでない」という。
[16] amu も使われることがある。みんな同じ意味である。

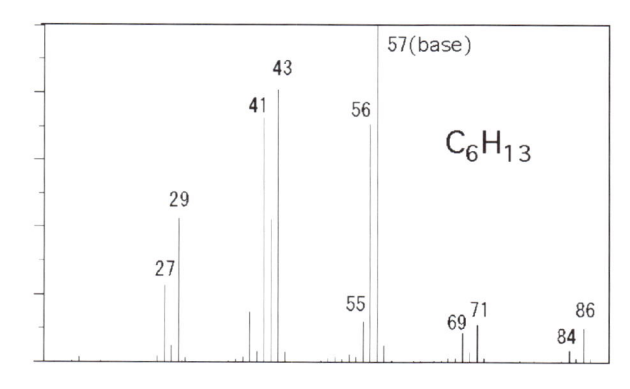

図 II-2　ヘキサンのスペクトル

質量分析の歴史

　構造を決定する分析手法の中では，質量分析は最もわかりやすいものである。分子の質量の概念については，原子，分子が認識されたときからあったと思われるが，このような極小の量を測定することが非常に困難であることも，また明らかであった。このブレークスルーになったのは，陰極線から電子を発見したJ. J. Thomsonの「質量と電荷の比率から，質量を決定する」という手法である。実際，電子の発見から13年後に，彼はネオンの同位体の分離分析を行っている。

　それ以降，質量分析はターゲットとする分子種を変えながら発展してきたが，実際に有機化学の分析法として，一般的に用いられるようになったのは70年代以降であろう。筆者が学生の頃であった80年代前半の質量分析計は，大きな実験室をすべて占拠し，得られたデータもピークのみのグラフで，手で1，2，3，4....と数えて質量を書き込んでいた。現在ではキャリブレーションもほぼ自動でやってくれるし，比較的大型の二重収束型の装置でも，大きめのテーブルの上に載るぐらいまで小型化されている。

4.2 フラグメントイオンピーク

86 の分子イオンピークから小さい方をたどってみると次に 71 のところに小さなピークがある。71 というと，分子の 86 からちょうど 15 減ったものである。ヘキサンの分子式を見てみると，これはちょうど CH_3 つまりメチル基に相当することがわかる。つまり，もともとは炭素が 6 つつながった構造をしているが，それの両端のどちらかの C-C 結合が切れたものと考えられる。前の章で，分子をイオン化して質量数を計ると書いたが，実はイオンはあまり安定な分子種ではない[17]。そのまま飛び続けて検出器にはいると分子イオンピークとなるが，飛んでいる間にも分解していく。分解といっても小さな分子のことであるからそれほどパターンがあるわけではない。具体的には，原子の結合が切れるだけである。ヘキサンには C-C 結合と C-H 結合しかないからさらに単純である。そういうわけで，適当に切ってみると図 II-3 のようになる（2 ずつ少ないフラグメントピークは，それぞれ水素分子がとれた不飽和イオンと考えてよい）。これでだいたいのピークは説明できる。このように，元の分子が開裂してできた質量数の少ないピークを**フラグメントイオンピーク**という[18]。

次に，それぞれのピークを詳細に見てみよう。86 の隣に 84 のピークが見えている。これは H_2 が抜けたものと考えていいだろう（残った分子は C = C 二重結合ができる）。つぎの 71 は前述の通りメチル基抜け。69 はそこから H_2 が抜けたものである。次の 57 は図からわかるように，元の分子から CH_3CH_2（エチル基という）が抜けたものである。ところで，このピークが一番大きい。この，一番大きいピークのことを**ベースピーク**（あまり使わないが日本語では基準ピーク）という。そして，縦軸はベースピークが 100 になるようにしてある。ここで，単純な疑問である。なぜ，それぞれのピークは高さが違うのだろうか？ 答えは単純，**安定性**である。つまり，安定なものは，飛んでいる間もあまり変化せずそのまま検出器に入る。ところが不安定なものは，一度できても検出器にはいるまでに壊れて他のものになるので，一部しか到達しないため，高さが低くなるのである。このスペクトルの結果から，ヘキサンのフラグメントではこの 57，つまり $[CH_3CH_2CH_2CH_2]^+$ が一番安定な化学種であることがわかる。直鎖（枝分かれしていないという意味）の炭化水素では大体炭素 3 つか 4 つのところが一番安定でベースピークになる。また，CH_3 が抜けたフラグメントピークは通常小さい。これらはすべて安定性から説明できる。

p. 73 の表 II-2 に，よくあるフラグメントの分子量を示した。構造解析の参考にするとよい。

---

[17] あまりはっきりと書いてないことが多いが，有機分子では中性状態が一番安定である。有機化学の授業で共鳴構造がでてきたとき，これを覚えておくと役に立つ。
[18] 古い本にはフラグメントピークのことを親に対応する「娘ピーク（daughter peak）」と呼ぶ，と書いてあったがいまではほとんど使われない。そもそもなんで女のひとなのかわからない。

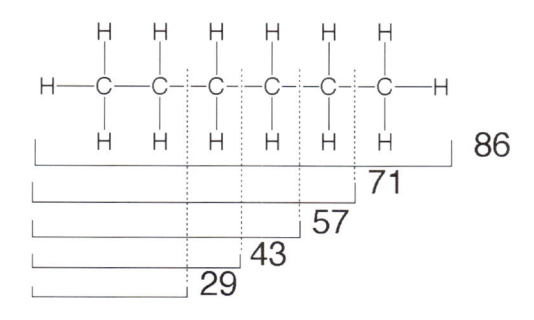

```
      H   H   H   H   H   H
      |   |   |   |   |   |
  H — C — C — C — C — C — C — H
      |   |   |   |   |   |
      H   H   H   H   H   H
```

図 II-3　ヘキサンの開裂パターン

田中さんとノーベル賞

　2002年に，島津製作所の田中さんがノーベル賞を受賞し，そのお人柄から（本人は大変な思いをされただろうが）一時マスコミの寵児になった。2000年，01年の受賞とともに，化学という学問がスポットライトを浴びたことは，今後の学問の発展にもいい影響を与えるであろう。

　ところで，田中さんが脚光を浴びたもう1つの理由は，企業での研究者であったということである。会社における研究は，商品を売るという大前提があり，島津製作所も，田中さんらが開発したMALDIというソフトイオン化を用いた質量分析装置を，現在でも販売している。それにより，会社が利益を上げているのだからよいだろう，ということで，日本では特に企業の研究者が基礎研究の賞を受けることは珍しい。しかし，学問の発展という視野で見れば，この方法が，以後の生体分子の分析に，革命的ともいえる大きな影響を与えたことは間違いなく，ノーベル賞の受賞につながった。近年，これまで下請け的な扱いを受けてきた，企業における研究者の地位が見直されているが，新しいものを創りだす，ということは，企業の根幹をなすもので，本来もっと評価されてしかるべきである。

4.3 なぜ質量数は整数なんだ？

これは結構大事なことなのだが，どの本にもあまりはっきり書いていない。そもそも質量数は陽子と中性子の和で，1個あたり質量数 1 なので，整数になるのが当たり前だから，ということで触れていないんだと思う。ところで，このような構造解析を必要とするのは実際に実験をしている 4 年生や大学院生である。実験を始めるとすぐにわかることなのだが，実際に使う試薬の分子量を計算するときの炭素の重さは 12 ではない。いまの天秤は 0.01 mg まではかれるので，炭素を 12 としてしまうと誤差が大きくなって正しい量を使うことができない。分子量を計算するときの炭素は 12.011，水素は 1.008 である。分子量と質量数は近いけど異なる。そこで学生は混乱してしまう（まあ，そのままでもなんとかなるが）。はっきりわかっている人には退屈な話なので，この項を読みとばしてかまわない。実験をするときに炭素を 12.011 とするのは，実は同位体があるからである。地球上にある炭素のほとんどは原子量 12 なのだけど，ほかに 13（中性子が多い）が少しある。とりあえず，それぞれがすべての炭素の中に同じだけ含まれているとして（この仮定はなかなか正しい），実際の重さを計算すると，原子量 12（^{12}C と書く）が 98.9%，^{13}C が 1.1% なので，$12 \times 0.989 + 13 \times 0.011 = 12.011$ となる[19]。ところが，質量分析装置の中では，分子を 1 個ずつ検出しているわけだから平均値がでるわけではない。先ほどのヘキサンの中で，全部 ^{12}C のものは 86，ひとつ ^{13}C がはいったものは 87 というように別のピークとして観測される。そういうわけで，普通の分子量とちがって，質量数は必ず整数になる[20]。

そういった意味も含めて（なんなんだか）図 II-2 のスペクトルをもう一度見てみよう。86 の分子イオンピークの右側にちょこっとピークがある。これが ^{13}C 由来のピークで $M^+ + 1$ と示す。確率的に言うとヘキサンの中に 1 個 ^{13}C がはいるのは $0.9895 \times 0.011 \times 6 = 0.062$ で 87 のピークは 86 のピークの 6% ほどの高さになる。2 個入ったものはさらにそれより小さく見えない。これらの同位体によるピークのことを**同位体ピーク**（そのままだが）という。

4.4 役に立つ同位体ピーク

以上のような理由で同位体ピークは必ず観測されることになるが，これは決してよけいなピークではない。それどころか，同位体ピークのおかげで原子の組成がわかることがある。そのことを説明しよう。

同位体の比率は各原子で同一ではない。有機化合物でよくある炭素，水素は他の同位体は少ないが，中には同位体の存在比がかなり多いものもある。たとえば臭素原子は質

---

[19] このことからもわかるように，原子量は同位体の比によって値が変わる。同位体の質量は基本的には変わらないが，どのくらいの比率でいるかは状況で変わる。たとえば地球上で核爆発が起こったりすると放射性の同位体は増えることになる。そういうわけで日本化学会の会員になると配布される「化学と工業」では，毎年 1 回原子量の表を付録でつけている。

[20] 実は高分解能マススペクトルでは質量数は整数にならない。でもそれをここで話すと混乱するのでまた後ほど。

表 II-1 同位体存在比（一番多いものを 100 とし，3%以下の同位体は省略した）

元素名	質量数	存在比	質量数	存在比	質量数	存在比
リチウム (Li)	6	8.1	8	100		
ホウ素 (B)	10	24.844	11	100		
マグネシウム (Mg)	24	100	25	12.660	26	13.938
ケイ素 (Si)	28	100	29	5.063	30	3.361
硫 黄 (S)	32	100	34	4.431		
塩 素 (Cl)	35	100	37	31.978		
カリウム (K)	39	100	41	7.217		
チタン (Ti)	46	10.840	47	9.892	48	100
	49	7.453	50	7.317		
クロム (Cr)	50	5.191	52	100	53	11.388
鉄 (Fe)	54	6.324	56	100		
ニッケル (Ni)	58	100	60	38.231	62	5.259
銅 (Cu)	63	100	65	44.571		
亜 鉛 (Zn)	64	100	66	57.407	67	8.436
	68	38.683				
ゲルマニウム (Ge)	70	56.164	72	75.068	73	21.370
	74	100	76	21.370		
セレン (Se)	76	18.145	77	15.323	78	47.379
	80	100	82	18.952		
臭 素 (Br)	79	100	81	97.278		
ス ズ (Sn)	112	3.086	116	45.370	117	23.765
	118	75.000	119	26.543	120	100
	122	14.198	124	17.284		

* ここには示さなかったが，以下の元素にも存在比の多い同位体がある。これらの元素を含む化合物を測定する場合は文献を参照されたい：

Ne, Ca, Ga, Kr, Rb, Sr, Zr, Mo, Ru, Pd, Ag, Cd, In, Sb, Te, Xe, Ba, Ce, Nd, Sm, Eu, Gd, Dy, Er, Yb, Lu, Hf, W, Re, Os, Ir, Pt, Hg, Tl, Pb,．

量数 79 と 81 の同位体が 100：98 の比率で存在する。ほぼ 1：1 である。ということは，臭素が 1 つ入った化合物のマススペクトルは M^+ の他にほぼ同じ高さで $M^+ + 2$ が出ることになる。逆に言うと，質量数の一番大きいところに 2 メモリ差で 2 本のピークがほぼ同じ高さで出ている場合は，それだけで臭素がひとつはいっていることがわかる。よく使う原子でこのように特徴的な同位体ピークを与えるものはいくつかある。表 II-1 にまとめて示す[21]。専門分野によって使う元素が変わるので，全部覚えておく必要はさらさらないが，一般的によく出てくる塩素，イオウ，臭素ぐらいの同位体比は知っておいて損はない。

4.5 二項定理じゃないけれど

たとえば臭素の場合，79 と 81 がほぼ 1：1 であることは話したが，CH_2Br_2 のように 2 つになるとどうなるか。可能性があるのは $^{79}Br^{79}Br$，$^{79}Br^{81}Br$，$^{81}Br^{81}Br$ の 3 つで，真ん中のものは 79－81 と 81－79 の 2 通りあるから，比率は 1：2：1 で M^+，$M^+ + 2$，$M^+ + 4$ が出ることになる。この場合一番大きなピークは $M^+ + 2$ であるが，通常質量数の一番小さいものを M^+ とする。たまたま 1：1 の Br だと手書きでも計算可能だが，他の同位体パターンは暗算ではできない。そのために，あらかじめいくつかのパターンを想定して図にしておくとよい。図 II-4 では，よく出てくるものについてまとめてある。これは分子イオンピークだけでなく，フラグメントでもその個数の同位体が大きい元素を含む場合は同じパターンで出る。以前はこのような表は貴重で探し回ったものだが，最近は研究室に構造式を入力するとパターンを出してくれるソフトがあるため，学生はあまり使わなくなった。ただし，可能性が多い場合（たとえば塩素が 4〜8 個のどの個数でも入っている可能性がある場合）いちいち入力するよりはこの図でマッチするパターンを探す方が早い。また，研究室に同位体パターンを表示させるソフトがない場合は役に立つであろう。参考のため図 II-5 に四臭化炭素のマススペクトルを示した。分子イオンピークは弱くてわかりにくいが，フラグメントピークが Br_3，Br_2，Br のパターンと一致していることがわかるだろう。

4.6 窒素ルールについて

これは大変によく使うし，役に立つ法則である。それは，**化合物に窒素が奇数個**含まれているときのみ，分子イオンピークは**奇数**になる，というものある。この理由は数学的には単純で，窒素だけ価数（結合の手の数）と原子量のパリティが異なる[22]。他の原子はたとえば水素は結合の手が 1 つで原子量も 1 だからどちらも奇数，炭素は価数が 4 で分子量は 12 だからどちらも偶数である。結果的に窒素 1 つが含まれていると，分子

---

[21] N. E. Holden, R. L. Martin, I. L. Barnes, *Pure & Appl. Chem.*, **55**, 1119-1136 (1983).
[22] ちょっとかっこいい言葉を使いたかったので。なんのことはない，結合の手が奇数で原子量が偶数になる，ということである。

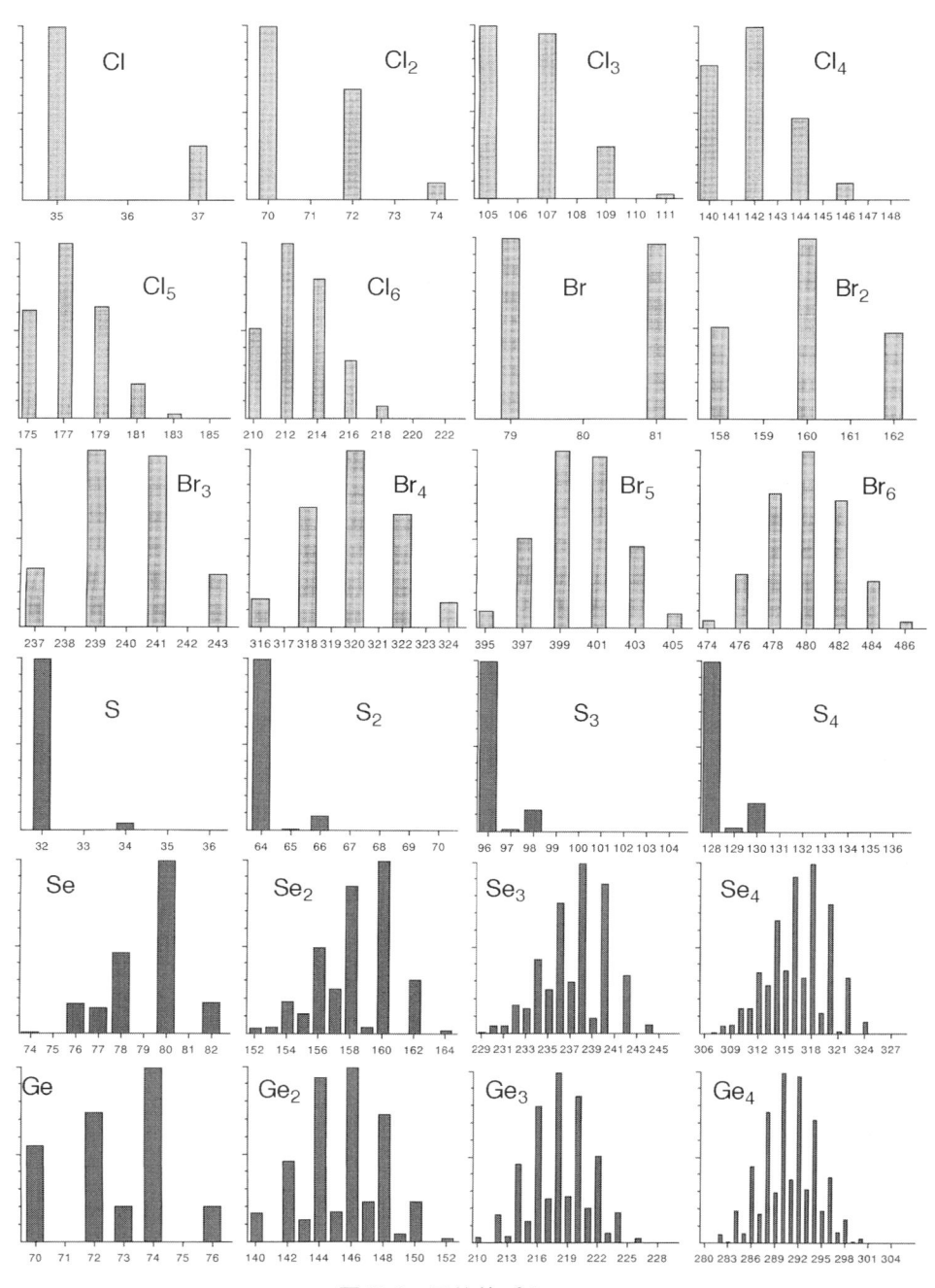

図 II-4 同位体パターン

全体が奇数になる。じつはこれは窒素だけではないが[23]，よく使う原子の中では窒素だけなので，試験の問題に出てくる簡単な分子の問題を解くときに結構役に立つ[24]。ただし，これは分子量が大きくなってくるとずれが生じて成り立たない。図II-6に仮想の化合物 $C_{100}H_{202}$ の分子イオンピークのシミュレーションを示したが，一番高いピークは1403で奇数である。

4.7 特徴的なフラグメントピーク

スペクトルを解析するときのポイントについては前述したが，分子イオンピーク，同位体分布の他に，フラグメントピークも見る必要がある。その理由は，
1) 生成物が予想と異なる場合は，分子イオンピークの値からだけでは同定は難しい
2) ヘキサンのところでメチル抜けは出にくいとコメントしたが，ピークが出ない化合物もある（しかも少なくない）
3) フラグメントピークを同定することにより，化合物の安定性，反応性に関する情報が得られる

基本的にフラグメントピークの強さは安定性に比例するので，強いピークはその構造が安定であるということである。したがって熱反応などの生成物はフラグメントから予想できる。

フラグメントピークは，原則として置換基が抜けていくと考えればよい。結合の強さは，単結合＜二重結合＜それ以上の多重結合なので，たとえばアルキル基はそれ全体が抜けるほか，部分的に開裂することもある。二重結合はその部分で切れることはあまりない。たとえばベンゼンは C_6H_5 として抜け，環が開裂することはない。簡単に，化合物別フラグメントの出方を説明しよう。

飽和炭化水素（多重結合を含まないCとHからなる化合物）の場合は，上の規則に加え，抜けるものが安定なほどフラグメントが強い，という規則がある。すなわち，（そのうち有機化学の授業で出てくるが）枝分かれが多いほどラジカルおよびカチオンが安定になるからである。一般的に

$$CH_3^+ < RCH_2^+ < R_2CH^+ < R_3C^+ \quad （ラジカルも同様）$$

の順になる。その理由を知りたい人は，有機化学の本で，カチオンについては**共鳴構造**，ラジカルについては**超共役**が安定化の理由であるので索引で調べれば必ず載っている。上の理由により，t-ブチル基，イソプロピル基などは抜けやすく，両者を置換基として有する化合物については分子イオンピークが出ずに $[M-t\text{-}Bu]^+$，$[M-i\text{-}Pr]^+$ のフラグメントが強く出ることが多い。ケイ素が含まれていても同様の傾向を示し，たとえばよく用いられるトリメチルシリル基 Me_3Si が含まれているとこれに相当する73抜けのピー

---

23) たとえば重水素Dは質量数2で価数は1である。
24) 研究の現場ではあまり使うチャンスはないが，学生が測定したマススペクトルの結果にいちゃもんをつけるときにてごろである。

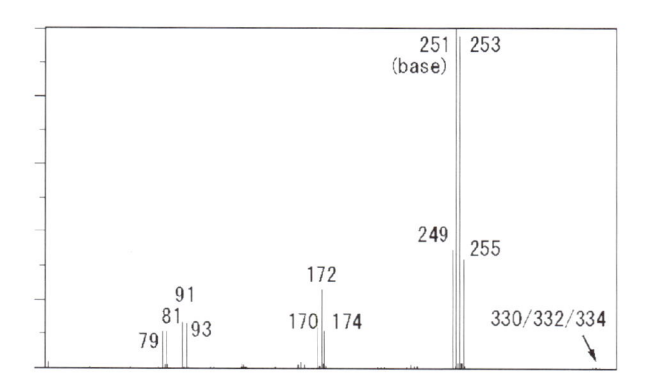

図 II-5　CBr₄ のスペクトル

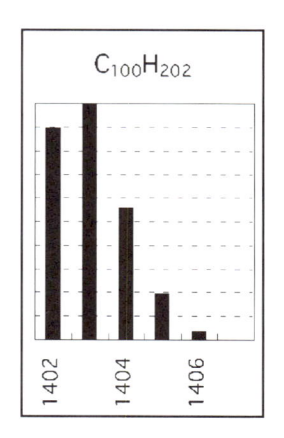

図 II-6　$C_{100}H_{202}$ の分子イオンピークのシミュレーション

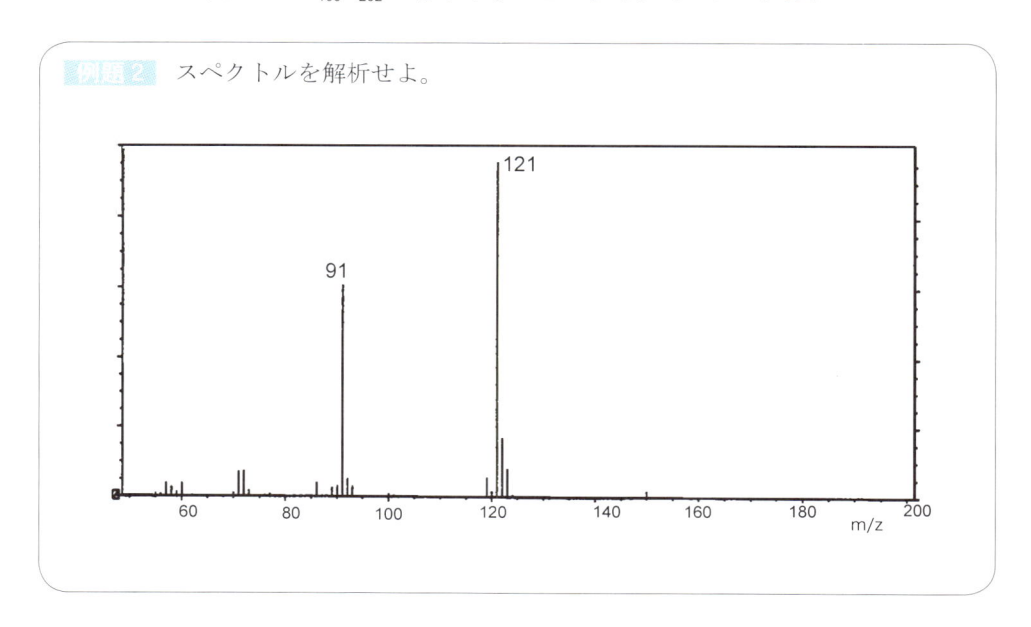

例題 2　スペクトルを解析せよ。

クが強く出る。

不飽和炭化水素は，環状でない多重結合化合物は多重結合部位では切断せず，さらに置換基が抜けた後のカチオンが共鳴安定化できるので，多重結合の近くについた飽和の炭化水素や他の置換基がぬけやすく，フラグメントも強い。芳香族環状不飽和化合物は前述の通り環開裂は起こらないので，ナフタレン，アントラセンのような多環系では分子イオンピークが強く出る（というかフラグメントがほとんどでない）のですぐわかる。置換基のついた芳香族では特徴的なピークが出ることがある。**共鳴安定化**を習った人はベンジル基（$PhCH_2-$，Phはベンゼン環C_6H_5のこと）がカチオンとしてもラジカルとしても安定であることを知っていると思うので，ベンジル基がフラグメントとしてでやすいことは理解できるだろう。ところが実際の m/z 91 のピークはベンジル基のイオンではなく，図 II-7 に示したようなトロピリウムイオンであるといわれている。この化合物は**芳香族性**を持つので安定である[25]。

サッカーではゲーム特有のルールは少なく，オフサイドがわかればゲームに支障ないが，質量分析も似たようなものである。ほとんど特有の法則はないが，唯一**カルボニル基**を含む化合物について，転位化合物がフラグメントとして観測される **McLafferty 転位**というのが知られている。ある特有の構造の時起こるもので，特に重要というわけではないが MS ではレアな法則なのでよく出てくる。図 II-8 ではわかりやすいように中性の状態で示したが，もちろん MS で観測するときはそれぞれのカチオンの状態になっている。いきなりこの図をみると，さっぱり訳がわからないと思うが，この形式の反応は有機化学の β- 脱離といわれているもので，よく知られた反応である。そのうちに出てくる Diels-Alder 反応，Cope 転位，Claisen 転位，[3.3]シグマトロピック反応などと同様の矢印の動かし方をするので，これらの反応と（習ったときに）いっしょに理解すればよい。この図からもわかるように，カルボニル基から見て γ- 位（3つ目ということ）に水素があれば，アミドでもカルボン酸でもエステルでもケトンでも何でもいいことがわかる。これらの化合物では転位による m/z 72（図 II-8 ので R = R' = Me のとき）のピークが観測される。

非共有電子対を持つ原子[26]については，空（から，そらではない）の軌道があるので，通常より多い原子価も可能である。たとえば，塩素を含む化合物の場合図 II-9 に示したような化学種がフラグメントとして強く出ることが知られている。硫黄，窒素なども同様である。

これ以外の官能基を持つ化合物については，基本的に脱離でフラグメントを考えればよい。脱離しやすい分子種としては，アルキル基，オレフィンのほか CO なども脱離しやすい。

---

[25] これはなかなか高度な内容なので，卒業までに理解できればよしとして下さい。
[26] 結合に使われないペアになった2個の電子がある原子のこと。主なものとしては，周期律表でいうと窒素,酸素,ハロゲンの縦の列（族という）の原子が当てはまる。

図 II-7　トロピリウムイオンの生成

R＝アルキル，アリール，OH，OR，NH_2，NHR

図 II-8　McLafferty 転位

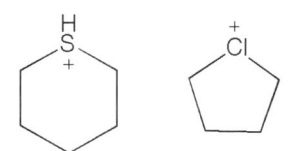

図 II-9　硫黄，塩素を含むフラグメント

4.8 はて，いったいこれはなんだろう？

マススペクトルをとっていると，ときどきとんでもないスペクトルが得られることがある。原料でもない，目的物でもない，なんだろう？　と首をひねることがよくある。図II-10にマススペクトルでよく出てくる不純物のチャートをまとめた。フタル酸ビスエチルヘキシルは可塑剤で，プラスチックの成分である。加熱して反応をするときに温度が高すぎて溶媒の蒸気が容器につないだチューブのところまであがって溶かしたり，溶媒を移すときのポンプ（ぺこぺこやる石油ポンプである）から溶け出したりして生成物に混じってきたりする。全くわからないチャートになったときには，この図とまず比べてみるとよい。

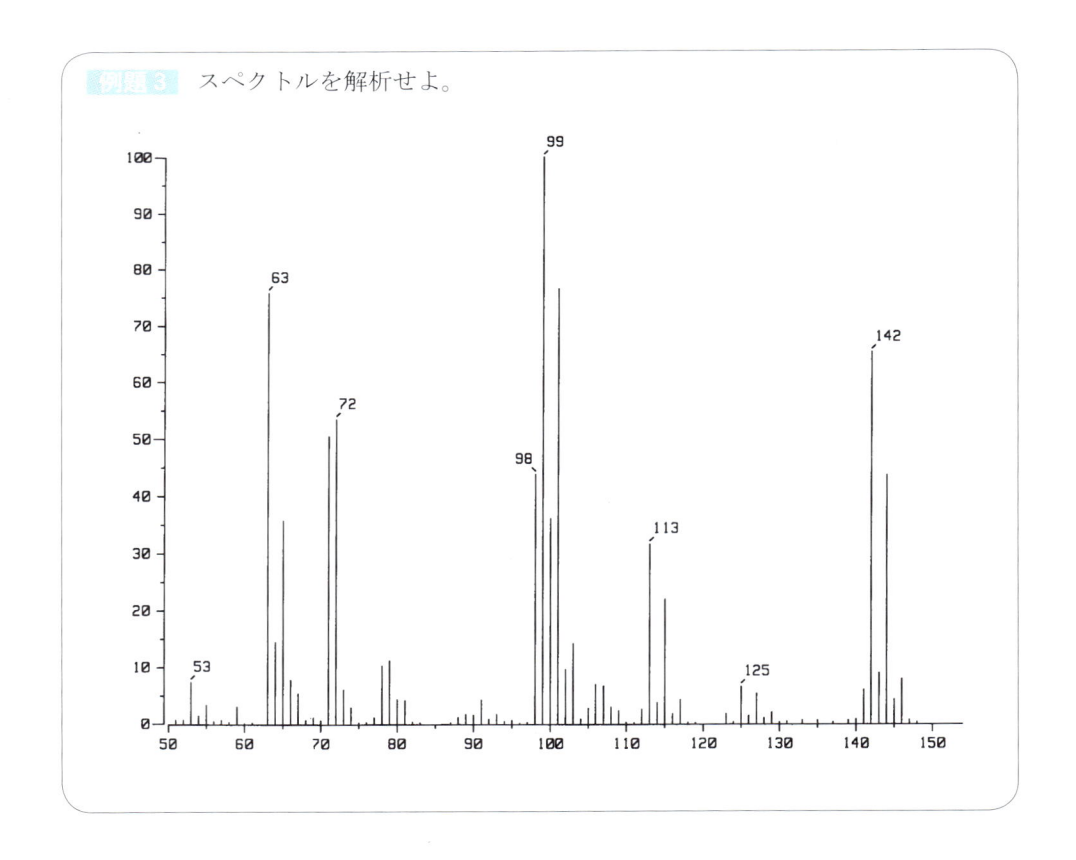

例題 3　スペクトルを解析せよ。

II MS 69

フタル酸ビスエチルヘキシル
（可塑剤・プラスチックやビニールの成分）

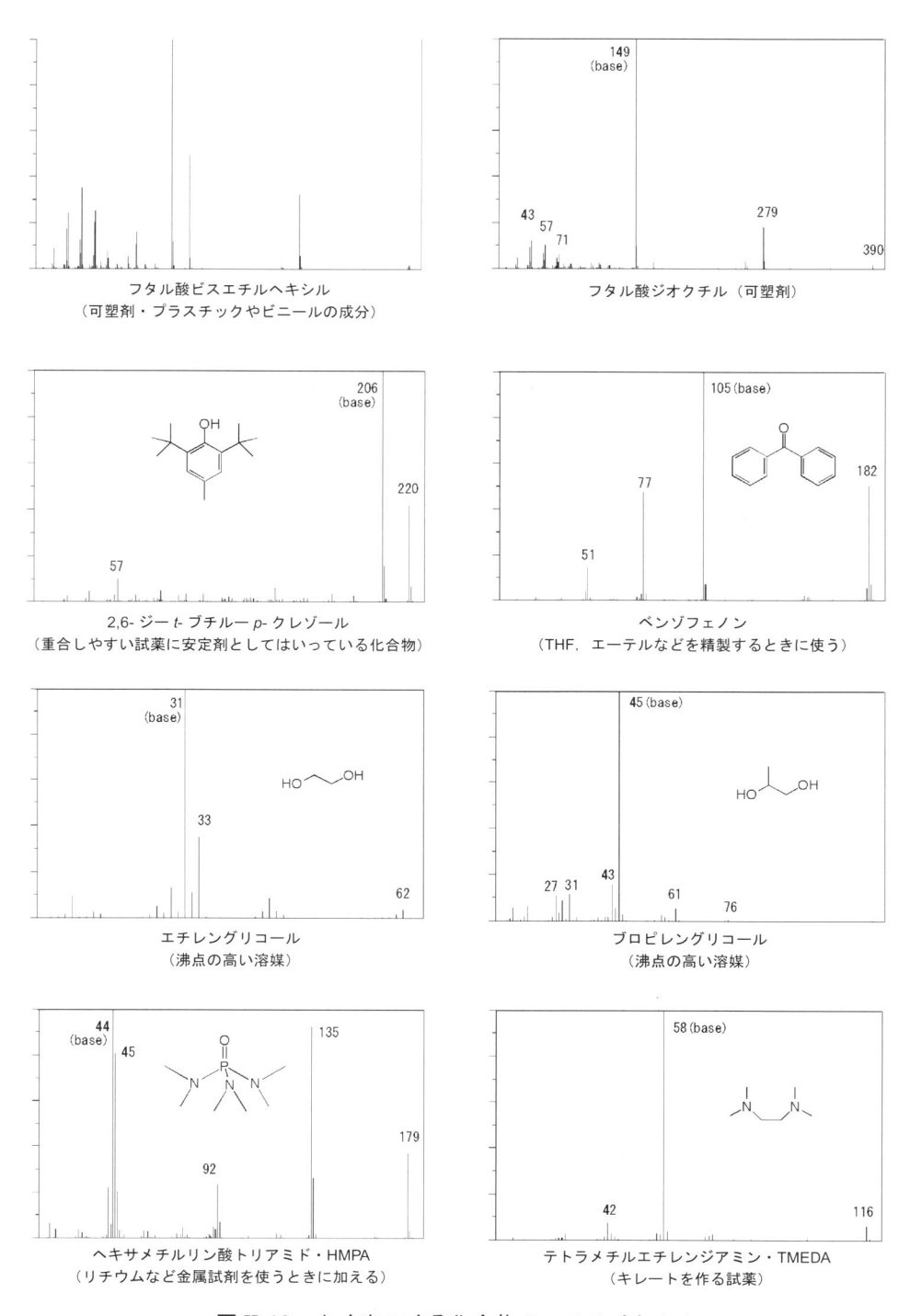

フタル酸ジオクチル（可塑剤）

2,6-ジ-t-ブチル-p-クレゾール
（重合しやすい試薬に安定剤としてはいっている化合物）

ベンゾフェノン
（THF，エーテルなどを精製するときに使う）

エチレングリコール
（沸点の高い溶媒）

プロピレングリコール
（沸点の高い溶媒）

ヘキサメチルリン酸トリアミド・HMPA
（リチウムなど金属試剤を使うときに加える）

テトラメチルエチレンジアミン・TMEDA
（キレートを作る試薬）

図 II-10　よく出てくる化合物のマススペクトル

5 ちょっと高度に

ここまでのところで，マススペクトルの読み方，解析の仕方はわかったことと思う。ところどころで出てくる有機化学の話は，わからなくてもそのうち習うので心配ない。ここからは，少し高度な話をしよう。通常の MS の解析や，卒業実験程度では必要ないものであるが，大学院での研究や，専門によっては必要になるのでのちのち役に立つこともあろう。

5.1 高分解能マススペクトル

前の方で，質量数はなぜ整数か，という話をした。ところで実際のスペクトルが整数値で出てくるのは，単純にデジタル化しているからである。というと難しそうだが，簡単に言うと整数になるように切り上げ，切り捨てしているだけである。機械の調子や測定条件などで測定されるスペクトルは変わってくる。分子量 120 のものも，199.6 のあたりに出たり，120.4 のあたりに出たりすることはある。これらをすべて 120 として出力している。通常の MS（比較として低分解能という）ではこの最低 1 マスの分解能，すなわち質量数が 1 だけ違う 2 つのピークが区別できるくらいピークが細くなるように設計されている。ところで，イオン化して出てくるものが飛ぶ道をずっと細くして，検出器に入るビームを小さくしてやることによって分解能をあげることができる。現在までのところ，質量数の少数第 4 位まで，すなわち質量数 120 のものを 120.1254 まで細かく測定することができる。この測定法を高分解能質量分析[27]という。

ところで，化合物の質量数を少数第 5 位まで測定してどうしようというのであろうか。これは，化合物の同定の手法と関連がある。現在のように測定機器がそろう前の数百年は，化合物の同定は融点と元素分析で行われていた。元素分析は化合物を一定の条件で燃焼させ，生成してくる酸化物の同定により，正確に組成式を定めるものである。たとえば，化合物の組成式が C_6H_6N だとすると，原子の重さの比率を計算すると（これは MS ではないので，平均原子量＝整数にならない方を使う）

$$C = 69.41, \quad H = 5.82, \quad N = 11.56, \quad O = 13.21$$

となる。この値と実測値を比較してそれらが一致していれば，化合物の組成式は正しいと判断される。ちなみに，C，H，N は通常同時に測定される。O は酸化できないので測定できない。それ以外の元素は別測定になる。

ところで，元素分析は通常固体試料に限られ，液体は測定してもらえない。そうすると液体試料の組成を正しく定める方法はない。そこで，高分解能 MS の出番となる。先

---

[27] 英語略記は HRMS，研究室ではハイマス，低分解能をローマスと呼んでいる。

質量分析装置のいろいろ③

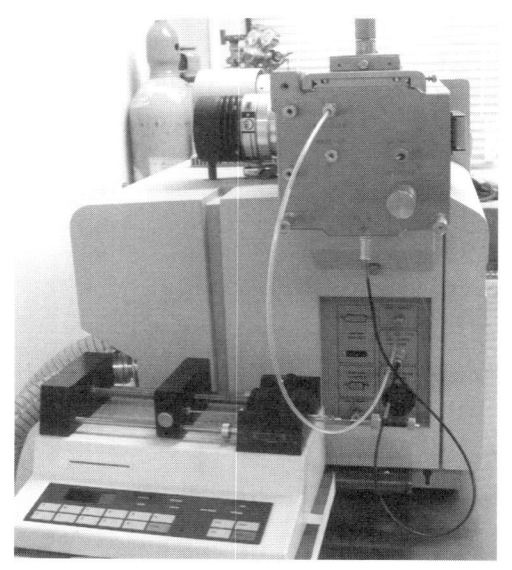

エレクトロン・イオン・スプレー質量分析計
上の穴からシリンジでサンプルを打ち込む。

横から見た図。
上の四角い部分をイオンが跳ぶ。

に，質量数は陽子と中性子の和であるから基本的に整数である，と書いたがこれは正確には正しくない。原子レベルになると相対性理論がきいてくる世界になり，エネルギーと質量が関連してくるので必ずしも足し算にならない。じつは，質量数は計測したものではなく取り決められたものである。すなわち ^{12}C の質量数を 12.0000 とする，と定義しておいて，それとの相対比で他の原子の質量数を決めている。^1H は 1.00783，^{16}O は 15.99492 になる。これは，実験で分子量を計算するときに使う平均原子量とは違う。従って，すべての原子でほぼ整数値に近いところになっている。ここまで正確に原子の質量数を表現すると，もはや組成式が異なるすべての化合物の質量数は同じにならない。たとえば一酸化炭素 CO と窒素 N_2 はローマスではどちらも質量数は 28 になるが，ハイマスでは CO は 27.9949，N_2 は 28.0061 でかなり異なることがわかるであろう。これにより組成式を定めることができる。通常ハイマスの値が 5 ppm つまり，計算された分子量の 100 万分の 5 以内の誤差におさまっていれば測定結果は正しいとされている。計算値が 120.1234 とすると，測定結果が 120.1228 から 120.1240 の間に入っていればよいと言うことになる。

なお，ハイマスでは同位体によって質量数が異なってくるので，同位体の存在量が多い塩素とか臭素ではどの同位体の質量数で計算したかを書く必要がある。参考までに，実際に論文で発表されるときのハイマスの部分を示す。

HRMS Calcd for $C_{18}H_{39}Si_4{}^{80}Se_6$: 846.7120. Found: *m/z* 846.7126.

Calcd というのは計算値 Calculated Value の省略形である。質量数 80 の Se をもとに計算した質量数が 846.7120 になり，Found 以下に書いてある測定値が 846.7126 であった，ということである。HRMS は液体の化合物のほか，元素分析に必要な量が得られない微量な合成物の場合の同定にも用いられている。

5.2 分子イオンピークが出ないときは

同定においては最も役に立つ分子イオンピークであるが，化合物の種類によっては全く出ないこともある。たとえば，先に述べたケイ素原子にイロプロピル基や *t*-ブチル基のようなかさ高い基がついた場合である。このような場合は，イオン化をソフトにする（電子衝撃イオン化法では，加圧電圧を通常 70 eV から 30 eV またはそれ以下に小さくする），化学イオン化法を用いるなどして分子イオンピークを観測する。

5.3 新しい測定法について

機器分析の世界も日々進歩していて，マススペクトルについても新しい分析法が開発されている。そのうちから，よく使われているものを紹介する。自分で測定しなくても，依頼分析などでは測定できる内容がわかっていないと頼めないので参考にして欲しい。

質量分析装置のいろいろ④

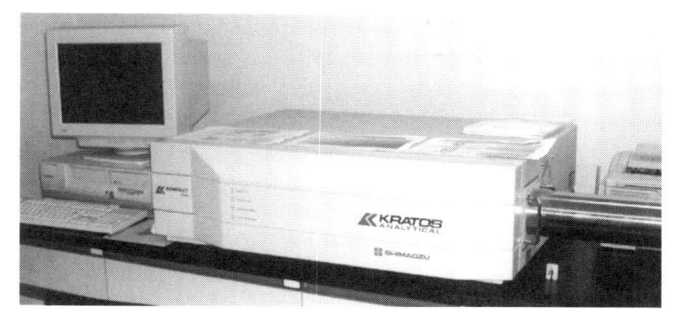

'田中さん'のMALDI-TOF型質量分析装置
写真には写っていないが右側の金属の筒が1m位伸びていて、その中をイオンが飛ぶ。左側のKRATOS=SHIMADZUと書いてあるところがイオン化部である。

表 II-2　脱離するフラグメントの分子量

15	CH_3	29	CH_3CH_2, CHO	45	COOH
16	O, NH_2	30	NH_2CH_2, HCHO, NO	46	NO_2
17	OH	31	OCH_3, NH_2CH_3	57	C_4H_9, C_2H_5CO
18	H_2O	32	S	71	C_5H_{11}
19	F	35	Cl	73	$Si(CH_3)_3$
26	$C\equiv CH$, CN	36	HCl	77	C_6H_5
27	$CH_2=CH$, HCN	41	$CH_2CH=CH_2$	79	Br
28	CO, $CH_2=CH_2$	43	C_3H_7, CH_3CO	85	C_6H_{13}
		44	CO_2, $CONH_2$	127	I

(1) FABMS

研究室ではファブマスと呼ばれている。試料を溶液に溶かしグリセリンなどのマトリクスと混合し測定する。分子量 6000 以上の化合物も測定できる上，分子イオンピークが強く出るため構造決定に有効である。測定は比較的簡単。

(2) MALDI

マトリクス支援レーザー脱離イオン化 (Matrix-assisted laser desorption ionization) のことで，下の TOFMS と組み合わせると分子量 100 万ぐらいまでの化合物が測定できる。MALDI-TOFMS と言う。サンプルを固体（マトリクス）と混合して紫外線レーザーを当ててイオン化をするものである。ESI よりも感度が高く，これによって微量の生体高分子の測定が日常的に行えるようになった。この方法の基礎は，2002 年のノーベル化学賞を受賞した田中氏の業績である。

(3) TOFMS

トフマスと呼ぶ。飛行時間 (Time of Flight) 型質量分離装置のことである。2.2.1 で通常の検出器では磁場でイオンを曲げて検出すると説明したが，TOFMS ではまっすぐな行路を飛ばして，到着した順番に質量数を割り振る。同じエネルギーでイオン化されているので，質量数が 2 倍だと 2 倍時間がかかる（多価イオンも早く到着する）。時間はいくらでも長くできるから，原理的にはいくらでも大きな質量数のものが検出できることになる。したがって，ウィルスやタンパク質などの質量が大きいものはこの検出器を使うことで測定できるようになった。

(4) LC-MS

(1), (2) はイオン化，(3) は検出の方法であるがこれはサンプル導入の部分である。ペプチドやタンパク質は LC（高速液体クロマトグラフ）という機械を使うと，きれいに分離することができる。普通は LC から出てくる試料を濃縮してきれいな物質を得るのだが，その代わりに直接 MS に接続して，試料の分子量を計ってしまうものである。2.2.2 で述べた ESI 法では，もともとサンプルを溶媒に溶かす必要があったので，溶液の状態で出てくる LC とは簡単に接続ができ，ESI-LC-MS はタンパク質などの主要な測定法となっている。

参考文献

志田保夫，笠間健嗣，黒野定，高山光男，高橋利栄，『これならわかるマススペクトロメトリー』，化学同人（2001）．

R. M. Silverstein, F. X. Webster（荒木 峻，益子洋一郎，山本 修，鎌田利紘訳），『有機化合物のスペクトルによる同定法（第 6 版）』，東京化学同人（1999）．

E. Pretsch, W. Simon, J. Seibl, T. Clerc, "Tables of Spectral data for Structure Determination of Organic Compounds (2nd Ed.)", Springer-Verag, Berlin (1989).

III 吸収スペクトル

Absorption spectrum

吸収スペクトルは様々な定量に用いられてきた。特に紫外部の吸収が強い芳香族化合物などは，吸光係数がすでに調べられていれば濃度が算出でき便利であった。また反応の原料の消費を追えば，反応率が算出でき，生成物の生成割合も知ることができる。また液体クロマトグラフィーを行う際に，屈折率による検出と並んで未知の混合物の成分数をおおよそ見当をつけるのに現在でもなくてはならないのが紫外部の検出法である。構造解析には，ベンゼン環などの芳香族系の骨格があるのか，共役系の不飽和結合があるのか孤立しているのかなどの情報をもたらしてくれる。しかし，このスペクトルが測定できないと構造が決まらないという例は，それほど多くないと考えられる。この章では基本的なスペクトルの理論を復習しておこう。

電磁波とエネルギーの関係を整理してみよう。波長の短い電磁波ほどエネルギーが大きく生態系に大きく影響を及ぼす。波長の短い側から γ 線，X 線（内殻電子），紫外線（外殻電子），可視線，赤外線（分子振動），マイクロ波（分子回転），ラジオ波（核磁気共鳴）となり，この順にエネルギーは小さくなる。単位は紫外・可視域では波長単位 nm，赤外域では波数単位 cm^{-1}（カイザー[1]：1 cm 当たりの波の数），マイクロ波以上は振動数単位 Hz あるいは cps（ヘルツまたはサイクル／秒）を用いることが多い。波長と振動数，波数の関係は以下のようである。

$$1/\lambda = \nu/c = \bar{\nu} \quad (c：真空中の光速度 \quad 2.998 \times 10^8 \text{ m/s})$$

電磁波の粒子性から電子の励起エネルギーを算出できる。

ここで E：1 モルの光量子のエネルギー，h：プランク定数 6.63×10^{-34} Js，N：アボガドロ数 6.02×10^{23} mol^{-1} とすると

$$E \text{ [J/mol or kJ/mol]} = Nh\nu = Nhc/\lambda = 0.120 \text{ [(Jm/mol)／nm]}$$
$$\text{or } 1.20 \times 10^{-4} \text{ [(kJ·m/mol)／nm]}$$

物質中の分子は運動エネルギーのほかに分子固有の内部エネルギーを持っており，電子エネルギーと振動エネルギー，回転エネルギーの和で表され，それぞれは紫外・可視，赤外，マイクロ波のスペクトルを測定することにより調べることができる。

❶ 可視・紫外線吸収スペクトル

古くから比色分析などに用いられてきた。新規化合物を合成して論文で報告するために精製して紫外可視スペクトルを測定することが多い。有色の物質であれば必ず測定する。非破壊分析と言いながら，実際測定すると電子の励起を見るため徐々に分解する例もあり注意が必要である。

ここで取り扱う光の波長範囲は可視部（約 380〜780 nm）および紫外部（約 200〜380 nm）領域である。可視部において各吸収光の色の波長範囲は約 380〜435 nm で紫，435〜480 nm で青，480〜490 nm で緑青，490〜500 nm で青緑，500〜560 nm で緑，560〜580 nm で黄緑，580〜595 nm で黄，595〜610 nm で橙，610〜750 nm で赤，750〜800 nm で赤紫となるが実際我々が目にするのは白色光の中からいまあげた色を取り去った色（余色あるいは補色）が見えているのである。これらの色の組み合わせは紫−黄緑，青−黄，緑青−橙，青緑−赤，緑−赤紫である。白い紙にその色で丸く塗りつぶし 30 秒ほどじっとみて視点をずらして白い部分を見つめると先に見ていた色の余色が丸く見えてくるので忘れてしまっても見つけることができる。ただし吸収が単純な場合であって，吸収極大がいくつもあったり，幅広く吸収している場合は予想した色とずれる場合がある。

---

[1] カイザーとよばれることもあるが，国際的には推奨されていない。

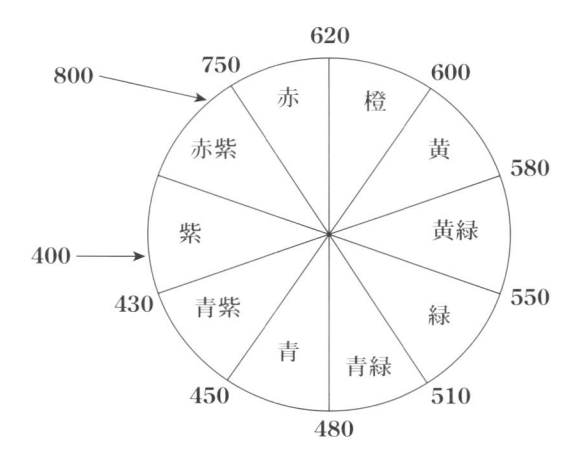

図Ⅲ-1　補色関係を表す色相円（nm）

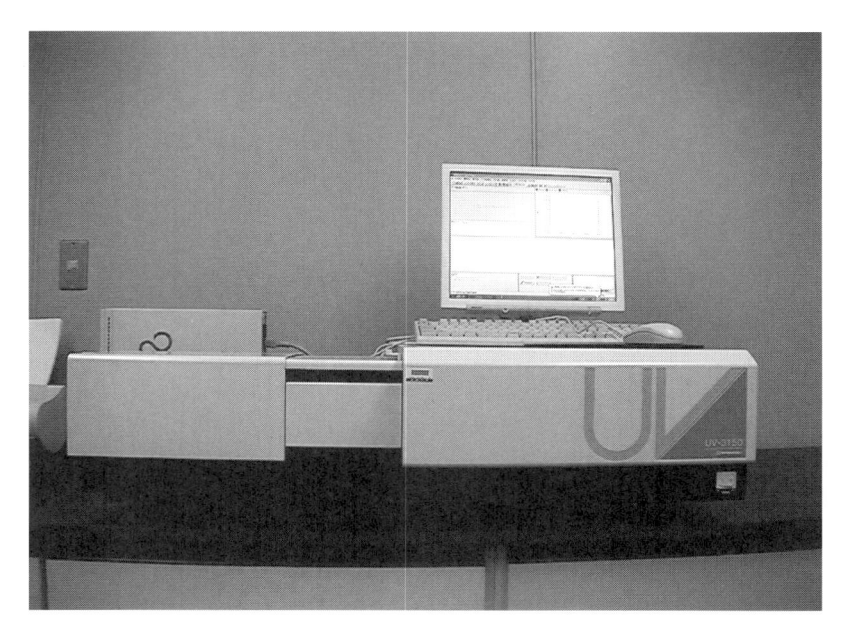

紫外可視分光光度計

1.1 原理

　光を均一溶液に照射すると，照射光の一部はセルの表面で反射し，別の一部は溶液中に吸収され，その残りの光が透過する。入射光の強度 I_0 は，反射光の強度 I_r，吸収光の強度 I_a，透過光の強度 I_t の和で表される。ガラスセル（測定容器：石英製など）の場合反射光の強度を無視できる。入射光強度と透過光強度の比を透過度 T といい，さらにこれに 100 を掛けたものを透過率あるいはパーセント透過度と呼ぶ。

$$I_0 = (I_r) + I_a + I_t$$
$$T = I_t / I_0 \qquad\qquad T\% = (I_t / I_0) \times 100$$

透過度の逆数の対数を吸光度 A（または光学密度）といい，以下の式で定義される。

$$A = \log(1/T) = -\log T = -\log(I_t/I_0)$$

単色光が溶液を通過するとき，光路中に存在する光吸収物質の分子またはイオンの数に比例して光エネルギーが減少する。

　Lambert の法則：層の長さを l とすると

$$A = \log(I_0/I_t) = k \cdot l \quad (k \text{ は比例定数})$$

　Beer の法則：溶液の濃度を c [mol/dm^3] とすると

$$A = \log(I_0/I_t) = k' \cdot c \quad (k' \text{ は比例定数})$$

以上のようにそれぞれ吸光度は層の長さあるいは溶液の濃度に比例する。層の長さ，溶液の濃度ともに変化する場合は上の両式をまとめて以下のように表す。

$$A = \log(I_0/I_t) = \varepsilon \cdot c \cdot l$$

これを Lambert-Beer の法則という。ε [dm^3 mol^{-1}cm^{-1}] は比例定数でモル吸光係数または分子吸光係数とよび，l が 1 cm，c が 1 mol/dm^3 で測定したときの吸光度に相当する。単位をつけずに記すことが多い。

　試料溶液の吸光度は通過する光の波長によって異なるから波長を変えて吸光度を測定し，それらの吸光度と波長との関係を示す曲線を描くと，吸収スペクトルが得られる。通常は横軸に波長あるいは波数を，縦軸には吸光度，モル吸光係数またはその対数のいずれかをとって表す。吸収スペクトルから，その物質の吸収極大の波長（λ max）を知ることができる。

　紫外・可視光（エネルギー）は分子やイオンなどの化学種に吸収され，そのエネルギーを利用して低いエネルギー準位に入っていた（基底状態）電子は高いエネルギー準位（励起状態）に移行する。低い準位の電子軌道から高い準位の軌道にあがる（励起される）ため，電子遷移に基づくスペクトルであるから電子スペクトルと呼ばれる。電子遷移のされ方は結合性軌道（σ あるいは π）から反結合性軌道（σ^* あるいは π^*）への遷移，非結合性軌道（非共有電子対 n）から反結合性軌道（σ^* あるいは π^*）への遷移がある。各軌道のエネルギー準位を高い順に挙げると σ^*, π^*, n, π, σ であるためエネルギー差は大きい順に $\sigma \to \sigma^*$，$\pi \to \pi^*$，n $\to \sigma^*$，n $\to \pi^*$ となり，$\sigma \to \sigma^*$ 遷移は最も大きいエネルギーを必要とするため短い波長（約 150 nm 以下）の光線を吸収し，$\pi \to \pi^*$ 遷移は最

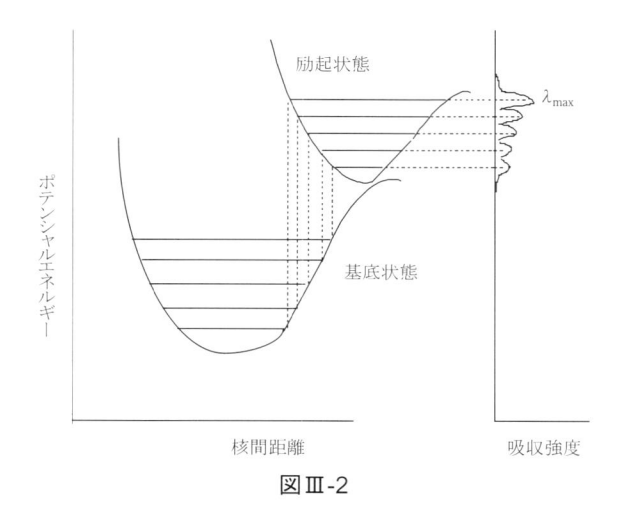

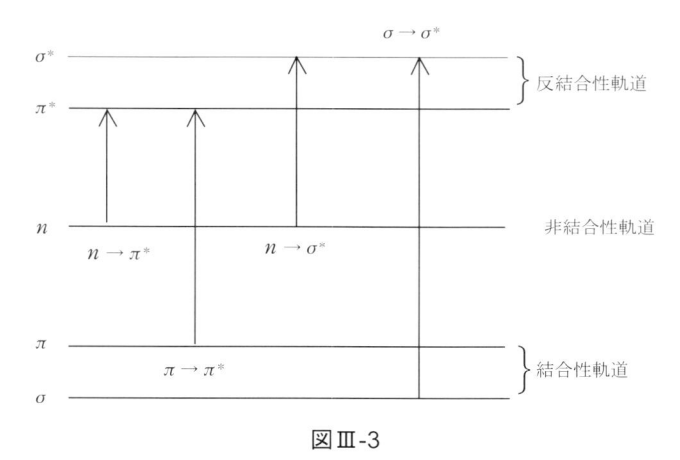

III 吸収スペクトル　79

図III-2

図III-3

も小さいエネルギーを必要とするため長い波長（200 nm 以上）の光線を吸収するので紫外・可視部吸収スペクトルは主に $\pi \to \pi^*$ 遷移を対象にしているといえる。この $\pi \to \pi^*$ 遷移はいわゆる多重結合（不飽和結合）を持った分子に起こるので，分子内のそのような部分を発色団ともいう。$\pi \to \pi^*$ 遷移の起こる確率は一般的に大きいので吸収は強く現れる。$n \to \sigma^*$ 遷移の確率は比較的小さい。この遷移による吸収帯は比較的短波長域にあるが，溶媒として水やアルコールを用いる場合，溶媒の吸収帯が溶質の吸収と重なるとそれ以下の波長での測定ができない。$n \to \pi^*$ 遷移の確率は非常に小さく起きにくい。起きにくい遷移を禁制遷移といい，起きやすい遷移を許容遷移という。測定溶媒の影響を受けるのは溶液中で溶質が種々の様式で溶媒分子と相互作用しあい，回転構造を全く失い振動構造も変化を受ける（溶媒効果）。溶媒がヘキサンなどの無極性溶媒などの時，長波長側へシフトする場合はその吸収は $\pi \to \pi^*$ 遷移であり，大きく短波長にシフトすれば $n \to \pi^*$ 遷移であるので吸収位置の移動で識別しやすい。

　$\pi \to \pi^*$ 遷移に対する隣接基の影響は，隣接基がアルキル基，ヘテロ原子および多重結合の場合があるが，アルキル基が 1 つ水素の代わりにはいると約 5 nm 長波長側へ移動する。またヘキサン中で測定した場合にくらべエタノール中で 10 ～ 20 nm 長波長側に吸収極大を与える。これをレッドシフト（赤色移動）あるいは深色移動（bathochromic shift）という。逆にケトンなどの弱い $n \to \pi^*$ 遷移はヘキサン中で測定した場合にくらべ水中で 10 ～ 20 nm 短波長側に吸収極大を与える。この短波長側への移動はブルーシフト（青色移動）あるいは浅色移動（hypsochromic shift）という。吸収帯の吸収強度を減少させる効果の淡色効果（hypochromic effect）と，逆の増大させる効果の濃色効果（hyperchromic effect）と混同しやすいので注意したい。

　ポリエンなどは共役系が長くなると電子が入っている軌道中でもっともエネルギー準位の高い，最高占有分子軌道（Highest Occupied Molecular Obital）のエネルギー準位が上がってくる。逆に電子が入っていない軌道中でもっともエネルギー準位の低い，最低非占有分子軌道（Lowest Unoccupied Molecular Obital）のエネルギー準位は下がってくる。当然両者の間のエネルギー差は縮まり，長い波長の光を吸収するようになるため極大吸収はレッドシフトする。このスペクトルの利用例として共役系が同一環内（ホモアニュラージエン，homoannular diene など）にある方が複数の環またがって存在する（ヘテロアニュラージエン，heteroannular diene）よりも長波長側に極大吸収が移動するので異性体の識別が可能である。

　電子の励起は振動および回転量子数の変化を伴っているので，1 つの吸収は振動および回転微細構造を含む幅の広いピークとなる。溶質と溶媒分子の相互作用により微細構造が不明瞭になり滑らかな曲線となる。溶媒は一般的には 95％エタノールを用いる。長波長側から 210 nm 付近までの領域に吸収がないためである。微細構造を得たい場合には気相またはシクロヘキサンなどの炭化水素系の非極性溶媒を用いる。これは極性が低いために光を吸収する分子との相互作用が小さいためである。

表III-1　いくつかの溶媒の測定可能な最短波長

測定可能な最短波長(nm)	主な溶媒
200	H_2O　　CH_3CN　　(cyclohexane)
220	CH_3OH　　CH_3CH_2OH　　$(CH_3)_2CHOH$　　$(CH_3CH_2)_2O$
250	(1,4-dioxane)　　$CHCl_3$　　CH_3COOH
270	$(CH_3)_2NCHO$　　$CH_3COOCH_2CH_3$
275	CCl_4
290	(benzene)　　(toluene)　　(xylene)
335	$(CH_3)_2C=O$　　$CH_3C(=O)CH_2CH_3$　　(pyridine)
380	CS_2

完全に許容された遷移による吸収を与える吸収系（発色団）のモル吸光係数 ε は約 10000 より大きい値である。禁制遷移の吸収のうち ε が 10 ～ 100 ならばケトンの 300 nm 付近の吸収は $n \to \pi^*$ 遷移で対称性が分子振動で乱されるため観測される。ε が 100 より大きい値 1000 ～ 10000 のときは，ベンゼンの 260 nm 吸収帯および同系列の吸収帯で置換基によって対称性が乱されるため観測される。この ε の大きさは，光線を吸収する分子において光線の入射方向における断面積 a と，吸収による遷移の確率 P によって決まる。一般に a は 10^{-15} cm^2 程度である。P は 0.1 ～ 1 程度になることが多い。一般式で書くと以下のようになる。

$$\varepsilon = 0.87 \times 10^{20} P \cdot a$$

ε が 100 ～ 1000 の吸収は P が 0.01 以下で禁制遷移による。理論的に吸収の強さを考える場合，振動子強度（oscillator strength）f で表す。ここで $\bar{\nu}$ は波数である。

$$f = 4.32 \times 10^{-9} \int \varepsilon(\bar{\nu}) \, d\bar{\nu}$$

1.2 実際の測定

吸光度測定をする際はモル吸光係数や吸収極大波長がわからないこともあり，分子量を質量分析などで確認しておき，一定量（1 mg）を溶媒で完全に溶解してメスフラスコに入れ定容にし，吸収が振り切っていたら，一定量をホールピペットなどで取り，別のメスフラスコで 10 倍，100 倍に希釈して測定すればよい。

強い吸収は，かなり希釈しないと吸収極大波長を読みとれないが，弱い吸収は濃い状態のうちに吸収極大波長を確認しなくてはならない。希釈してしまうと，頂点の位置が読みとりにくくなってしまうので注意が必要である。また測定中に色がつく場合，低酸化数元素の酸化か不飽和結合の付加あるいは分解反応などが起きている可能性がある。酸化されやすい物質を測定する際は，溶媒を超音波照射しながら減圧にして脱気後アルゴンなどの不活性ガスで置換しておくとよい。サンプルを入れるガラスセルは通常石英製のもので，蓋なしで残りの 5 面のうち透明の面が向かい合わせで 2 枚あり，この 2 面が光路にくるようにホルダーに入れる。残りの 3 面は不透明になっており，触れる場合はこの面に限られ，透明の面に汚れや傷がつかないように日頃から注意してほしい。また酸素に弱いものを測定する場合には，蓋付きのセルがある。アルゴンを吹き込みながらサンプルを入れ蓋をするか，シリコンゴム栓を切って蓋を作り，シリンジなどでサンプルを入れる方法がある。サンプルが極微量しかない場合は光路長は同じで光路幅が狭めてあるセルがある。次に典型的なセルを図に示す。

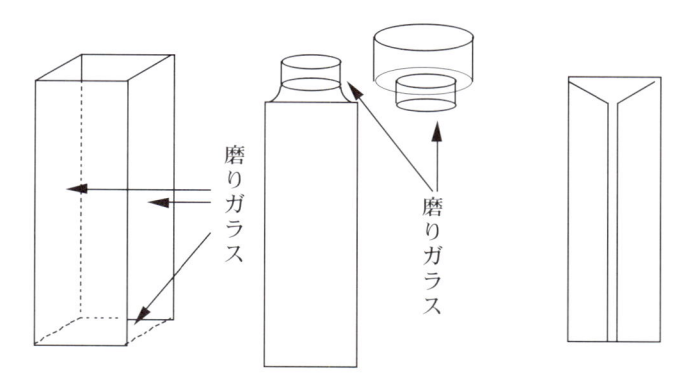

図Ⅲ-4　ガラス（石英）セルの例

> **例題 1**
> 1) 吸光度が一般的に 0 から 1 の範囲で測定されているのは何故か？
> 2) 300 nm の紫外線を吸収する際の励起エネルギーは何 kJ/mol か？

参考文献

1) 日本化学会編,『実験化学講座 7, 分光 II（第 4 版）』, 丸善, p. 175 - 199.
2) 日本分析化学会編,『分析化学便覧（改訂三版）』丸善.
3) Karl Blau, John Halket, 中村　洋監訳『分離分析のための誘導体化ハンドブック』, 丸善（MARZEN & WILEY）, p. 151 - 167.

2) は多くの有機化合物のデータが載っている。UV だけではないので参考になる。

3) は紫外吸収を持たないものを HPLC で分離する際に誘導体化して紫外部で検出するときに参考になる。

例題 2

次の 2 枚のスペクトルはベンゼンを異なる溶媒,エタノールとヘキサンで測定している。印をピークを比べこの吸収がどの遷移に由来するかを答えよ。

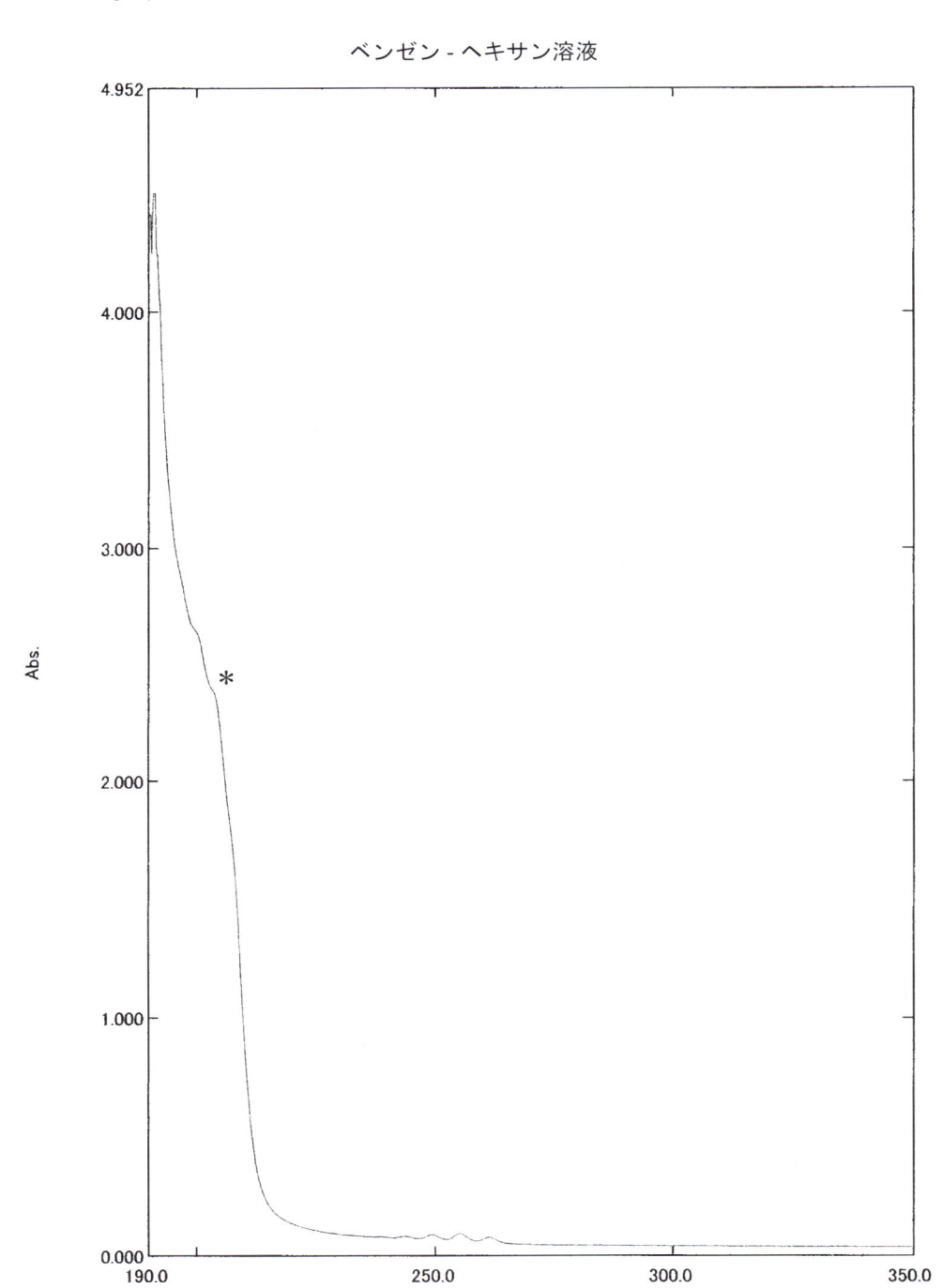

ベンゼン - ヘキサン溶液

ベンゼン - エタノール溶液

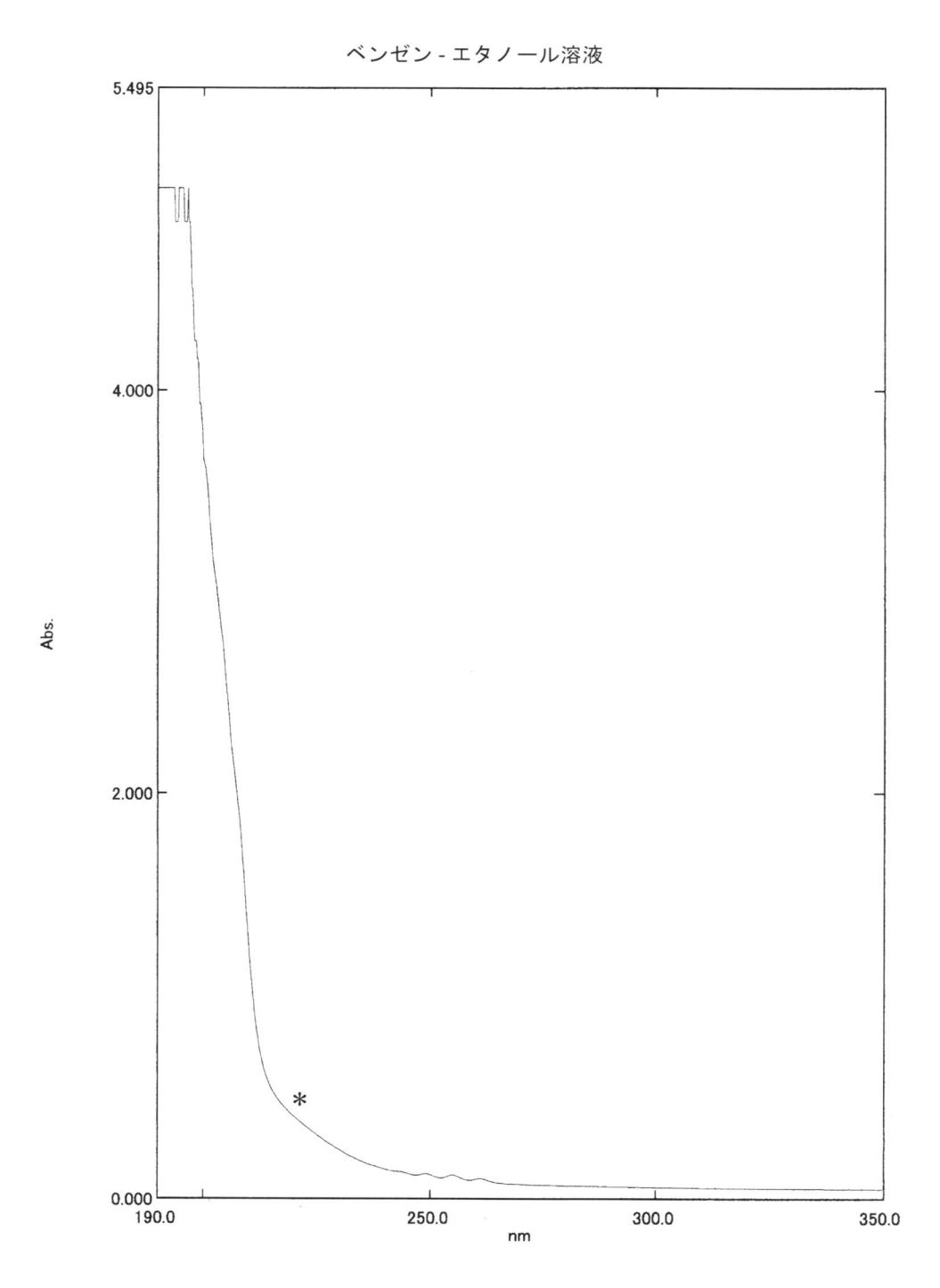

例題 3

次の 2 枚のスペクトルはアセトンを異なる溶媒，エタノールとヘキサンで測定している。印をピークを比べこの吸収がどの遷移に由来するかを答えよ。

アセトン - ヘキサン溶液

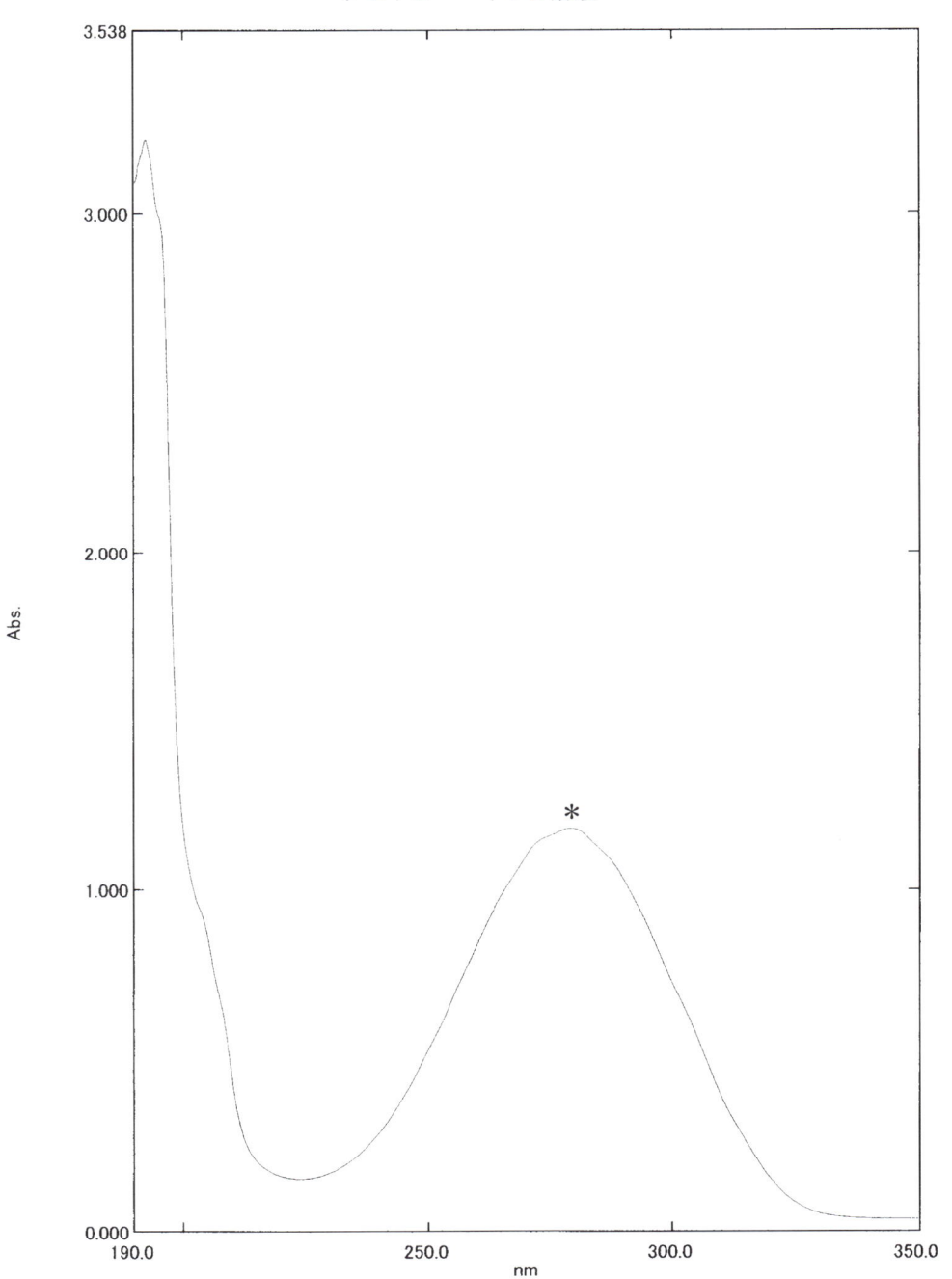

アセトン - エタノール溶液

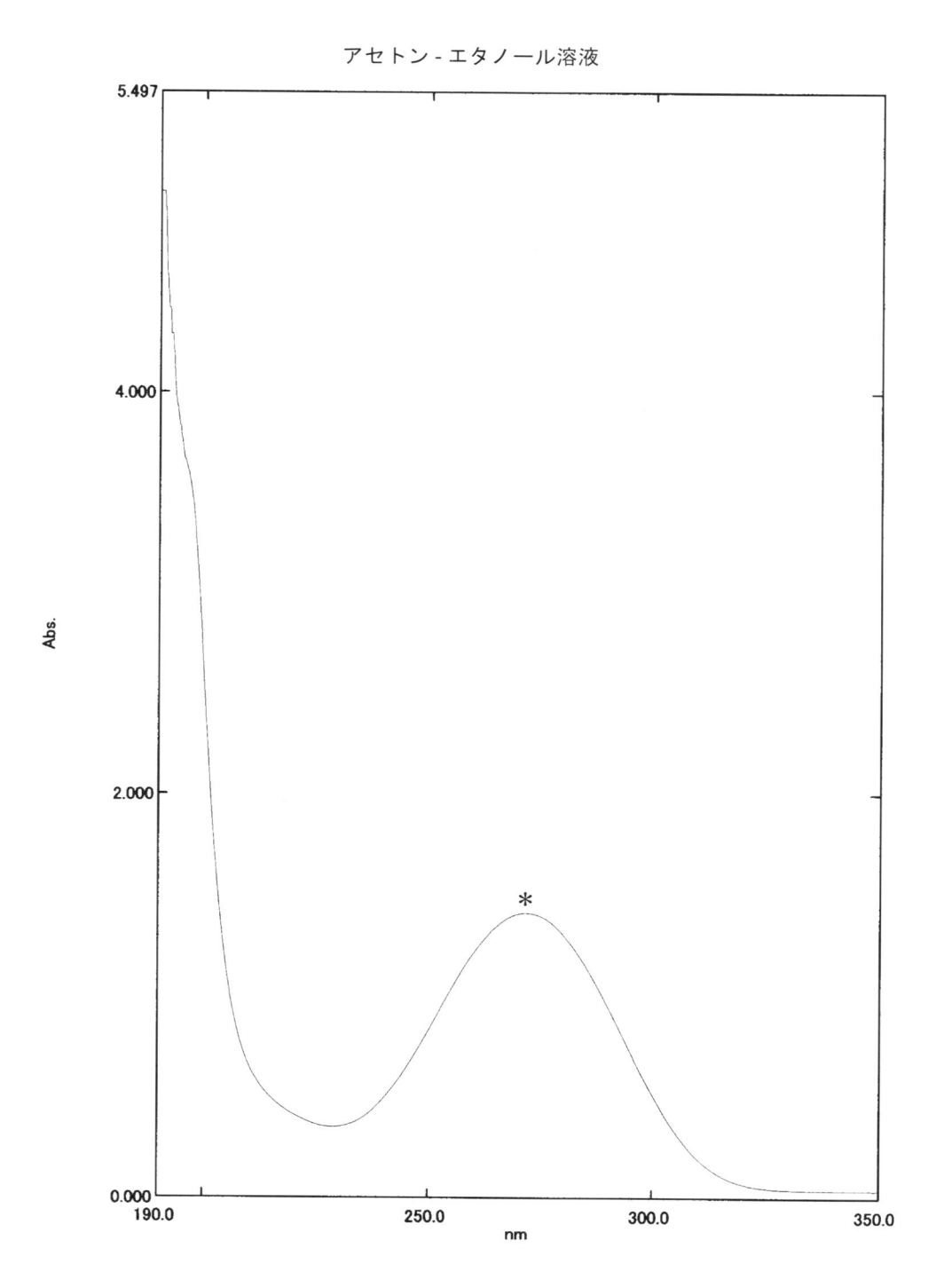

例題 4

次のスペクトルは次のどの物質のものであるか答えよ。理由も答えよ。ただし、エチレン、1,3-ブタジエン、1,3,5-ヘキサトリエンの λ_{max} は、それぞれ 162.5, 217, 268 nm である。

1) グリオキサール　2) アセトアルデヒド　3) クロトンアルデヒド

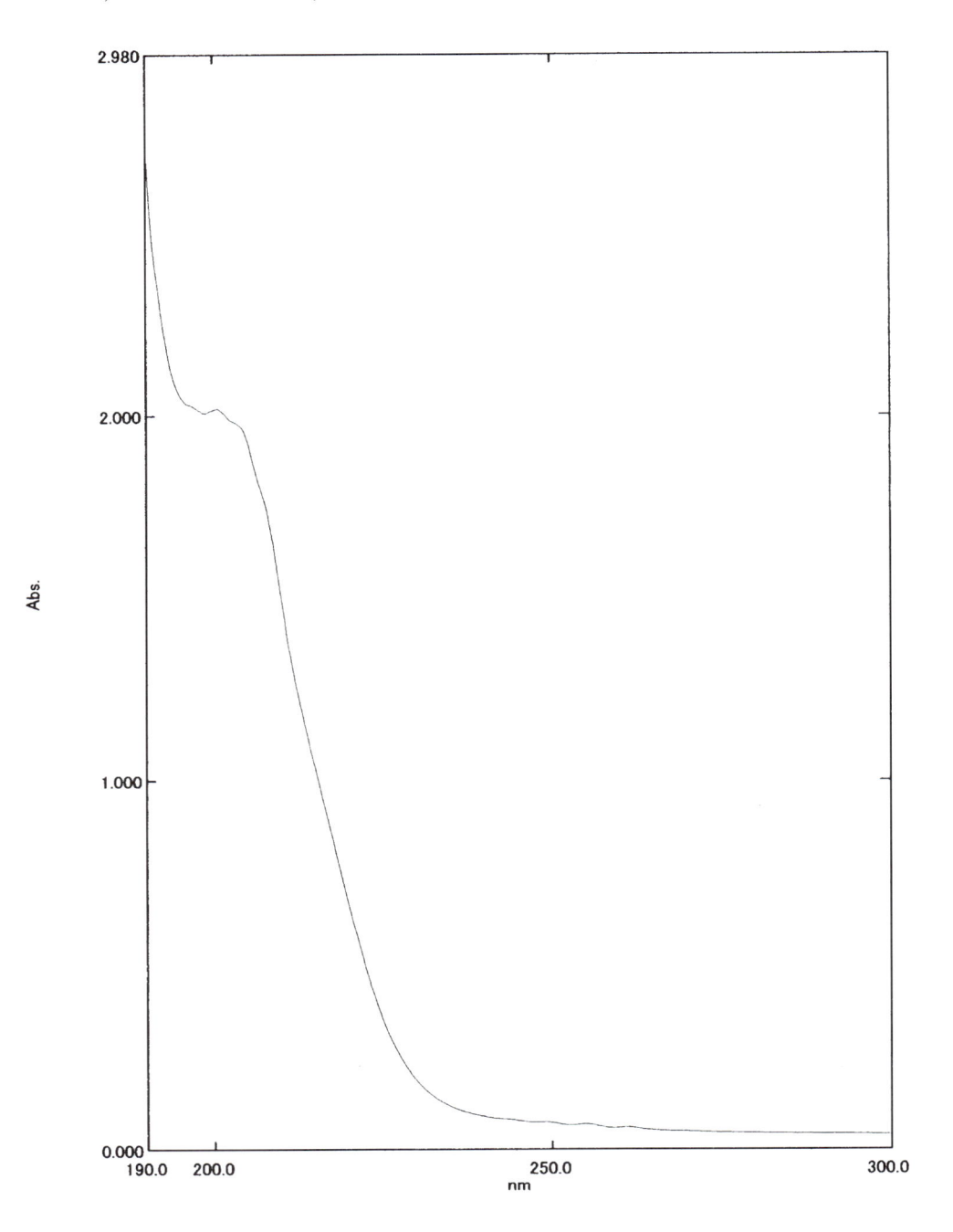

IV IR

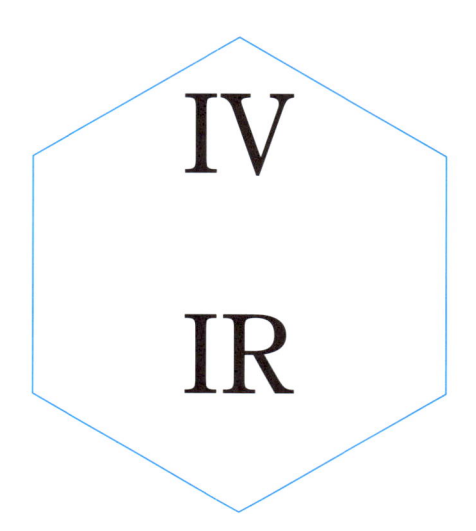

Infrared Absorption Spectrum：
赤外吸収スペクトル

　赤外吸収スペクトル（IR スペクトル）は赤外領域の光の吸収を測定することによって，分子の振動を観察し，有機化合物の分子構造を推定する手法である。赤外吸収スペクトルは，有機化合物の構造解析法の中で，もっとも迅速にしかも簡便に測定が可能な手法の1つであると同時に，必ず測定しなければいけない基礎データでもある。この章で赤外吸収スペクトルの正しい測定法を習得し，スペクトルの読み方を学習してほしい。

❶ 赤外吸収スペクトルを用いた構造解析

共有結合をもつほとんどの化合物は，有機化合物であろうと無機化合物であろうと赤外光を吸収する。赤外光とは私たちの目では見ることができない光で，目で見える可視光よりもさらに波長の長い（エネルギーが低い）光である。私たちの身の回りでなじみのある電子レンジは赤外光よりもさらに波長が長いマイクロ波という光を用いている。赤外光は可視光とマイクロ波の中間に位置する光（電磁波）である。赤外光の波長は 2.5 μm から 15 μm くらいの範囲になる。

では赤外光の吸収を調べることで化合物の構造が推定できるのだろうか？あらゆる物質を構成する分子は熱エネルギーによって絶え間なく振動している。振動の周期は 1 秒間に 10 兆回くらいのオーダーであるが，分子を構成する部品それぞれによって振動の回数（周期）は異なる。分子の構造を，分子の部品の特徴的な振動を見ることによって推測する方法が赤外吸収スペクトル法である。分子を構成する部品は自分の分子振動にあったエネルギーの光を吸収する（後述するように，光は時間とともにある周波数で振動する電磁波である）。ちょうどブランコにのっている人の背中を押してあげるときを想像してみよう。ブランコの周期にあったリズムでその人の背中を押してあげると，ブランコはさらに勢いよく進むはずである。それと同じで，分子を構成する部品はそれぞれ異なる周期で振動しているのだが，その周期にあった光がやってくると光のエネルギーが分子に受け渡されて，その結果，赤外光のなかでも分子の振動にあったエネルギーをもつ赤外光の成分が吸収されるのである。

これまで分子が細かく振動しているという話と，赤外光が吸収されるという話を述べてきたが，これらの関連がわかりにくいのではないかと想像する。赤外光は光であり，電磁場である。電磁場の振動数（周期）はその波長から計算することができる。たとえば赤外光の波長が $\lambda = 10\,\mu\mathrm{m} = 1 \times 10^{-5}\,\mathrm{m}$ だとするとその光の振動数 ν は

$$c = \lambda\nu$$

の関係から，1 秒あたり 3×10^{13} 回（30 兆回）となる。ただし c は光の速度で 3×10^8 m/s である。冒頭で述べたように分子の振動の周期と赤外光の振動の周期がよくあっていることがわかる。分子の振動は赤外光によって効率的にエネルギーが引き渡され，ブランコに勢いがつくのと同じように赤外光からエネルギーをもらって分子の振動の振幅は大きくなる。ところで光の振動数を cm^{-1} という波数の単位で表すのが化学の習慣である。つまり，1 cm あたりに波が何個あるのか，というイメージである。波数は波長の逆数となるので波長が 10 μm ならばその逆数は

$$0.1\,\mu\mathrm{m}^{-1} = 10^5\,\mathrm{m}^{-1} = 10^3\,\mathrm{cm}^{-1}$$

となる。波長と波数は反比例の関係にあるので，波長 10 μm が波数 1000 cm^{-1} であると言うことだけ覚えておけば，波長と波数の換算は簡単である。両者を掛け合わせれば 10000 になるからである。

火山噴火を赤外スペクトルで観測する

　赤外分光器に望遠鏡をつなぐことによって，火山から放出されるガスの赤外スペクトルを測定することができる。火山から放出される硫化水素，二酸化硫黄，塩酸などはそれぞれ特徴的な赤外スペクトルを持つため，望遠鏡ごしの遠隔測定によって火山から放出されるガスの種類や濃度を測定することができる。火山の観測は危険が伴うが，この方法によって数キロ離れたところから手に取るように火山ガスの組成がわかり，火山活動のモニタリングに役立っている。写真は阿蘇山火口から火山ガスの組成を測定する様子（東京大学大学院理学研究科　森俊哉博士提供）。

1）本書の範囲をこえるがどのような分子の振動も赤外光を吸収するとは限らない。分子の中で極性（プラスの電荷とマイナスの電荷が局在するような状態）を持つ部分が振動するときに，その部分の振動数にあった赤外光が吸収される。例えば H_2 や Cl_2 といった分子では赤外吸収は起こらない。

❷ 赤外スペクトルの利用法

ところで分子中の結合それぞれが異なった振動数をもつし，たとえ同じ結合が異なる構造の分子中に含まれていたとしても，その結合を取り巻く環境が異なるため，吸収される赤外光の波長（波数，エネルギー）は微妙に異なる。したがって，構造の異なる分子は必ず赤外スペクトルが異なる。つまり，赤外スペクトルは分子の指紋のようなものである。したがって赤外吸収スペクトルを比較することで，複数の化合物が同一の構造を持つのか，あるいは合成した化合物の赤外スペクトルを文献データと比較することで目的の化合物が得られたかどうかを判断することができる。

また，むしろこちらの方がより重要であるが，赤外スペクトルに見られる特徴から分子の構造を推測することができる。分子構造中の結合（たとえばC–H，N–H，O–H，C–C，C＝C，C–O，C＝Oなど）はある決まった範囲に赤外吸収が見られる（表IV-1を参照）。例えば3000 cm^{-1}を中心に前後150 cm^{-1}くらいはC–H結合による吸収とか，1715 cm^{-1}を中心に前後100 cm^{-1}くらいはカルボニル基のC＝O結合，といった具合である。

2.1 結合の強さと赤外吸収のエネルギー

どの結合がどの波数の赤外光を吸収するかを完全に頭に入れておくことは難しいし，その必要はないだろう。教科書を開いて調べながら赤外スペクトルを解読すればよい。しかし，結合の強さと原子の重さが吸収する赤外光のエネルギーにどのように影響するかを理解しておくことは，赤外吸収スペクトルから有機化合物の構造を推理するうえでかならず役に立つはずである。問題を簡単にするために二つの異なる質量をもつ原子からなる二原子分子を考えよう。分子は熱エネルギーによって振動している。したがって，二原子分子は二つの玉をばねで結んだような構造をしていると考えてよい。フックの法則から二原子分子の振動数は

$$\frac{1}{2\pi}\sqrt{\frac{k}{\mu}}$$

と書ける。ここでkはバネの定数で，μは換算質量と呼ばれ，2つの原子の質量m_1, m_2から

$$\mu = \frac{m_1 m_2}{m_1 + m_2}$$

となる。振動数は結合を形成する原子の質量が重くなればなるほど低くなり，結合が強くなるほど高くなる。これはばねの振動を想像すれば理解できるであろう。炭素原子間の結合では，三重結合，二重結合，単結合の順番に結合の強度が強く，いわばばねの強さが強い。このことは実際に赤外吸収スペクトルを測定するとC≡Cでは2150 cm^{-1}に，C＝Cでは1650 cm^{-1}に，C–Cでは1200 cm^{-1}に赤外吸収が観測されることから容易に理解することができる。また同様にカルボニル基のC＝Oでは約1715 cm^{-1}に吸収が見

赤外スペクトルとラマンスペクトル

　赤外吸収分光法と相補的な手法がラマン分光法である。ラマン分光法は，試料にレーザー光を当てて，散乱された光の波長を調べる測定法である。指向性の高いレーザーを光源として用いるので，1 μm 程度と非常に高い空間分解能を持っていることが特徴である。水は赤外光を強く吸収するため，赤外吸収スペクトルは水溶液の測定には適していない。それに対してラマン分光法は水溶液系の試料の測定に適している。有機化合物のラマンスペクトルを測定する際にはレーザーによる加熱に注意する必要もある。

超高圧下での赤外吸収スペクトル

　ダイヤモンドは地球上で最も固い物質であると同時に広い波長領域で透明な窓となる。先端径が数百ミクロン程度のダイヤモンドの間に試料をはさみ，ダイヤモンドに力を加えることで，局所的に非常に高い圧力を出すことができる。このような装置はダイヤモンドアンビルセルと呼ばれ，手のひらにのるほどの小さなセルであるため，赤外分光光度計にも搭載することができる。ダイヤモンドの先端径を小さくすることによって，試料室に 100 GPa（ギガパスカル，1 ギガパスカルは 1 万気圧に相当する）におよぶ圧力をかけながらスペクトルを取ることが可能である。写真は顕微赤外分光装置にダイヤモンドアンビルセルを搭載したところである。

られるのに対し，C-O 結合の吸収は 1100 cm^{-1} に吸収がみられる（どちらの値も分子の構造によって大きく変化しうるので注意）。

次に原子の重さが及ぼす影響について考えよう。単結合のなかで原子の質量の違いが赤外吸収に及ぼす影響を考察してみよう。C-H 結合の伸縮振動は 3000 cm^{-1} に赤外吸収を与える。C-H は炭素原子にもっとも軽い原子である水素が単結合で結ばれた結合であるが，水素原子の代わりに他の原子が単結合するケースを調べてみよう。C-O では 1100 cm^{-1} に，C-Cl では 750 cm^{-1} に，C-Br では 600 cm^{-1} に，C-I では 500 cm^{-1} にそれぞれ赤外吸収が観測される。つまり炭素原子に結合している原子の質量が大きくなるにしたがって伸縮振動の振動数が低くなっていることがわかる。この例は結合している原子の種類によって結合の力の定数（ばねの強さ）があまり変わらない，と言うことを前提としている比較である。一般的な実験ではあまり使わないかもしれないが，例えば水素原子（^{1}H）を安定同位体の重水素（^{2}H，D と書くこともある）で置き換えると赤外吸収の位置は低い波数へ移動する。

2.2　伸縮振動と変角振動

これまで結合の振動をばねの伸び縮みの振動，すなわち伸縮振動に見立てて記述してきたが，実際には伸縮振動 (stretching, ストレッチング) と変角振動 (bending, ベンディング) の両方を把握しておく必要がある。一般的に，伸縮振動の方が変角振動よりも高い波数に赤外吸収が観測される。

変角振動にもいろいろな種類の振動があって，scissoring（はさみ振動），rocking（横揺れ振動），wagging（首振り振動），twisting（ねじれ振動）といった振動種が記載されていることもある。

3 個もしくはそれ以上の原子から構成される官能基の場合，伸縮振動には対称伸縮と逆対称伸縮振動の二つの振動モードが現れる。

例えばメチル基では対称伸縮振動は 2853 cm^{-1} 付近に，逆対称伸縮振動は 2926 cm^{-1} 付近に観測される。メチル基の他，ニトロ基 (-NO$_2$)，アミノ基 (-NH$_2$) などにも同様に対称伸縮振動と逆対称伸縮振動の両方が観測される。また，逆対称伸縮振動の方が対称伸縮振動よりも高い波数に赤外吸収が観測される。さまざまな官能基がどのような位置に赤外吸収を示すかを表 IV-1 にまとめた。

表 IV-1 各原子団の赤外吸収スペクトルの特性吸収波数

(N. B. Colthup, *J. Opt. Soc. Am.*, **40**, 397 (1950) より)

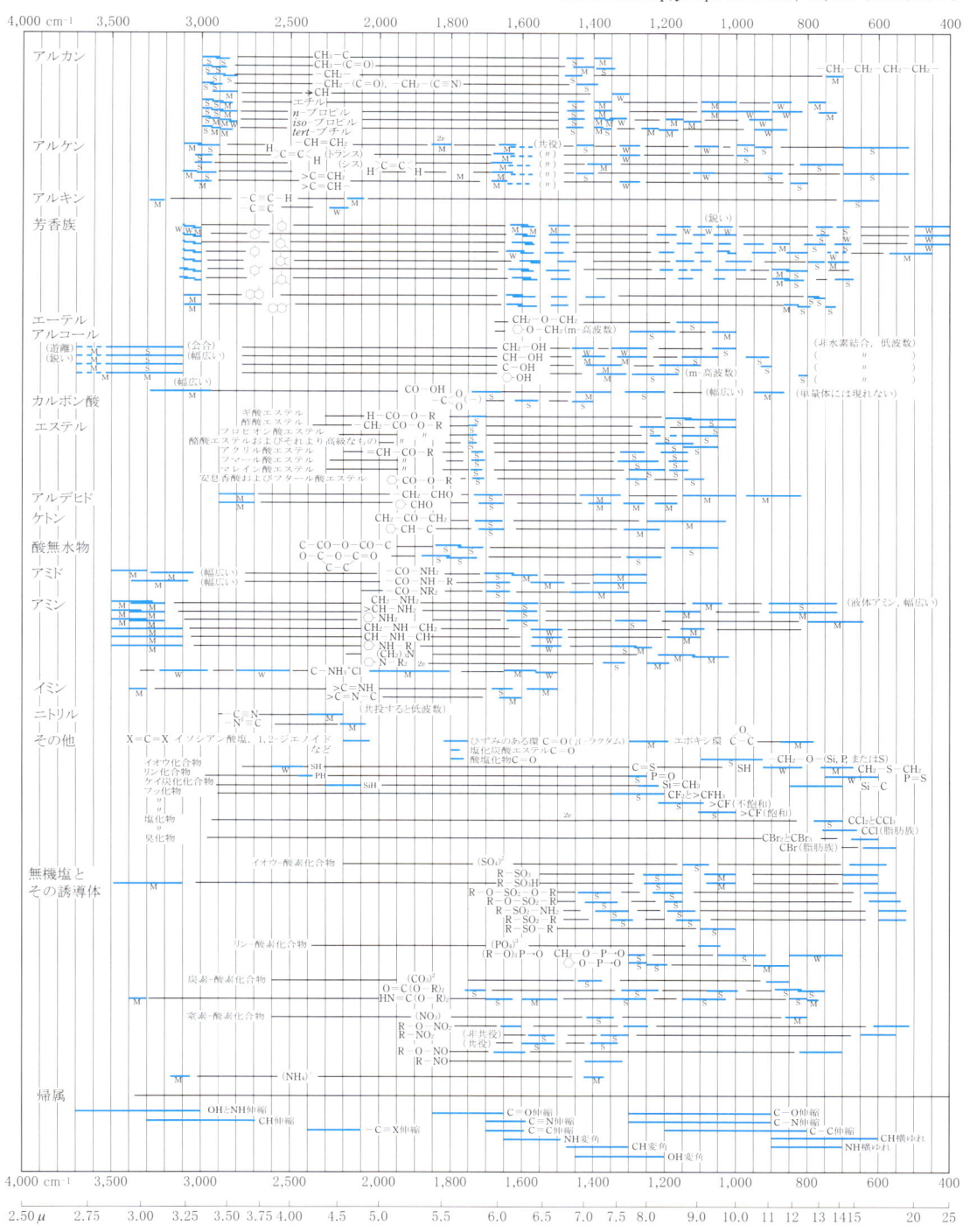

❸ 赤外スペクトルの測定法

化合物の赤外スペクトルを測定するためには，液体や粉末状の試料を光路上に固定しなくてはいけない。しかし実はこれが簡単ではない。私たちの目で見て透明なガラスやプラスチックに試料を塗りつければよいと考えられなくもないが，これらの材料は赤外光を吸収してしまうので使うことができない。したがって試料は赤外光を吸収しないイオン結合物質，すなわち NaCl，KBr，CaF_2 などからできたプレート上に試料を塗りつけて赤外分光器の中にセットする。油脂などの液体試料の場合は2枚のプレートに試料を1滴たらして，プレートを両手でおしつけて試料をなるべく液膜状に薄く広げて測定する。このような測定方法をニート法と呼ぶ。水分を含む試料を KBr 板を用いてニート法で測定するときは，水分によって KBr が溶解して，板がへこむことがあるので，ときどき KBr 板を研磨することが必要になる。

後述するが，赤外スペクトルはなるべく試料を薄くすることできれいに測定することができる。固体試料の場合は固体そのものの厚みを薄くすることができないので，別の物質を加えて試料を薄めて赤外スペクトルを測定する。広い波数領域で測定が可能で，もっとも信頼性が高いのが KBr 錠剤（ペレット）法である。試料と KBr 結晶を乳鉢で粉末化して混合し，カラーと呼ばれる金属製の型に入れて圧縮し，錠剤を整形する（右ページ写真参照）。必要に応じて真空に引くことによってより透明度が高く良質なスペクトルが測定可能な KBr ペレットを作ることができる。KBr 自体が吸湿性が高く，手早く作業を進めないと空気中の水蒸気を吸収して水の吸収がスペクトルに出てしまうことと，硫酸銅のように KBr と反応して臭素を発生するような試料には適用できないので注意が必要である。

KBr 錠剤を作成するよりも手軽に測定でき，有機実験でよく使われるのがヌジョール法である。乳鉢中で固体試料をヌジョール（流動パラフィン）とともに混合し，これを食塩プレート（あるいは KBr プレート）にぬり，プレート上で流動パラフィンに希釈された試料をよく伸ばす。ヌジョール法では必ずヌジョール自身の吸収が $1377\ cm^{-1}$，$1462\ cm^{-1}$，$2924\ cm^{-1}$ に見られるので注意が必要である。ヌジョールと同じように四塩化炭素に試料を溶かして薄めることによってスペクトルを測定することもある。この場合も同様に四塩化炭素の C–Cl 結合からの吸収が $785\ cm^{-1}$ にみられるので注意が必要である。

3.1 赤外スペクトルを測定する装置

赤外スペクトルを測定する装置（赤外分光光度計）は，大きく分けて2つのタイプ，すなわち分散型と干渉型とがある。いずれの装置も電熱線を赤外光源として $400\ cm^{-1}$ から $4000\ cm^{-1}$ の波数領域で測定が可能である。実験室で有機化合物の構造決定のために使用する赤外分光光度計は，一昔前までは分散型が主流であった。分散型では回折格

赤外吸収スペクトルによる血清試料の分析

　赤外スペクトルの測定は臨床検査の分野でも応用されつつある。我々の血液中に含まれるタンパク質のスペクトルを測定することによって，高脂血症の人と正常な人の血液の特徴を見分けることができる。人から採取した血液試料を試料とし，C＝O エステル伸縮振動の吸収が起こる波数位置を精密に（1 cm^{-1} 程度の精度で）測定する。FTIR を用いた質のよいスペクトル測定によって可能となった応用例である。なお，縦軸は吸光度（$-\log(I/I_0)$）で表示されている。図は東京医科歯科大学，奈良雅之博士提供。

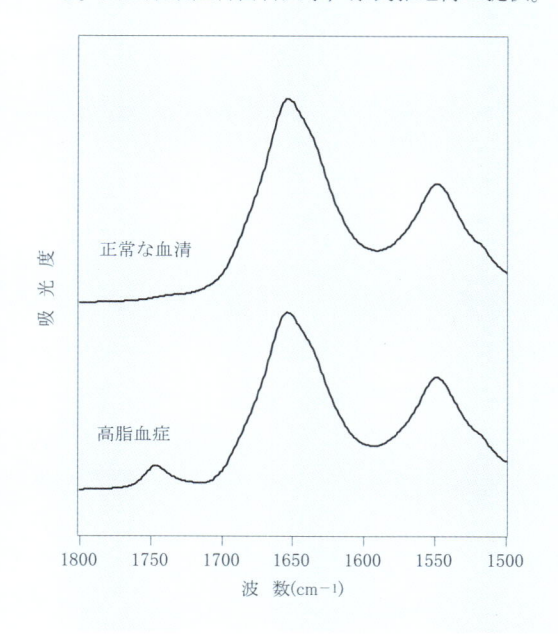

KBr 錠剤の成型器の例
左端のカーラーの中心部に試料粉末を充填したのち，中央部のピストンと右側の台座をもちいて粉末を加圧する。下にあるのはスケールの爪楊枝。

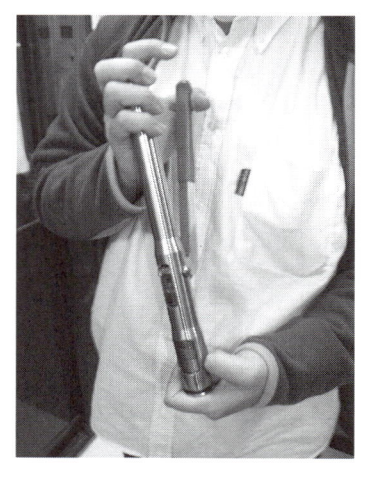

小型のハンドプレスで成型器を加圧している様子

子で光源の赤外光のエネルギー（波長）を分ける（分光する）。さらに光を高速で回転するミラーによって試料側の光路と参照側の二系統に分け，波長ごとにそれぞれの検知器に検出される光の強度を比較することで試料への赤外光の吸収を測定する。分散型の分光器を用いるときは，参照側に試料をぬっていない NaCl 板などのブランクを入れておく。赤外吸収は通常は横軸に波数，縦軸に透過率をプロットする。透過率とはある波長において参照側を通過した光の強度を分母に，そして試料側を透過した光の強度を分子にしてパーセント表示したものである。このようなグラフではグラフの下側（透過率の低い方向）に分子振動に由来する吸収が表示される。

　長年，普及してきた分散型の分光器に対し，近年はフーリエ変換型と呼ばれる干渉型の赤外分光装置（FTIR と呼ばれる）が主流になっている。FTIR がもつ分散型分光器に対する絶対的な利点は感度の高さと横軸（波数）の正確さである。FTIR は前述の分散型赤外分光光度計とは全く異なる原理で赤外スペクトルを測定する。FTIR では測定に用いる赤外光を半透鏡によって二系統に分け，一方の光を常に周期運動をしている可動鏡に反射させる。そしてもう一方の光を固定鏡に反射させ，2 つの光を再び合流させる。2 つの光路を経た光は異なる長さを通って 1 つの光路に合流するので，それらの光路差に応じて光は干渉を起こす。例えば光路差がある波長の光の整数倍であればお互い光は強めあうが，半整数倍であればお互い弱めあってその波長の光は消える。このような光の干渉があらゆる波長領域の光に対して起こるので，干渉で得られた光は可動鏡の位置に応じて強度が変化する（インターフェログラム）。これをコンピュータによってフーリエ変換して赤外スペクトルを得る。FTIR の場合は装置に試料側の光路と参照側の独立した光路と試料室がそれぞれ 2 つずつあることはほとんどない。現在使用されている多くの装置の光路は 1 つで（シングルビームと呼ばれる），まず最初にブランクに相当する NaCl 板のスペクトルを測定して，それを装置のメモリーに記憶させてから試料のスペクトルを測定する。

　実際の実験で FTIR を測定するときに必要な主な設定は分解能（分解と呼ばれることもある）と積算回数であろう。分解能とはスペクトルをどれだけ波数に対して細かく測定するか，と言う変数で，例えば微妙な波数の変動やスペクトルの細かい分裂を見たいときなどは分解能を高くする方がよい。しかし，一般的な有機化合物の測定における分解能は 4 cm^{-1} で十分で，特に切り替える必要はないだろう。装置中の可動鏡の移動距離を伸ばすことによってスペクトルの分解能を上げているので，装置がもっている可動鏡の移動距離の上限によって装置がもつ最高分解能が決まる。一方，積算回数はスペクトルの縦軸（透過率）の S/N 比を決定するパラメータである。積算回数を増やすほど縦軸の S/N 比は向上し，それは積算回数の平方根に反比例する。例えば試料濃度が薄くて吸収スペクトルがきれいに測定できないときなどは，積算回数を 100 回から 400 回に変更すれば，S/N 比は 2 倍向上することになる。FTIR ではビームスプリッターや装置の窓板に潮解性の高い KBr を使用しているので装置内で結露が起こるとこれらの光

顕微赤外分光の発達

　FTIR の感度の高さを応用して，FTIR に赤外顕微鏡を装着して 10 μm 程度の微小な試料からの赤外吸収スペクトルも測定できるようになった（顕微赤外と呼ばれる）。顕微赤外はあらゆる分野に応用されている。例えば太さ数十ミクロンほどの髪の毛一本の赤外スペクトルが測定できるのである。最近では顕微鏡にコンピュータ制御で非常に細かく動くステージをとりつけて，顕微鏡下で不均一な試料の赤外スペクトルを用いたマッピングが行えるようになった。赤外光を使ってどこまで細かいところまで見ることができるかというと，量子力学で習う不確定性原理による制限が出てくる。つまり赤外光を使うと赤外光の波長よりも細かいものを空間的に区別することはできないのだ。1000 cm^{-1} の領域で赤外スペクトルを測定するとして，その波長は 10 μm であるので物理的に 10 μm よりも細かい物質は区別してみることができないと言うことになる。

髪の毛 1 本の赤外吸収スペクトル

　ダイヤモンドは宝石としてあまりにも有名であるが，その硬さと広い波長領域で光に対して透明であるため，光学的な窓剤として実用されている。下の図は直径 3 mm のダイヤモンド結晶上に 2 本の髪の毛をのせたところである。右の図ではもう一個のダイヤモンドで髪の毛をつぶした様子である。顕微赤外分光装置を用いてそれぞれの髪の毛の赤外吸収スペクトルを測定してみた。1500 cm^{-1} から 1700 cm^{-1} にはタンパク質に特有な吸収が見られるが，吸収強度があまりにも強いために振り切れてしまっている（タンパク質の赤外吸収スペクトルでは，1500 ～ 1700 cm^{-1} の範囲にペプチド結合に特異的な吸収帯があり，特に 1600 ～ 1700 cm^{-1} にみられるアミド I と 1500 ～ 1550 cm^{-1} にみられるアミド II と呼ばれるバンドが二次構造の推定に用いられている）。この方法では髪の毛のスペクトルを正しく測定することが難しいことを示している（もっと髪の毛を薄く延ばす必要がある）。ところが，CH 伸縮振動に起因する 3000 cm^{-1} 付近の吸収を見ると，2 本の髪の毛のスペクトルは若干違っているように見える。実はここで紹介した 2 本の髪の毛のうち 1 本は日本人女性，もう 1 本はロシア人男性のものである。スペクトルの違いは何に起因するのであろうか？

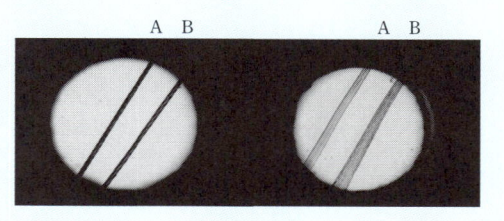

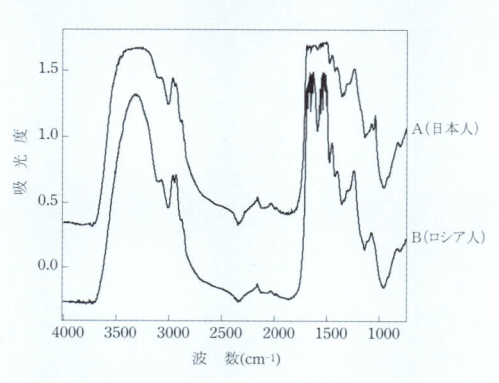

学部品が使用不能になって100万円ほどの高額な出費を強いられることになる。装置の周辺で不用意に水を使用することはさけるべきであるし，できればエアコンだけでなく除湿器を併設するなどして実験室の除湿には気を使った方がよい。

分散型の装置あるいはFTIRいずれの装置を用いる場合においても，最も重要なことはきれいなスペクトルがとれる適当な濃度の試料を作ることである。濃度が高すぎる試料を作ると，赤外光が試料を透過しない波数（波長）領域ができてしまって（透過率がゼロになってしまう）有機化合物の構造を反映した赤外吸収のピークがつぶれて見えなくなり，解析ができなくなる。図IV-1と図IV-2にそれぞれ濃度が濃すぎたために測定ができなかった例を示す。ここに示したようなスペクトルが得られたときは，試料の濃度を落としてもう一度測定しなければいけない。また逆に試料の濃度が薄すぎても吸収が見えないので解析ができない。赤外光に対する吸収の強度は物質ごとに異なるので，試行錯誤を繰り返しながら試料を作り直して，きれいなスペクトルを測定することが必要である。また，KBr錠剤法では，KBrに吸着した水分がスペクトル上に現れることもある。その例を下図に示す。

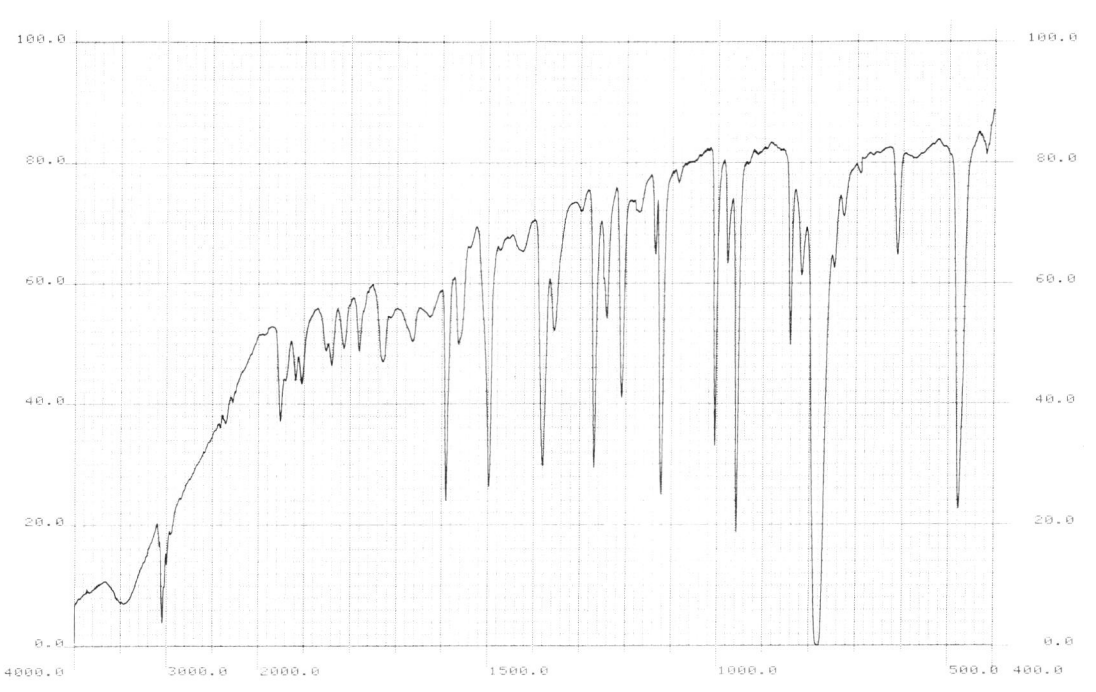

ナフタレンの赤外吸収スペクトル（KBr錠剤法）
3500 cm^{-1} 付近に見られる幅広い吸収はKBrに吸着した水分に由来するものである。

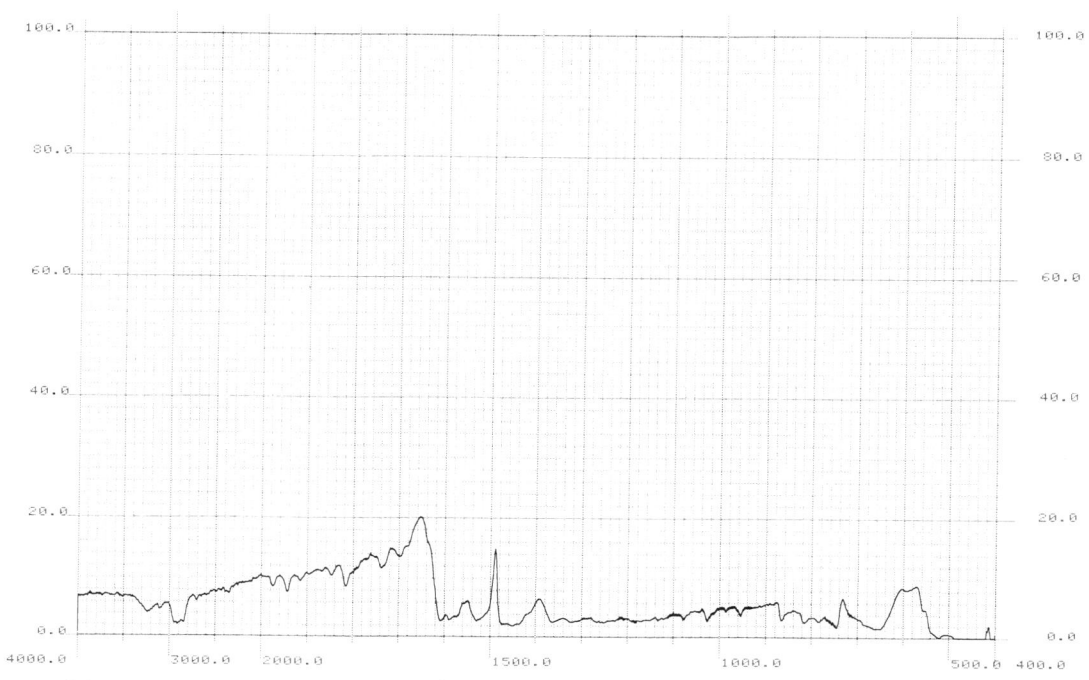

図 IV-1a　o-ニトロフェノールの赤外吸収スペクトル（ヌジョール法，NaCl 板）
試料の濃度が濃すぎるため，吸収が飽和してスペクトルを解析することができない。

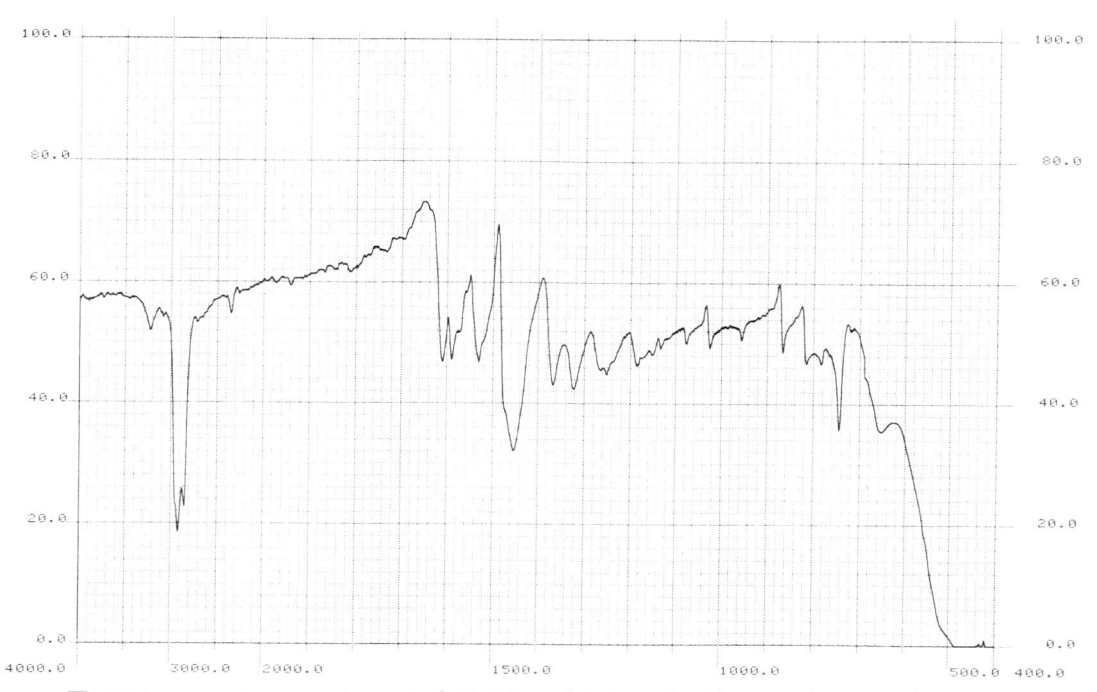

図 IV-1b　o-ニトロフェノールの赤外吸収スペクトル（ヌジョール法，NaCl 板）
試料の濃度を調整してスペクトルが正常に観察できるようになった。

❹ 赤外スペクトルをどう見ていくか

　合成した試料が目的の構造をもっているかどうかを調べるためには，標準試料と得られた試料それぞれの赤外スペクトルを比較するか，あるいは文献データとの比較を絵あわせでおこなえばよい。そのときには細かいスペクトルの帰属は必要ない。問題は構造未知の試料の解析を進める場合である。まずは主な官能基，例えばC＝O，O–H，N–H，C–O，C＝C，C≡C，C≡N，NO_2などの吸収があるかどうかを表Ⅳ-1のような詳細なデータと比較して調べていく。しかし，表のような詳細なデータを見ると答えがなかなか出ないであろうから，まずは表Ⅳ-2のような非常に簡潔にまとめられたデータからスタートしよう。はじめに，測定されたデータを見てC＝O基があるかどうかを1820 cm^{-1}から1660 cm^{-1}の範囲に吸収があるかどうかで判断しよう。この領域に赤外吸収を示す官能基はC＝Oだけであると思ってよい。しかもC＝Oによる赤外吸収の強度はひじょうに強いので，見逃すことはまずないだろう。

(1) C＝O基がある場合

　カルボン酸：O-H結合があるか。3400 cm^{-1}から2400 cm^{-1}の範囲に幅が広い吸収があるか。

　アミド：N-H結合があるか。3400 cm^{-1}付近に吸収があるか。しばしばほぼ幅が等しい2本のピークに分裂している。

　エステル：C-O結合はみつかるか。1300 cm^{-1}から1000 cm^{-1}の範囲に強い吸収がある。

　アルデヒド：C-H伸縮の低波数側，2850 cm^{-1}から2750 cm^{-1}の範囲に2本の弱い吸収がある。

(2) C＝O基がない場合

　アルコールかフェノール：O-H結合が見つかるか。幅広い吸収が3400 cm^{-1}から2400 cm^{-1}の範囲にあるか。1300 cm^{-1}から1000 cm^{-1}に吸収があるか。

　アミン：N-H結合が見つかるか。3400 cm^{-1}の吸収があるか。

　エーテル：C-O結合が見つかるか。1300 cm^{-1}から1100 cm^{-1}に吸収があるか。

(3) 二重結合，芳香族

　C＝C二重結合の吸収は1650 cm^{-1}にみられる。

　芳香族は1600 cm^{-1}から1450 cm^{-1}比較的強い吸収を示す。

　またC-H結合の振動をみても判断できる。芳香族や二重結合を持つ化合物の場合はC-H伸縮振動が3000 cm^{-1}よりも高い波数領域に，C-C単結合からなる脂肪族化合物の場合は3000 cm^{-1}よりも低い領域に観測される。

(4) 三重結合

　C≡N結合を持つ化合物では鋭い吸収が2250 cm^{-1}付近に観測される。

　C≡C結合を持つ化合物では強度が弱く，鋭い吸収が2150 cm^{-1}付近に観測される。

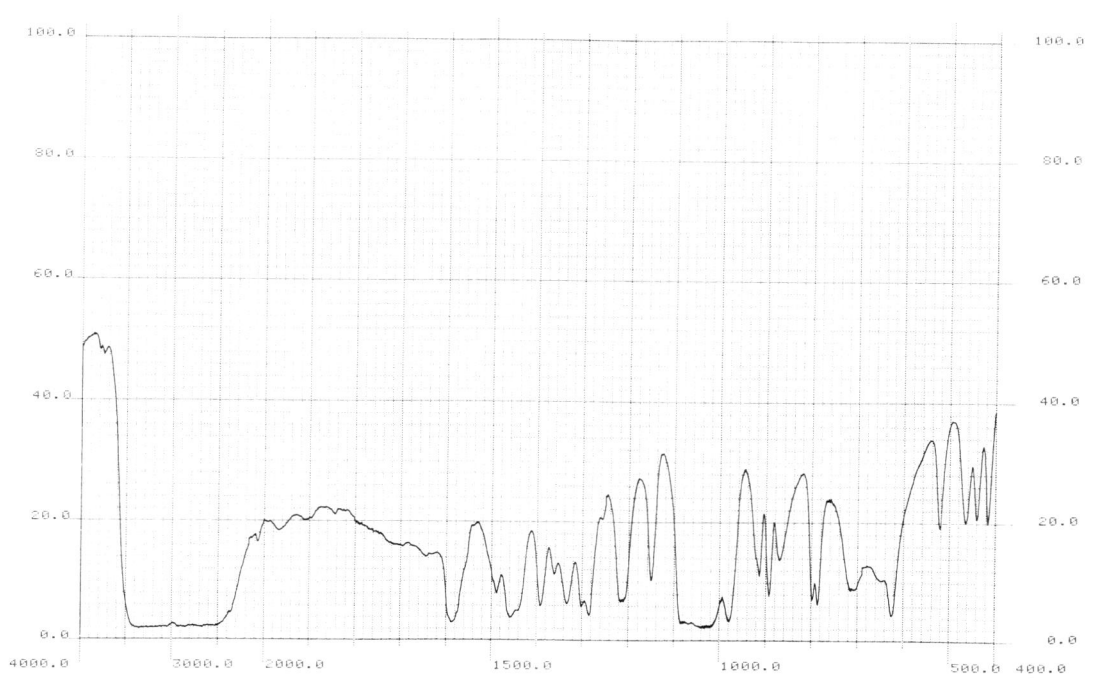

図 IV-2a　トリス（ヒドロキシメチル）アミノメタンの赤外吸収スペクトル（KBr 錠剤法）
試料の濃度が濃すぎるため，吸収が飽和してスペクトルを解析することができない。

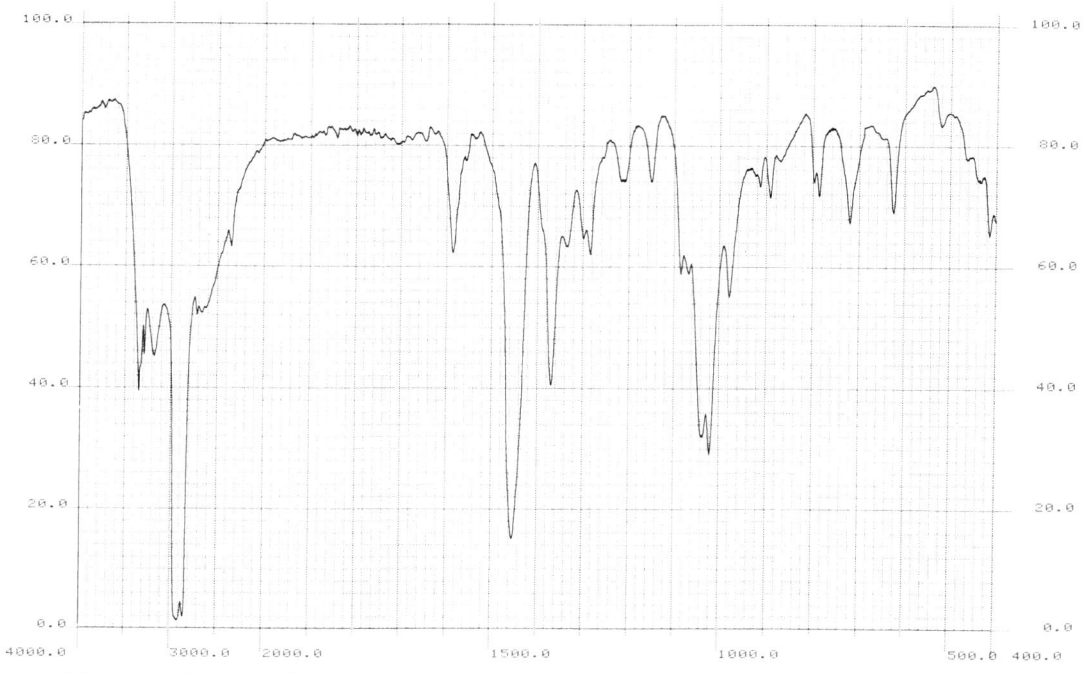

図 IV-2b　トリス（ヒドロキシメチル）アミノメタンの赤外吸収スペクトル（ヌジョール法，KBr 板）
KBr 錠剤法では濃度の調整が難しく，ヌジョール法に切り替えたところうまく測定ができた。

(5) ニトロ基

2本の強い吸収が 1600-1530 cm^{-1} の領域と 1390-1300 cm^{-1} の領域に観測される。実際には化合物によって吸収の位置は変動する。

表 IV-2　代表的な結合の赤外吸収の位置
実際の吸収は分子によって変動する。

結合	吸収位置 (cm^{-1})
O-H	3400 cm^{-1}
N-H	3400 cm^{-1}
C-H	3000 cm^{-1}
C≡N	2250 cm^{-1}
C≡C	2150 cm^{-1}
C=O	1715 cm^{-1}
C=C	1650 cm^{-1}
C-O	1100 cm^{-1}

図 IV-3 から図 IV-11 に代表的な有機化合物の赤外吸収スペクトルを示す。上にあげた情報をもとにスペクトルを解読してもらいたい。

例題1　典型的な赤外分光光度計は波長範囲で 2.5 μm から 25 μm の範囲で赤外吸収スペクトルの測定が可能である。この波長範囲を周波数と波数に変換せよ。

例題2　FTIR が，従来利用されていた分散型赤外分光光度計と比較して勝る点をあげよ。

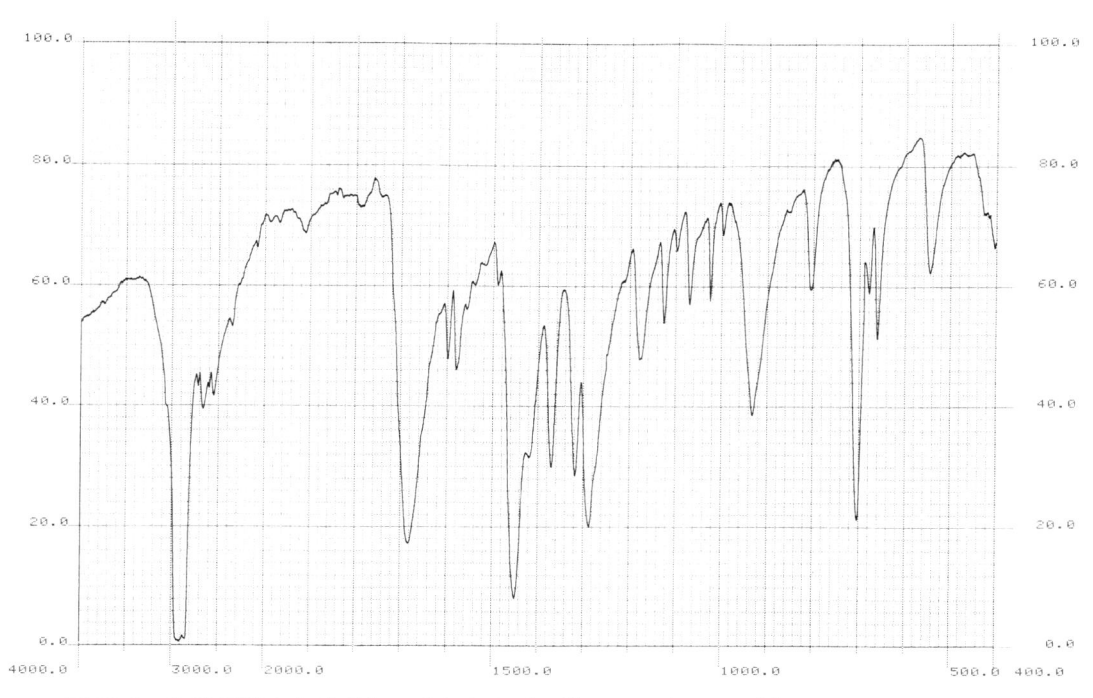

図 IV-3 安息香酸の赤外吸収スペクトル(ヌジョール法,KBr 板)

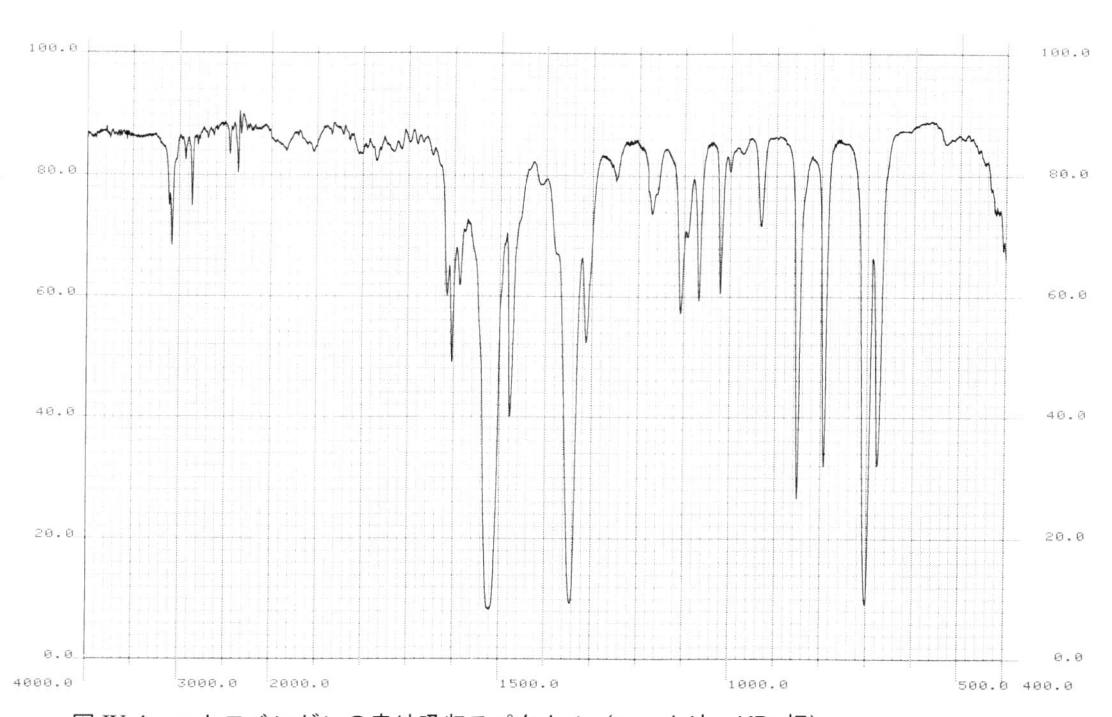

図 IV-4 ニトロベンゼンの赤外吸収スペクトル(ニート法,KBr 板)

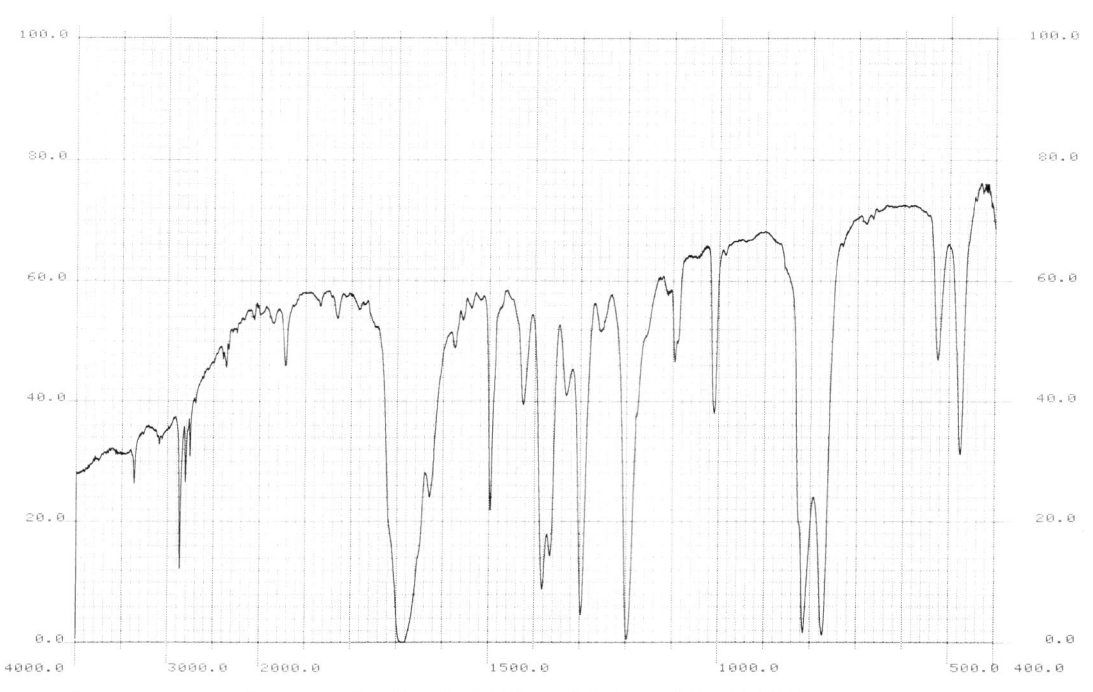

図 IV-5　テレフタルアルデヒドの赤外吸収スペクトル（KBr 錠剤法）

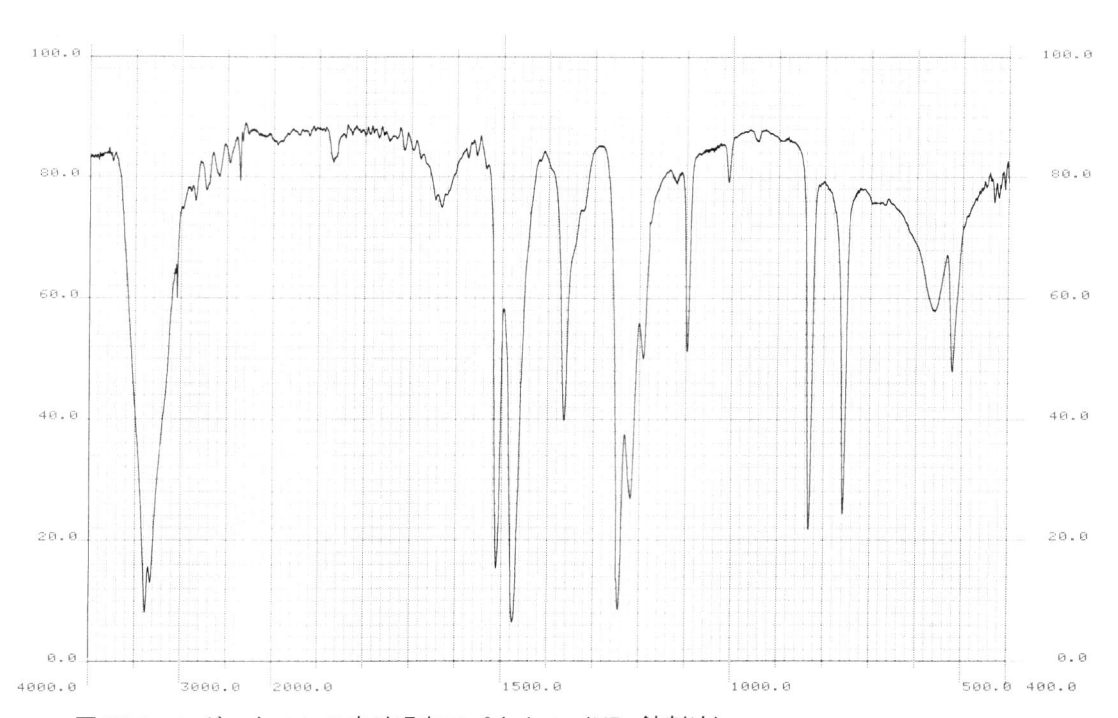

図 IV-6　ヒドロキノンの赤外吸収スペクトル（KBr 錠剤法）

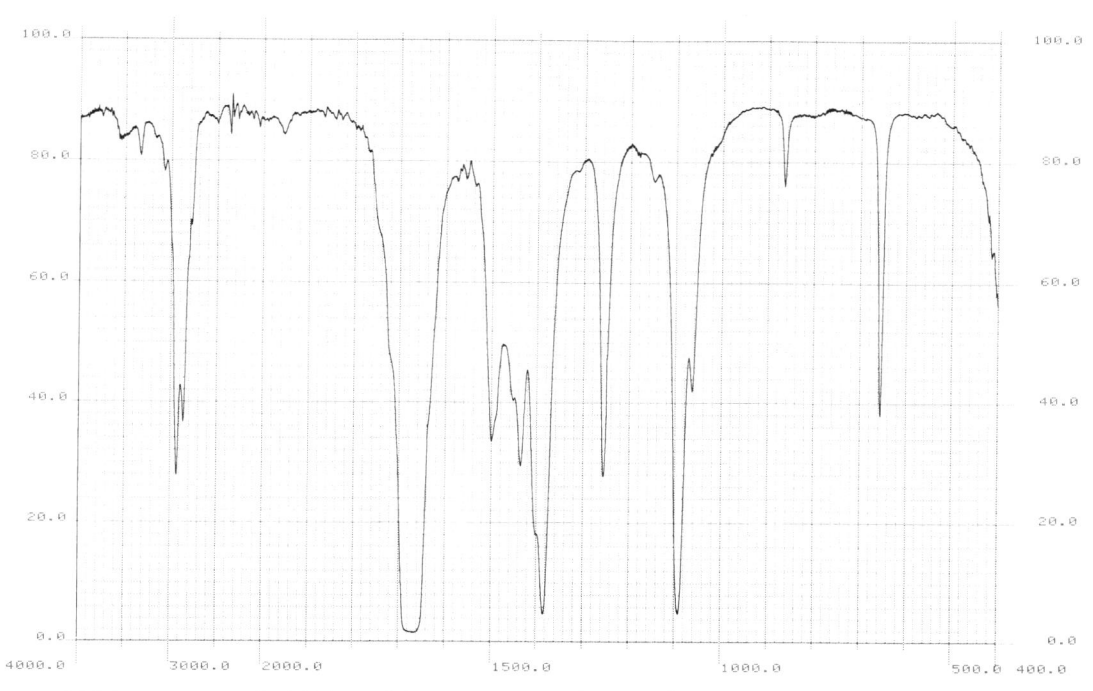

図 IV-7　DMF の赤外吸収スペクトル（ニート法，KBr 板）

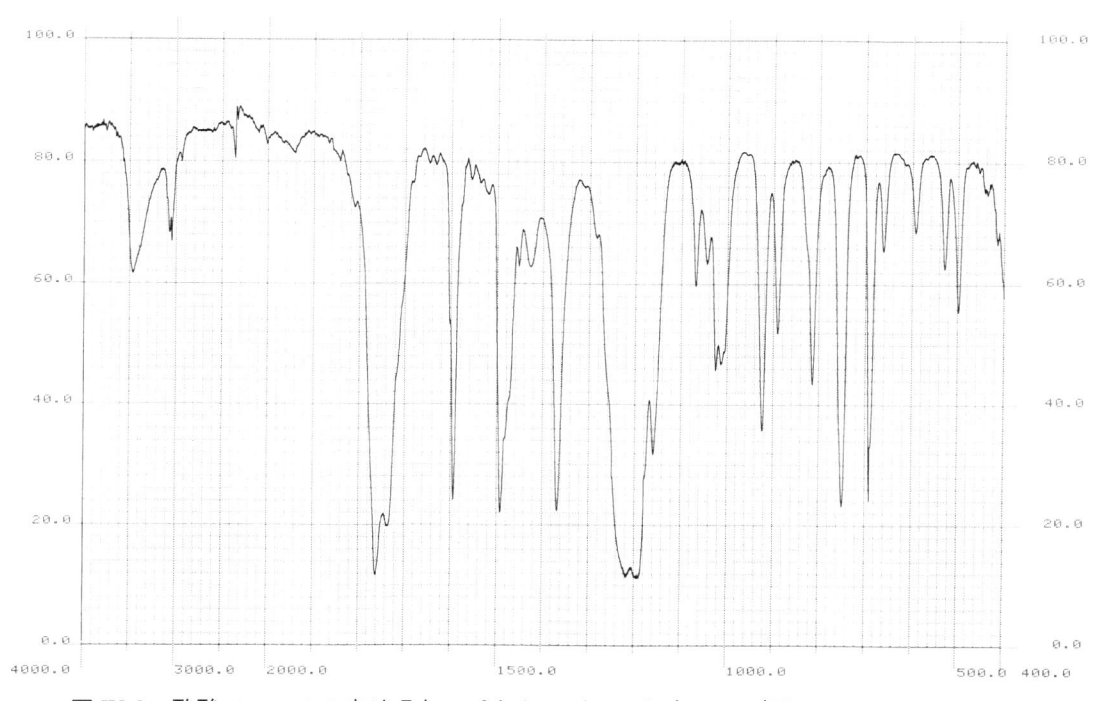

図 IV-8　酢酸フェニルの赤外吸収スペクトル（ニート法，KBr 板）

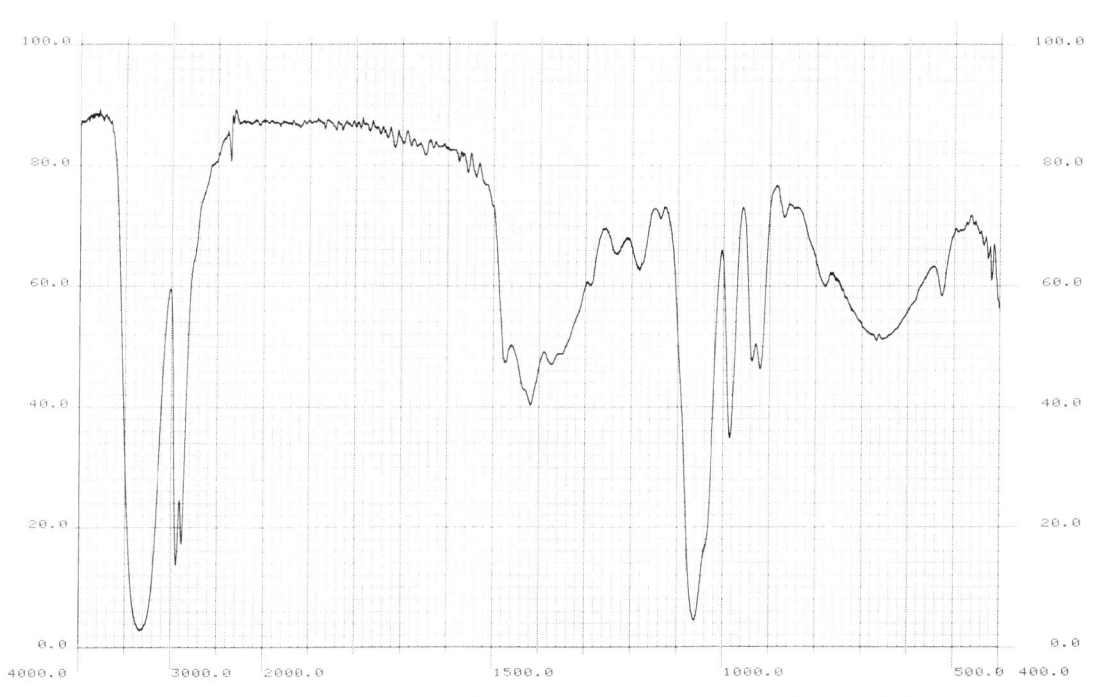

図 IV-9　トリメチレングリコールの赤外吸収スペクトル（ニート法，KBr 板）

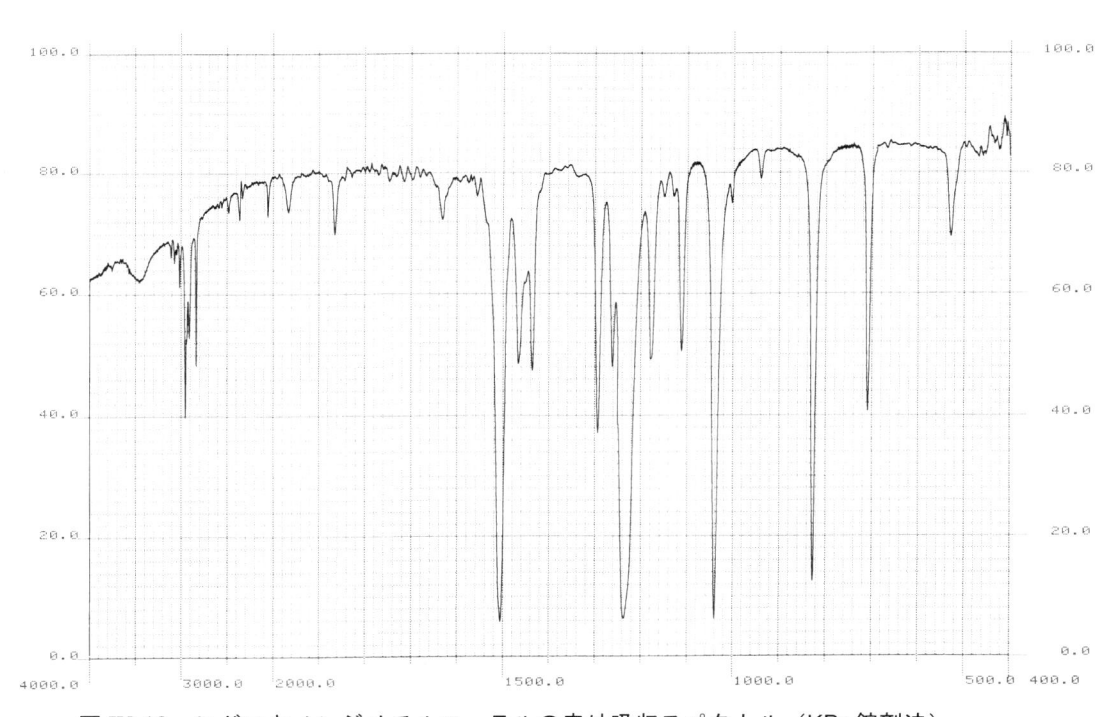

図 IV-10　ヒドロキノンジメチルエーテルの赤外吸収スペクトル（KBr 錠剤法）

V 総合構造解析

　構造を決めるにはまず合成できた段階で目的物質が生成しているかを精製する以前に混合物の状態で確認することが重要である。GC-MSやFABMSなどで分子イオンピークや疑似分子イオンで分子量を見ればいいのである。IRスペクトルの場合は特定の官能基・原子の存在を確認するには重要であるが，混合物の状態ではその威力を十分発揮しない。再結晶，蒸留，カラムクロマト等で精製後に ^{13}C-NMR, ^{1}H-NMRスペクトルを測定し，純度をチェックできる。精製後にIR, UVスペクトルを測定するのも重要である。精製後のMSスペクトルは破壊分析であり測定後回収できないので最後に回したいものである。特筆すべきはUVスペクトルは非破壊分析とされているが電子の励起なので不安定な不飽和結合の場合測定中分解が起こる可能性があるので注意したい。最終的に元素分析かHR（高分解能）MSにより，組成を確認できる。さて練習問題を解く前にそれぞれのスペクトルでの注意点を確認してみよう。

110

　MS スペクトルでは一番右に出る分子イオンピークにより，分子量の情報と同位体ピークにより塩素・臭素が，また奇数ピークにより窒素が奇数個存在することもわかる。

　m/z 127 にピークがあればヨウ素が存在し，代表的なフラグメントイオンから m/z 15(メチル基), m/z 29(エチル基), m/z 43(プロピル基・アセチル基), m/z 57(ブチル基・$C_2H_5C=O$), m/z 71(ペンチル基・$C_3H_7C=O$), m/z 73(トリメチルシリル基), m/z 77(フェニル基), m/z 91(ベンジル基), m/z 94(フェノキシル基＋H), m/z 105(ベンゾイル基・2-フェニルエチル基)などはできるだけ覚えておくと解析の助けになるので便利である。

　IR スペクトルにおいて覚えておいて便利な吸収は，3300 cm^{-1} 付近に幅広いピーク（OH 伸縮振動）水酸基が存在，3400（NH_2 の逆対称伸縮振動）と 3300（対称伸縮振動）と 1600 cm^{-1}（NH 変角振動）付近にピークがセットで出ているとアミノ基の存在を示唆する。他にも 2600～2550 cm^{-1} に弱い吸収（SH の伸縮振動），2240 cm^{-1} に中位の吸収（C≡N の伸縮振動），2260～2100 cm^{-1} に中位の吸収（C≡C の伸縮振動），1870～1540 cm^{-1} に強い吸収（C=O の伸縮振動），1661～1499 cm^{-1} 付近と 1389～1259 cm^{-1} 付近（ニトロ基の逆対称伸縮振動と対称伸縮振動），水酸基のトリメチルシリル誘導体では 1110～830 cm^{-1} に強い吸収（Si-O の伸縮振動），850～550 cm^{-1} 付近に幅広いピーク（C-Cl の伸縮振動）などがある。

　^{1}HNMR スペクトルにおいて覚えておいて便利な吸収は，10～13 ppm に幅広くでるカルボキシル基の H，9～10 ppm にでるホルミル基の H，6.5～8.5 ppm にベンゼンを含む芳香族骨格を含む系の H，4.5～6.5 ppm にエチレンなど非共役系二重結合系の CH，5～11 ppm にフェノールの OH，0.5～5 ppm に脂肪族の OH，0.5～4 ppm にアミンの NH，2.5～3 ppm にアセチレンの CH などである。

　^{13}CNMR スペクトルにおいて覚えておいて便利な吸収は，195～220 ppm にでるケトン (s) とアルデヒド (d) のカルボニル基の C，155～180 ppm にでるケトンとアルデヒド以外のカルボニル基の C，110～160 ppm にベンゼンを含む芳香族骨格を含む系の C，100～145 ppm にエチレンなど非共役系二重結合系の C，80～110 ppm にアセチレンの C などである。

　都合上一重線を s，二重線を d，三重線を t，四重線を q で表す。

総合例題

1) ^{13}C NMR スペクトルで 200 ppm に二重線 (d) が見られ，^{1}H NMR で 10 ppm 付近に 1H 分一重線 (s) が，IR で 1800～1700 cm^{-1} 付近に強いピークがあり，MS で一番右のピークの手前 M-1 の位置にピークがある時どんな官能基が存在するか。

2) MS で m/z 43 にピーク，IR で 1705～1715 cm^{-1} 付近に吸収があり，^{13}C NMR スペクトルで 200 ppm に一重線 (s) が見られるときどんな官能基が存在するか。

3) ^{13}C NMR で 120～160 ppm 付近に一重線 (s) が 1 個で二重線 (d) が 3 個あり，マスス

ペクトルで m/z 77 に断片（フラグメントイオン）がある時どんな部分構造が存在するか。

4) ^{13}C NMR で 120〜160 ppm 付近に一重線 (s) が 2 個で二重線 (d) が 2 個あり，^{1}H NMR で 8〜6 ppm 付近に 2H 分二重線が 2 組ある時どんな部分構造が存在するか。

5) IR スペクトルで 2240 cm^{-1} に中位の吸収があり，^{13}C NMR スペクトルで 110〜125 ppm に一重線 (s) が見られるとき時どんな官能基が存在するか。

6) IR スペクトルで 2275 cm^{-1} に強い吸収があり，^{13}C NMR スペクトルで 110〜135 ppm に強度の小さい一重線 (s) が見られるとき時どんな官能基が存在するか。

7) MS で m/z 57 にピーク，^{1}H NMR で 1 ppm 付近に 9H 分一重線があり，^{13}C NMR スペクトルで 28 ppm に四重線 (q) と 35 ppm に一重線 (s) が見られる時どんな官能基が存在するか。

8) MS で m/z 105 にピーク，IR で 1680 cm^{-1} に吸収があり，^{1}H NMR スペクトルで 7 ppm 付近に 2H 分と 3H 分の二つのピークの集団があり，^{13}C NMR で 200 ppm に一重線 (s) が 1 個と 120〜160 ppm 付近に一重線 (s) が 1 個で二重線 (d) が 3 個ある時どんな部分構造が存在するか。

9) MS で m/z 91 にピーク，^{1}H NMR で 7 ppm 付近の 5H 分複雑な多重線と 3 ppm 付近に 2H 分一重線があり，^{13}C NMR で 120〜160 ppm 付近に一重線 (s) が 1 個で二重線 (d) が 3 個あり，40〜35 ppm に三重線 (t) が 1 個ある時どんな部分構造が存在するか。

10) ^{13}C NMR で 77 ppm に等強度の三重線 (t) が見られるときどんな溶媒で測定しているか。

総合例題解答

1) ^{13}C NMR スペクトルで 200 ppm に二重線 (d) が見られるのはカルボニル炭素の吸収位置であり，二重線となるのは水素が 1 個結合しているホルミル基である。^{1}H NMR で 10 ppm 付近に 1H 分一重線があるのはホルミル基の水素の吸収である。IR で 1800〜1700 cm^{-1} 付近に強いピークがあるのはカルボニル基の伸縮振動である。MS スペクトルで一番右のピーク（分子イオンピーク；分子量に相当）の手前 M-1 の位置にピークがあるのは，分子イオンのラジカルカチオンから水素ラジカルが抜けると分子量から 1 引いた位置に出ることになる。以上ホルミル基の存在を示す。

2) MS で m/z 43 にピークがあるので，プロピル基・アセチル基の存在が示唆されるが，IR で 1705〜1715 cm^{-1} 付近の吸収は，カルボニル基の伸縮振動であるからアセチル基を示唆する。^{13}C NMR スペクトルで 200 ppm に一重線 (s) が見られることからケトン構造を示唆している。アルデヒド・ケトン以外は 200 ppm まで低磁場側に来ない。よってアセチル基が存在し，更にそれが炭素に結合しているケトンであると思われる。

3) ^{13}C NMR で 120〜160 ppm 付近に一重線 (s) が 1 個で二重線 (d) が 3 個あるので一置換ベンゼン骨格が予想される。マススペクトルで m/z 77 に断片（フラグメントイオン）があるこ

とからも一置換ベンゼン骨格が存在するので，フェニル基が存在する。

4) ^{13}C NMR で 120～160 ppm 付近に一重線 (s) が 2 個で二重線 (d) が 2 個あるときパラ非対称 2 置換ベンゼンかオレフィン構造が予想される。^{1}H NMR で 8～6 ppm 付近に 2H 分二重線が 2 組あることから対称性が示唆され，パラ非対称二置換ベンゼンの存在を示唆する。

5) IR スペクトルで 2240 cm^{-1} に中位の吸収があるのは位置と強度からシアノ基が予想される。^{13}C NMR スペクトルで 110～125 ppm に鋭い一重線 (s) が見られることからのシアノ基の存在が示唆される。イソシアナト基では幅広いピークとなる。よってシアノ基の存在が示唆される。

6) IR スペクトルで 2275 cm^{-1} に強い吸収があるのは，シアノ基と識別しにくいが強度が全く異なり強いことからイソシアナト基かイソチオシアナト基が予想されるがイソチオシアナト基の場合，強度が強い上に幅広い吸収となるためイソシアナト基が予想され，^{13}C NMR スペクトルで 110～135 ppm に強度の小さい幅広い一重線 (brs) が見られることにより，イソシアナト基の存在が示唆される。

7) MS で m/z 57 のピークから，ブチル基かプロピオニル基 C$_2$H$_5$C=O が予想されるが，^{1}H NMR で 1 ppm 付近に 9H 分一重線があることで，t-ブチル基以外考えられない。^{13}C NMR スペクトルで 28 ppm に四重線 (q) と 35 ppm に 1 重線 (s) も t-ブチル基の存在を示唆する。

8) MS で m/z 105 にピークはベンゾイル基か 2-フェニルエチル基を予想させるが，IR での 1680 cm^{-1} に吸収はカルボニル基の伸縮振動でありベンゾイル基を示唆している。^{1}H NMR スペクトルで 7 ppm 付近に 2H 分と 3H 分の 2 つのピークの集団があると，左の低磁場側の 2H 分のピークはベンゼン環のオルト位の水素がベンゼン環に結合した π 結合を持つ C=C あるいは C=O の π 電子雲による異方性効果により，電子雲の真横に存在する原子は左の低磁場側にずれるためでこの場合 IR からカルボニル基の存在が示唆されていることからベンゾイル基の存在が示唆される。さらに ^{13}C NMR で 200 ppm に一重線 (s) が 1 個，120～160 ppm 付近に一重線 (s) が 1 個で二重線 (d) が 3 個あるとカルボニル基と一置換ベンゼンの存在が示唆され，ベンゾイル基が存在し，炭素に結合していることがわかる。

9) MS で m/z 91 にピークはベンジル基を予想させ，^{1}H NMR での 7 ppm 付近の 5H 分複雑な多重線はベンゼン環の 5H 分でと 3 ppm 付近の 2H 分の一重線はメチレン水素を示唆している。^{13}C NMR での 120～160 ppm 付近の一重線 (s) が 1 個と二重線 (d) が 3 個は一置換ベンゼンを示唆し，40～35 ppm の三重線 (t) はメチレン炭素を示唆し，ベンジル基の存在を示唆している。

10) ^{13}C NMR で 77 ppm に等強度の三重線 (t) が見られるは重クロロホルム（クロロホルム-d）での測定と考えられる。重水素（D）と炭素のカップリングは水素の場合と異なり，D1 個の結合で等強度の三重線を示す。（D のスピン量子数 = 1，H のスピン量子数 = 1／2 であることによる）。

演習問題

　実際のスペクトルを見て解析し構造を決定する演習問題である．各問題で MS, IR, ^{1}H NMR, ^{13}C NMR を1組にして示している．それぞれ NMR のチャートに示してある s は一重線，d は二重線，t は三重線，q は四重線を表している．TMS は標準物質のテトラメチルシランで，Solv. は溶媒なので解析の際に無視してよい．ピークの上に x がついているものは不純物由来であるので除外して考える．問題は3段階にしてあり，1-1 から 1-10 までは基礎的なことで解析できると思われる問題を用意してある．2-1 から 2-10 は少し苦労しないと解けないと思われる問題を集めてある．3-1 から 3-10 の中のいくつかはかなり悩んでいくつかの構造から最後1つに絞ることで解答に至ると思われる問題である．問題を解答していく過程で重要な情報を握るスペクトルがあり，それぞれそのスペクトルが異なる場合があるので注意が必要である．なお，解いていく際に参考にしてほしい早見表を次にまとめた．

^{13}C-NMR 早見表

CH_3- : 30〜10 ppm	$C=C=C$ アレン	H-$C\equiv C$-R アルキン
CH_2- : 55〜15 ppm	両端：95〜70 ppm	H側：75〜60 ppm
CH- : 60〜25 ppm	中央：215〜200 ppm	R側：90〜70 ppm
$C_{(4級)}$: 40〜30 ppm		
	H-C=O アルデヒド	R_2C=O ケトン
$C=CH_2$	飽和：220〜195 ppm	飽和：220〜195 ppm
CH_2 : 120〜100 ppm	共役：195〜175 ppm	共役：210〜180 ppm
$C=C$-R		
C-R : 150〜110 ppm	HO-C=O カルボン酸	RO-C=O エステル
$C=C$-X	飽和：190〜165 ppm	飽和：180〜160 ppm
C-X : 170〜80 ppm	共役：175〜160 ppm	共役：175〜150 ppm
	塩：195〜175 ppm	
R-N=C=O イソシアン酸エステル		(R-C=O)$_2$O 酸無水物
135〜110 ppm		175〜150 ppm
R-N=C=S イソチオシアン酸エステル		$H_2N(R)C$=O アミド
145〜115 ppm		180〜150 ppm
R-O—$C\equiv N$ シアン酸エステル		$N\equiv C$-R ニトリル
120〜105 ppm		125〜105 ppm
R-S—$C\equiv N$ チオシアン酸エステル		$R_2N=C$-OH オキシム
120〜95 ppm		170〜140 ppm
C-NO$_2$: 80〜60 ppm	C-F$_{(1〜3)}$: 135〜70 ppm	C-OH : 90〜45 ppm
C-NR$_2$: 70〜20 ppm	C-Cl$_{(1〜4)}$: 95〜20 ppm	
C-SR : 45〜5 ppm	C-Br$_{(1〜4)}$: 35〜-30 ppm	⌬—R
C-SO$_{(2)}$R : 55〜35 ppm	C-I$_{(1〜4)}$: 40〜-290 ppm	160〜95 ppm

MSスペクトル-フラグメントイオン早見表

- 15 CH_3
- 17 OH
- 19 F, H_3O
- 26 CN, C_2H_2
- 28 CO, C_2H_4, CH_2N
- 29 CHO, C_2H_5
- 30 NO, CH_2NH_2
- 31 CH_2OH, OCH_3
- 35 Cl (37の約3倍)
- 37 Cl (35の約1/3)
- 41 C_3H_5, C_2H_2NH
- 42 C_3H_6, C_2H_2O
- 43 $CH_3C=O$, $CH_3CH_2CH_2$, $(CH_3)_2CH$, $CH_3N=CH_2$
- 44 CH_2CHO, CH_3CHNH_2, $(CH_3)_2N$, CH_3NHCH_2, $O=CNH_2$
- 45 CH_3CHOH, CH_2OCH_3, CH_2CH_2OH, $COOH$
- 46 NO_2
- 47 CH_2SH, CH_3S
- 48 CH_3SH(分子内にCH_3S)
- 49 CH_2Cl (51の約3倍)
- 51 CH_2Cl (49の約1/3), CHF_2, C_4H_3
- 53 C_4H_5
- 54 $CH_2CH_2C\equiv N$, CH_2-$CH=C=NH$, CH_2-$N=C=CH_2$, $CH=C=NCH_3$
- 55 C_4H_7, $CH_2=CHC=O$, $CH=CH$-$CH=O$
- 56 C_4H_8
- 57 $CH_3CH_2CH_2CH_2$, $(CH_3)_3C$, $(CH_3)_2CHCH_2$, $CH_3CH_2(CH_3)CH$, $CH_3CH_2C=O$
- 58 $C_2H_5CHNH_2$, $(CH_3)_2NCH_2$, $C_2H_5NHCH_2$, $C_2H_5NCH_3$, C_2H_2S, $CH_3C(=O)CH_2+H$
- 59 $(CH_3)_2COH$, $CH_2OC_2H_5$, $O=C$-OCH_3, $CH_2C(=O)NH_2+H$, CH_3CHCH_2OH, CH_3OCHCH_3, C_2H_5CHOH
- 60 $CH_2C(=O)OH+H$, CH_2ONO
- 61 $O=C$-OCH_3+2H, CH_2CH_2SH, CH_2SCH_3
- 65 C_5H_5
- 68 $CH_2CH_2CH_2C\equiv N$, CH_2CH_2-$CH=C=NH$, CH_2CH_2-$N=C=CH_2$, $CH_2CH=C=NCH_3$, CH_2-$C(CH_3)=C=NH$, CH_2-$N=C=CHCH_3$, $CH=C=NCH_2CH_3$
- 69 C_5H_9, CF_3, CH_3-$CH=CHC=O$, $CH_2=C(CH_3)C=O$
- 70 C_5H_{10}
- 71 C_5H_{11} (3級1種・2級2種・1級4種), $C_3H_7C=O$ (2種)
- 72 $C_2H_5(CH_3)CNH_2$, $C_2H_5NHCHCH_3$, $(CH_3)_2NCHCH_3$, n-$C_3H_7CHNH_2$, i-$C_3H_7CHNH_2$, $C_2H_5N(CH_3)CH_2$, n-$C_3H_7NHCH_2$, i-$C_3H_7NHCH_2$,
- 72(続) $(CH_3)_2NCH_2CH_2$, $(CH_3)_2N=C=O$, $C_2H_5C(=O)CH_2+H$
- 73 $(CH_3)_3Si$, 59の構造+CH_2
- 74 $CH_2C(=O)OCH_3+H$
- 75 $O=C$-OC_2H_5+2H, $C_2H_5(C=O)$-$O+2H$, $(CH_3)_2SiOH$, $CH_2SC_2H_5$, $(CH_3)_2CSH$, $(CH_3O)_2CH$
- 76 C_6H_4 (1 or 2 置換ベンゼン)
- 77 C_6H_5 (1 置換ベンゼン)
- 78 C_6H_5+H
- 79 C_6H_5+2H, C_5H_5N, Br (81と等強度)
- 80 CH_3SS+H, C_5H_6N
- 81 C_6H_9, C_5H_5O, Br (79と等強度)
- 82 CCl_2 (82:84:86=10:7:1), C_6H_{10}, C_5H_8N
- 83 $CHCl_2$ (83:85:87=10:7:1), C_6H_{11}, C_4H_3S
- 84 CCl_2
- 85 $CHCl_2$, C_6H_{13}, C_5H_9O, $C_4H_5O_2$, $C_4H_9C=O$ (4種)
- 86 CCl_2, $C_3H_7C(=O)CH_2+H$, 72の構造+CH_2
- 87 $CHCl_2$, 73の構造+CH_2, $C_3H_7(C=O)$-O, $CH_2CH_2C(=O)$-OCH_3
- 88 $CH_2C(=O)$-OC_2H_5+H
- 89 $O=C$-OC_3H_7+2H
- 90 CH_3CHONO_2
- 91 $C_6H_5CH_2$, C_6H_5CH+H, C_6H_5C+2H, C_6H_5N, C_7H_7, $CH_3C_6H_4$, C_4H_8Cl (93-1/3)
- 92 $C_5H_4NCH_2$, $C_6H_5CH_2+H$

MSスペクトル-フラグメントイオン早見表

- 93 C_7H_9（テルペン類）, C_7H_9, CH_2Br（95に等強度）, C_6H_5O, HOC_6H_4,
- 94 $C_6H_5O + H$, ピロール-2-C=O（N-H）
- 95 フラン-2-C=O
- 96 $C_6H_{10}N$
- 97 C_7H_{13}, チオフェン-2-CH_2
- 98 フラン-2-CH_2O
- 99 C_7H_{15}, $C_6H_{11}O$, $C_5H_7O_2$
- 100 $C_4H_9C(=O)CH_2$, 86の構造+CH_2
- 101 $O=C-OC_4H_9$
- 102 $CH_2C(=O)OC_3H_7 + H$
- 103 $O=C-OC_4H_9 + 2H$, $CH(OC_2H_5)_2$, $C_5H_{11}S$
- 104 $C_2H_5CHONO_2$
- 105 $C_6H_5C=O$, $C_6H_5CH_2CH_2$, $C_6H_5CHCH_3$
- 106 $C_6H_5NHCH_2$, $H_2N-C_6H_4-CH_2$
- 107 $C_6H_5CH_2O$, C_6H_5CHOH, $HO-C_6H_4-CH_2$
- 108 $C_6H_5CH_2O + H$, $O=C-C_5H_6N$
- 109 $C_6H_9C=O$
- 111 $O=C-C_4H_3S$
- 119 $CH_3-C_6H_4-C=O$, C_2F_5, $C_6H_5CH_2C=O$, $CH_3-C_6H_4-CHCH_3$, $C_6H_5-C(CH_3)_2$
- 121 $HO-C_6H_4-C=O$, $C_6H_5O-C=O$, $CH_3O-C_6H_4-CH_2$, $C_2H_5O-C_6H_4$, $CH_3(HO)C_6H_3-CH_2$, $C_2H_5(HO)-C_6H_3$, C_9H_{13}（テルペン類）
- 122 $C_6H_5C(=O)-O + H$
- 123 $C_6H_5C(=O)-O + 2H$, $F-C_6H_4-C=O$
- 127 I（ヨウ素）, $C_{10}H_7$
- 128 $C_{10}H_8$（ナフタレン環）
- （アズレン環）
- 131 C_3F_5
- 139 $Cl-C_6H_4C=O$ （141に強度1/3）
- 141 CH_2I, $Cl-C_6H_4C=O$ （139に強度3倍）
- 147 $(CH_3)_2Si=O-Si(CH_3)_2$
- 149 フタル酸無水物 + H
- 154 $C_6H_5-C_6H_5$
- 177 $C_{14}H_9$
- 178 $C_{14}H_{10}$（アントラセン環）

離脱フラグメント早見表
（ピーク間の差を取る）

- 15 $CH_3\cdot$
- 17 $\cdot OH$
- 19 $F\cdot$
- 26 $\cdot CN$, C_2H_2
- 27 HCN, $C_2H_3\cdot$
- 28 CO, C_2H_4
- 29 $\cdot CHO$, $C_2H_5\cdot$
- 30 NO, $\cdot CH_2NH_2$, CH_2O, C_2H_6
- 31 CH_3NH_2, $\cdot CH_2OH$, $\cdot OCH_3$
- 32 CH_3OH, S
- 33 $HS\cdot$
- 34 H_2S
- 35 $Cl\cdot$
- 36 HCl, $2H_2O$
- 37 $Cl\cdot$
- 40 $CH_3C\equiv CH$
- 41 $CH_2=CHCH_2$
- 42 C_3H_6, C_2H_2O, $\cdot NCO$, H_2NCN
- 43 $C_3H_7\cdot$, CH_3CO, $CH_2=CH-O\cdot$, $HNCO$
- 44 CO_2, N_2O, $CH_2=CH-OH$, $H_2NC(=O)\cdot$, $C_2H_5NH\cdot$
- 45 $\cdot CO_2H$, CH_3CH-OH, $C_2H_5O\cdot$, $C_2H_5NH_2$
- 46 $NO_2\cdot$
- 47 $CH_3S\cdot$
- 48 SO, O_3, CH_3SH
- 49 $ClCH_2\cdot$
- 51 $ClCH_2\cdot$, $F_2CH\cdot$
- 52 C_4H_4, C_2N_2
- 53 C_4H_5
- 54 C_4H_6
- 55 $C_4H_7\cdot$
- 56 C_4H_8
- 57 $C_4H_9\cdot$, C_2H_5CO
- 58 C_3H_6O, $\cdot NCS$, C_4H_{10}
- 59 $C_2H_3O_2\cdot$, C_2H_5ON, $C_2H_3S\cdot$
- 60 C_3H_8O, $C_2H_4O_2$
- 61 $C_2H_5S\cdot$
- 71 $C_5H_{11}\cdot$
- 76 CS_2
- 77 C_6H_5
- 78 C_6H_6
- 79 $Br\cdot$, C_5H_5N
- 81 $Br\cdot$
- 127 I
- 128 $C_{10}H_8$
- 154 $C_{12}H_{10}$
- 178 $C_{14}H_{10}$

赤外線吸収スペクトル官能基別チェック　単位(cm^{-1})　ν:伸縮　δ:変角

アルコール・フェノール
ν O-H　3650〜3200
何分子か会合すると低波数側へシフト・強度増大

δ O-H　中
1350〜1260　　1410〜1310
RCH$_2$OH　　　R$_3$COH
R$_2$CHOH　　　PhOH

アルデヒド
ν C=O　強
1740〜1720　　1715〜1695
脂肪族　　　　芳香族

δ C-H　中
1440〜1325　　1415〜1350
　　　　　　　1320〜1260
　　　　　　　1230〜1160

ケトン　ν C=O　強
飽和鎖状　　　芳香族
1715　　　　　1700〜1680
4員環　1795〜1775
5員環　1750〜1740
6・7員環　1725〜1705

ν C=O以外
1250〜1025　　1325〜1215

カルボン酸
ν O-H　3300〜2500　幅広く強い

ν C=O　強　1725〜1700　脂肪族
　　　　　　　1700〜1680　芳香族

ν C-O　強　1320〜1210

δ O-H (面内) 弱　1440〜1395

エステル・ラクトン　強
ν C=O　1750〜1735　脂肪族
　　　　　1730〜1715　芳香族
　　　　　1820　　　　βラクトン
　　　　　1780〜1760　γラクトン
　　　　　1750〜1735　δラクトン
(β:4員環, γ:5員環, δ:6員環)

ν C-O-C　{ 1180 / 1150〜1000 }　ギ酸エステル
2本出る　{ 1240 / 1100〜1000 }　酢酸エステル
{ 1310〜1250 / 1150〜1100 }　芳香族
1210前後　芳香族酢酸エステル

エーテル　ν C-O-C
1150〜1070　強　脂肪族
{ 1275〜1200 / 1075〜1020 }　芳香族含(=C-O-)
{ 1250前後　強　エポキシ3員環
　950〜810
　840〜750　中
　1140〜1070　強　環状4員環以上 }

酸ハロゲン化物　ν C=O　強
1860前後　F-C=O
1815〜1770　Cl-C=O
1812　Br-C=O

酸無水物　ν C=O　強　2本出る
{ 1850〜1800 / 1790〜1740 }　鎖状
{ 1870〜1820 / 1800〜1750 }　5員環
{ 1805〜1780 / 1785〜1755 }　芳香族
{ 1800前後 / 1750前後 }　6員環

ν C-O-C　強　1175〜1045　鎖状　1310〜1210　環状

ニトリル　ν C≡N
2260〜2240　中　脂肪族
2240〜2220　強　芳香族

第1級アミド　R-C(=O)NH$_2$
ν N-H　中　3500,3400前後　or 3360〜3180 数本
ν C=O　強　1690前後 or 1650前後
δ N-H　強　1600前後 or 1635前後
ν C-N　中　1420〜1400

第2級アミド　R-C(=O)NHR'
ν N-H　3450,3300前後　中　or 3430,3160前後
ν C=O　強　1670前後 or 1650前後
δ N-H　強　1530前後 or 1540前後

第3級アミド　R-C(=O)NR'R''
ν C=O　強　1650前後

イミン　RR'C=NH
ν N-H　中　3400〜3300
ν C=N　1690〜1640

アミン　第1級 R-NH$_2$　第2級 RR'NH　第3級 RR'R''N
(脂肪族より芳香族を含むと強度増大)

ν N-H　弱　3500前後 or 3400前後　第1級
　　　　　　　3500〜3300　第2級

δ N-H { 強〜中　1640〜1560　面内　第1級　1580〜1490　第2級　弱
　　　　　　 幅広　900〜1755　面外 }

ν C-N　強　{ 1340〜1250　第1級　　1230〜1030　脂肪族 中〜弱
芳香族　　　 1350〜1280　第2級
　　　　　　 1360〜1310　第3級 }

赤外線吸収スペクトル官能基別チェック　単位(cm^{-1})　ν:伸縮　δ:変角

ニトロ化合物
ν_{NO_2} 強
- C-NO$_2$ $\begin{cases} 1580\sim1500 & 逆対称 \\ 1380\sim1300 & 対称 \end{cases}$
- O-NO$_2$ $\begin{cases} 1650\sim1620 & 逆対称 \\ 1285\sim1270 & 対称 \end{cases}$
- N-NO$_2$ $\begin{cases} 1630\sim1550 & 逆対称 \\ 1300\sim1250 & 対称 \end{cases}$

ν_{C-N}　　920〜850
δ_{C-NO}　650〜600

ニトロソ化合物　強
- C-N=O　$\nu_{N=O}$　1600〜1500
- O-N=O　$\nu_{N=O}$　1680〜1610
- N-N=O　$\nu_{N=O}$　1500〜1430
- (O-N=O　ν_{N-O}　815〜710)

イミド類　-C(=O)NH-C(=O)-
$\nu_{C=O}$ 強 $\begin{cases} 1790\sim1720 \\ 1710\sim1670 \end{cases}$

カルボジイミド　-N=C=N-
$\nu_{-N=C=N-}$　2155〜2130

アジド　-N$_3$　強
$\nu_{-N=N^+=N^-}$　2160〜2120

ジアゾニウム塩　-N$^+$≡N
2260前後

イソシアナート　-N=C=O
強　2275〜2250

ケテンイミン　-N=C=C<
強　2000前後

オキシム　RR'C=N-OH
- ν_{O-H} 強　3650〜3500
- $\nu_{C=N}$　1685〜1650
- ν_{N-O}　960〜950

尿素誘導体　-NHC(=O)NH-
- $\nu_{C=O}$ 強　1680〜1640
- δ_{NH} 強　1620〜1500

アルキン　-C≡C-(H)
- ν_{C-H} 中　3300前後
- $\nu_{C≡C}$ 弱　2140〜2100
  共役系になると強度増大
  2260〜2150

アレン　>C=C=C<
中　1950前後

ケテン　>C=C=O
強　2150前後

ジアゾアルカン　R$_2$C=N$^+$=N$^-$
強　2100前後

ウレタン類　R-O-C(=O)-NRR'
$\nu_{C=O}$ 強　1740〜1690

アミンN-オキシド　RR'R''N$^+$-O$^-$
- 強　1300〜1200 ⎫
- 強　970〜950　 ⎭ 脂肪族
- 強　1350〜1200 ⎫
- 強　890〜845　 ⎭ 芳香族

チオシアナート　R-S-C≡N
強　2175〜2140

イソチオシアナート　-N=C=S
幅広く強い　2140〜1990

有機硫黄化合物
- ν_{S-H} 弱　2590〜2550
- ν_{S-S} 弱　500〜400
- ν_{C-S} 弱　700〜600
- $\nu_{C=S}$ 強 1200〜1050　C-C=S
  　　　 強 1500〜1470　N-C=S
- $\nu_{S=O}$ 強 1060〜1040　-S(=O)-
  　　　 強 1090前後　-S(=O)OH
  　　　 強 1140〜1125　-S(=O)OR
  　　　 強 1215〜1150　O-S(=O)OR

有機リン化合物
- $\nu_{P=O}$ 強　1350〜1150
- ν_{P-O-C} 強 $\begin{cases} 1240\sim1190 & 芳香族 \\ 1050\sim990 & 脂肪族 \end{cases}$

有機リン酸塩
- 1090〜1040　芳香族
- 強 1180〜1150　脂肪族
- 1050前後

有機ケイ素化合物
- ν_{Si-O} 環状 強 $\begin{cases} 1020\sim1010 & 三量体 \\ 1090\sim1080 & 四量体 \\ 1080\sim1050 & 多量体 \end{cases}$
- Si-O-C　Si-O-Si　鎖状
  1090〜1020　強
  625〜480　幅広い

- Si-CH$_3$ ⎫　δ_{asCH_3} 1440〜1390 弱
- Si-(CH$_3$)$_2$ ⎬　δ_{sCH_3} 1260〜1250 強
- Si-(CH$_3$)$_3$ ⎭　　　　　850〜800 強
- Si-C$_2$H$_5$　　　　1250〜1230 強
- Si-n C$_3$H$_7$　　　1210〜1200 2本強
- Si-n C$_4$H$_9$　　　1187〜1180 2本強
- Si-芳香族　　　　1430前後　強

ハロゲン化合物
- ν_{C-Cl}　735〜560　強　2本出る
- ν_{C-Br}　645〜485　強　2本出る
- ν_{C-F}　1400〜1000　強

メチルおよびメチレンプロトンの化学シフト

メチルプロトンの化学シフト

メチレンプロトンの化学シフト

メチンプロトンの化学シフト（Xが表中の置換基を表す）

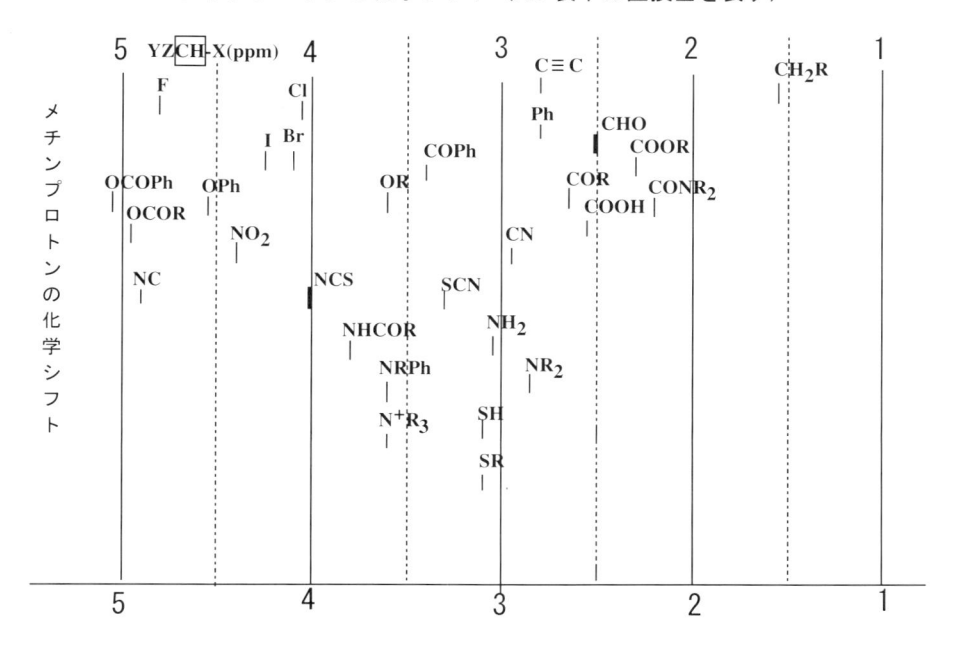

YZCH-X(ppm)

位置(ppm)	置換基
~5	OCOPh, OCOR, NC
~4.5	F, OPh, NO₂
~4	I, Br, Cl, NCS
~3.5	OR, NHCOR, NRPh, N⁺R₃
~3	COPh, CN, SCN, NH₂, NR₂, SH, SR
~2.5	C≡C, Ph, CHO, COR, COOH, COOR, CONR₂
~1.5	CH₂R

メチレンおよびメチンプロトンの化学シフトの概算

$Y-CH_2-Z$　　$Y-\underset{W}{CH}-Z$　　CH_4（0.23 ppm）この値に各値を加算して概算

CH₃-	0.47	Cl-	2.53	HO-	2.56	RCO-	1.70
C=C-	1.32	Br-	2.33	RO-	2.36	RCOO-	3.13
C≡C-	1.44	I-	1.82	PhO-	3.23	PhCO-	1.84
Ph-	1.85	R₂N-	1.57	RS-	1.64	ROCO-	1.55
NC-	1.70	RCONH-	2.27	RSO₃-	3.13	R₂NCO-	1.59
		N₃-	1.97				

Shoolery の定数より算出した値

メチルおよびメチレンプロトンの化学シフト（β-置換基）

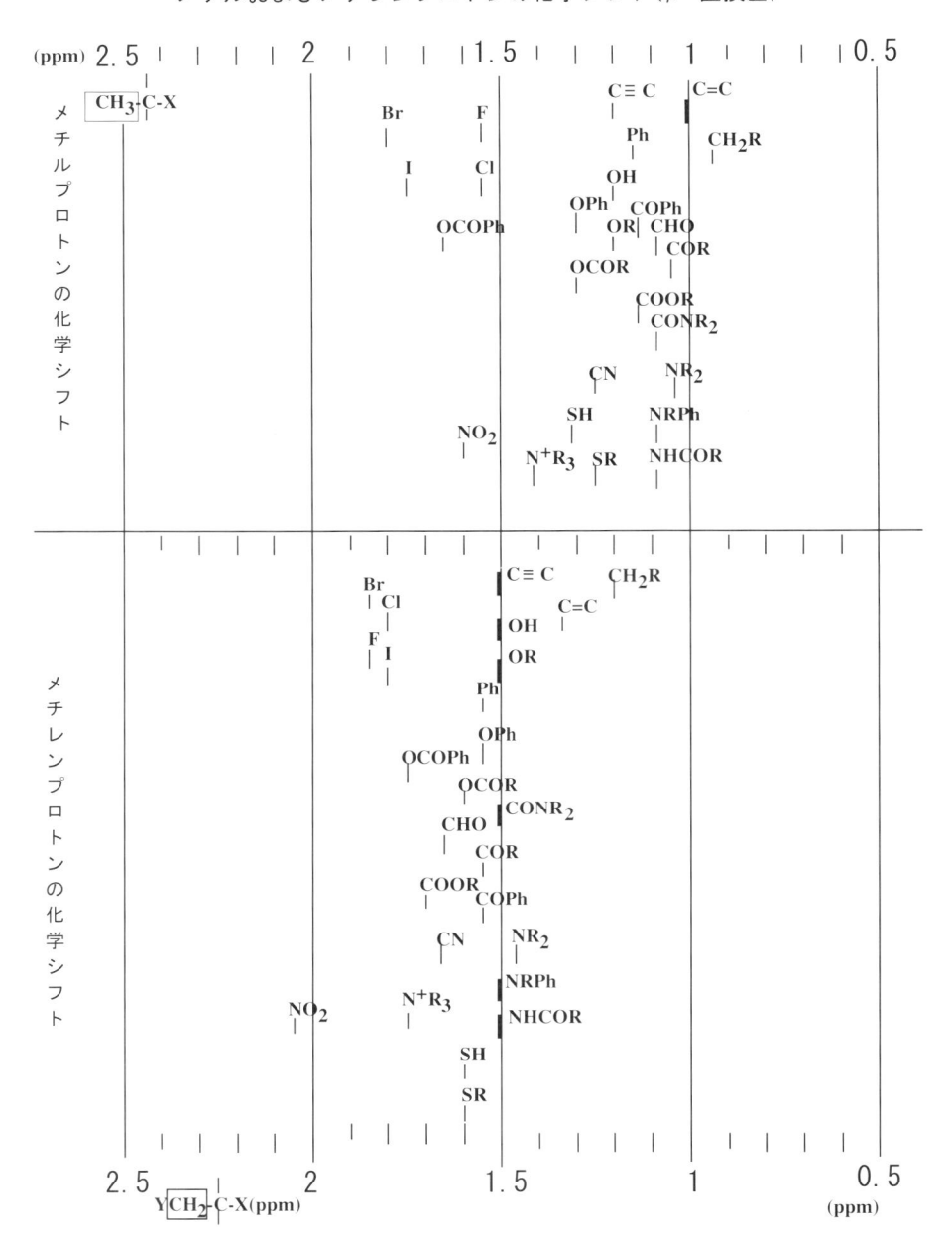

メチンプロトンの化学シフト（β-置換基）

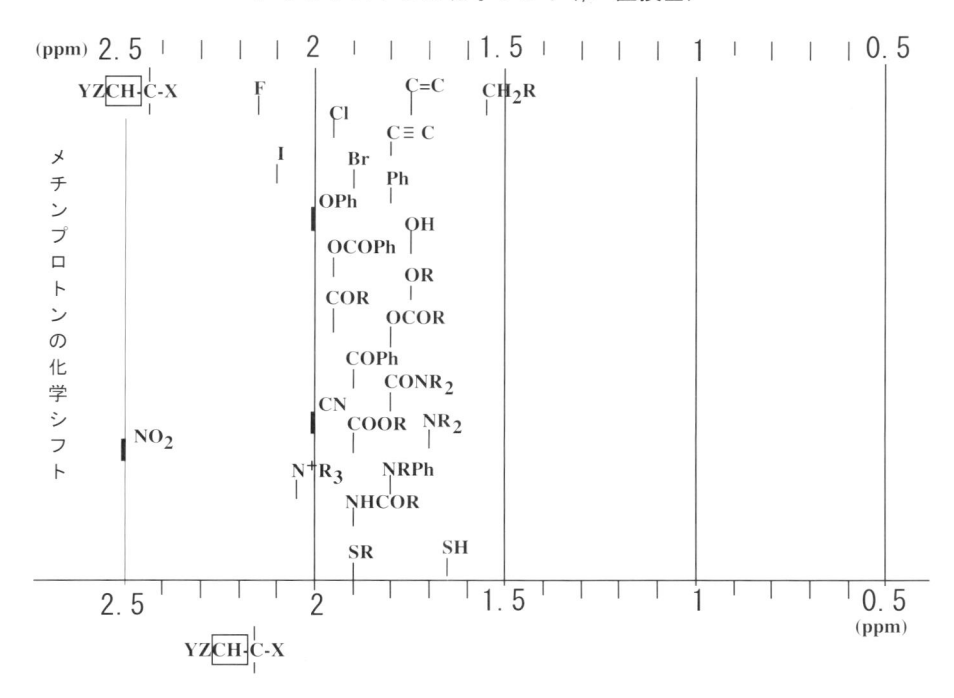

メチンプロトンの化学シフト

置換基	ppm
YZCH-C-X	~2.5
NO₂	~2.4
F	~2.2
I	~2.1
Cl	~2.0
Br	~2.0
OPh	~2.0
OCOPh	~1.9
COR	~1.9
CN	~1.9
N⁺R₃	~1.9
C=C	~1.8
C≡C	~1.8
Ph	~1.8
OH	~1.8
OR	~1.7
OCOR	~1.7
COPh	~1.7
CONR₂	~1.7
COOR	~1.7
NR₂	~1.7
NRPh	~1.6
NHCOR	~1.7
SR	~1.7
CH₂R	~1.5
SH	~1.6

(概略図：β-置換基によるメチンプロトンの化学シフト範囲 0.5～2.5 ppm)

演習問題のスペクトルは以下の機器を使用して測定した。

- MS　　　… JMS-BU 25 型　GC メイト（日本電子）
- IR　　　… IR-470（島津製作所）
- ¹H NMR … ECA（日本電子）
- ¹³C NMR … ECA（日本電子）

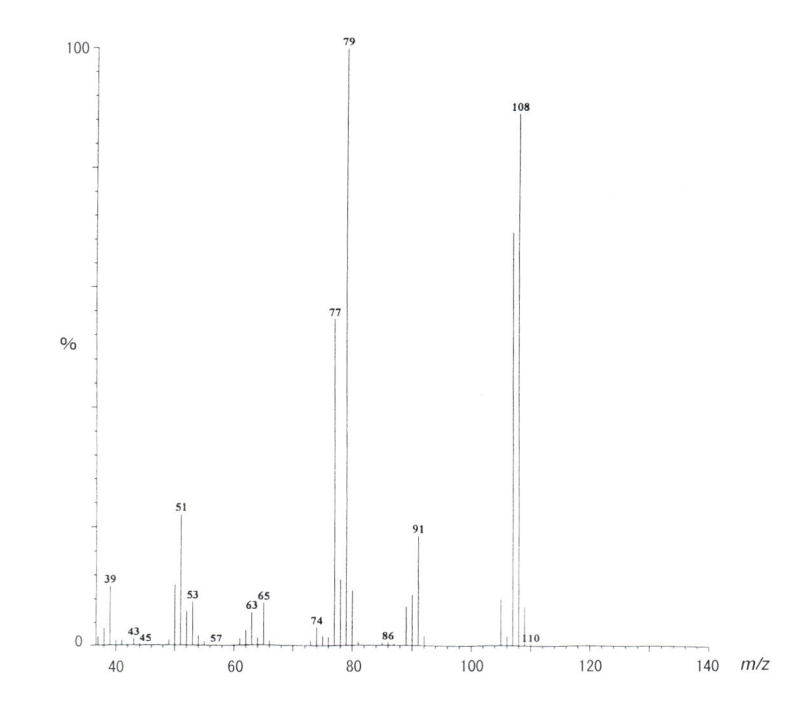

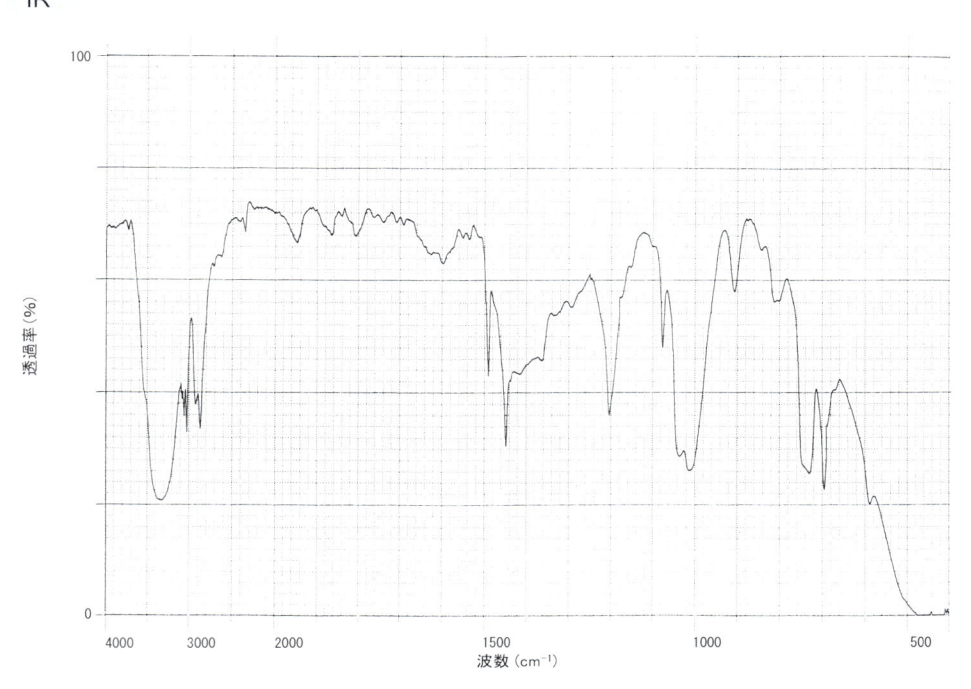

演習問題 1-1

MS

IR

^{1}H NMR

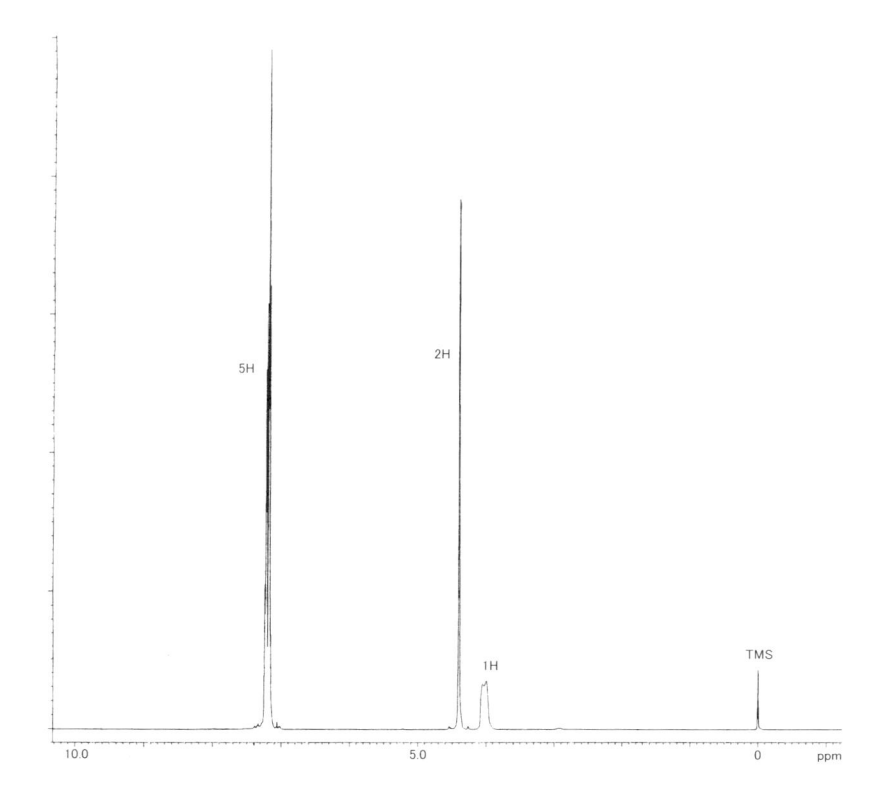

5H, 2H, 1H, TMS

^{13}C NMR

s, dd, d, t, solv., TMS

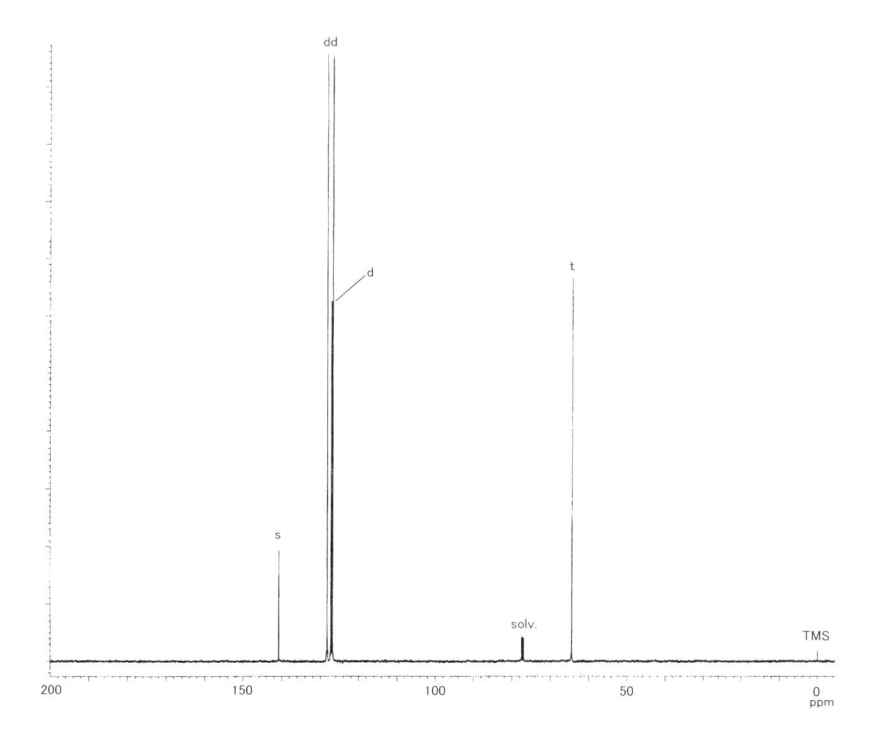

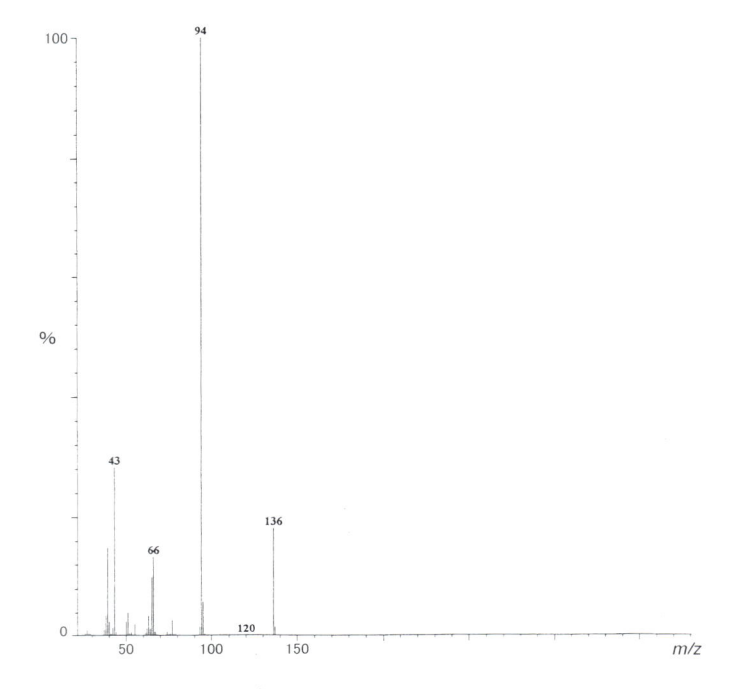

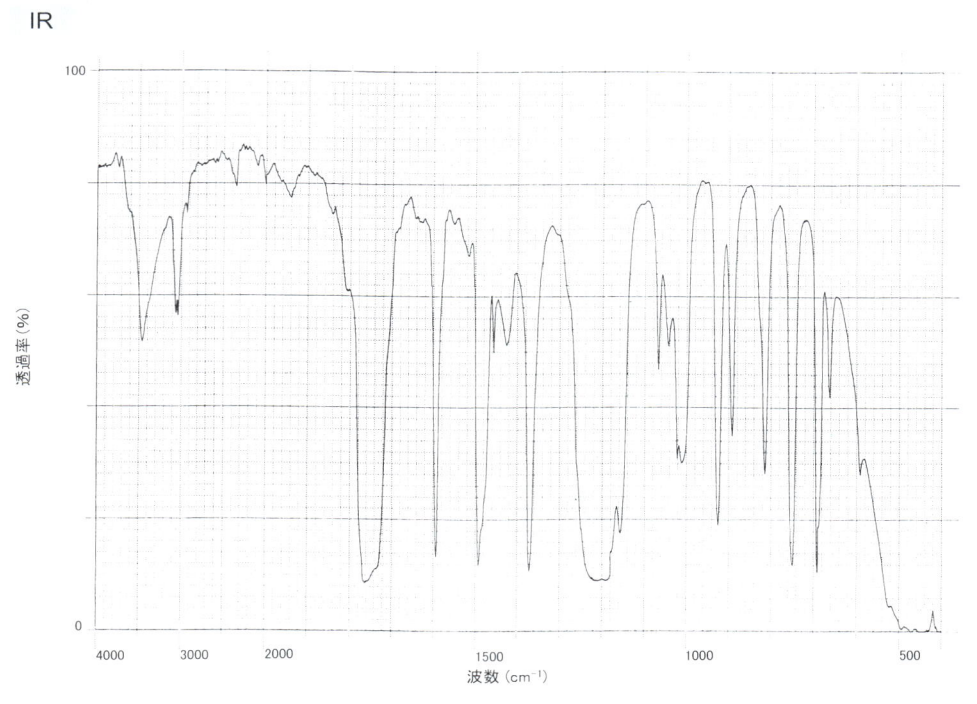

演習問題 1-2

MS

IR

¹H NMR

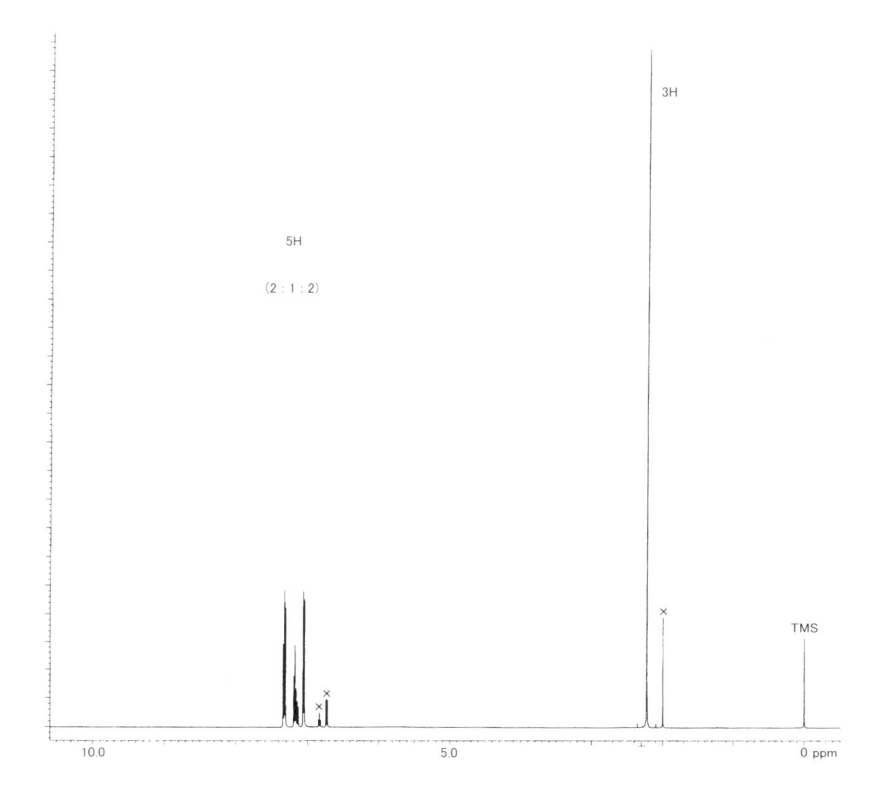

5H
(2 : 1 : 2)

3H

TMS

¹³C NMR

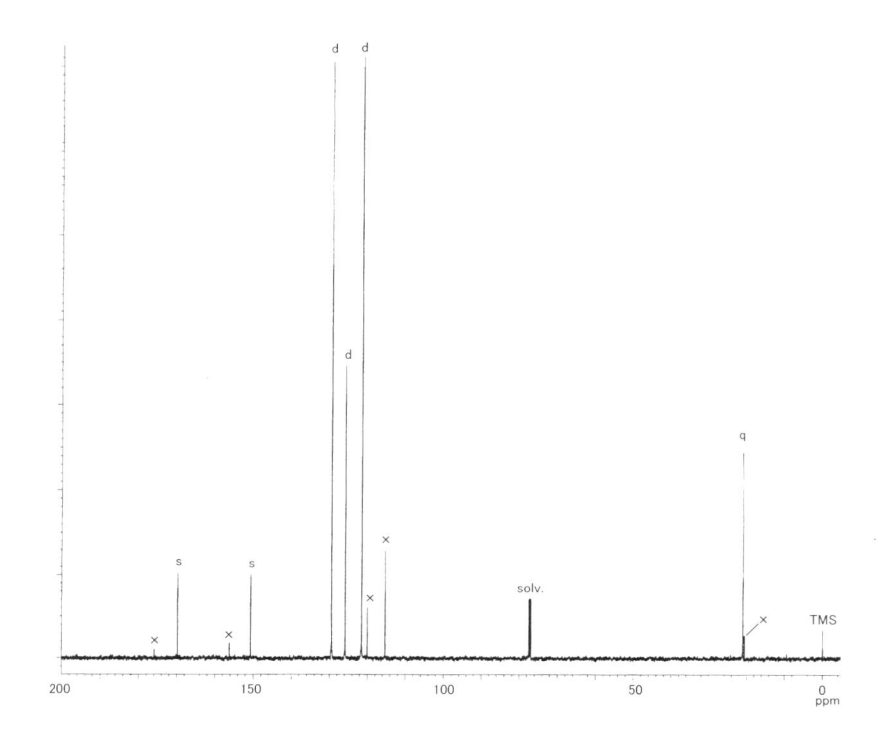

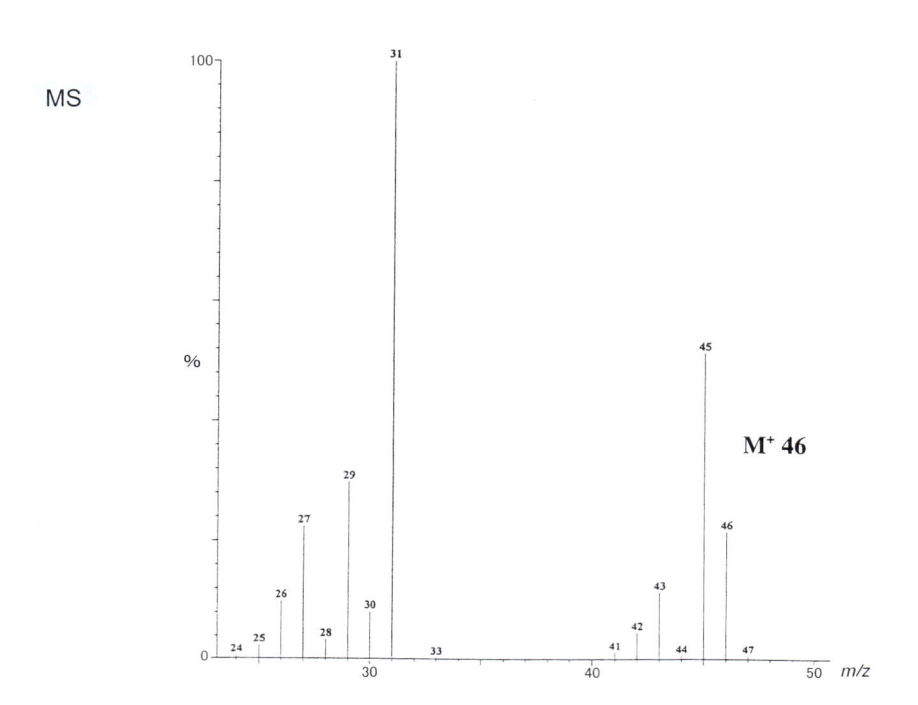

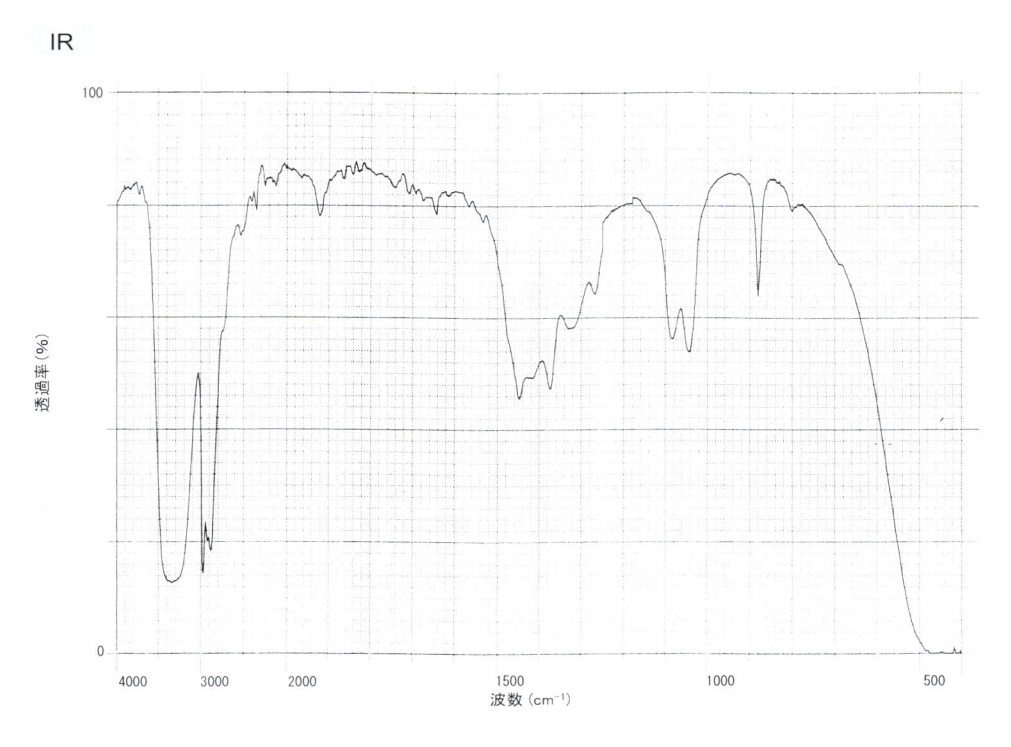

演習問題 1-3

MS

M⁺ 46

IR

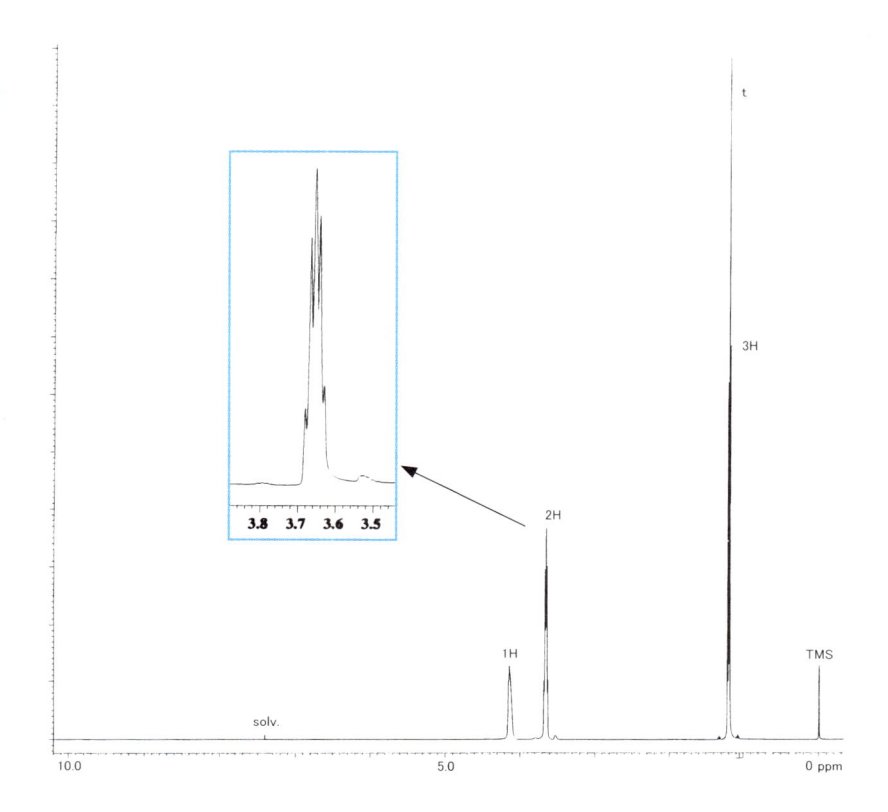

¹H NMR

[3.8 3.7 3.6 3.5]

1H   2H   3H   TMS
solv.

10.0   5.0   0 ppm

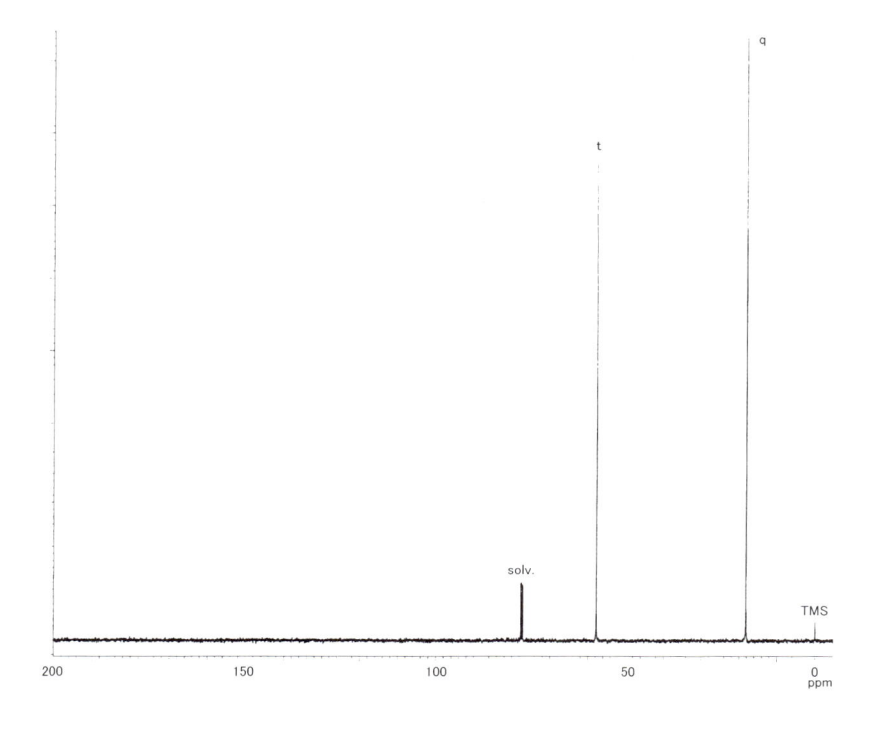

¹³C NMR

q
t
solv.   TMS

200   150   100   50   0 ppm

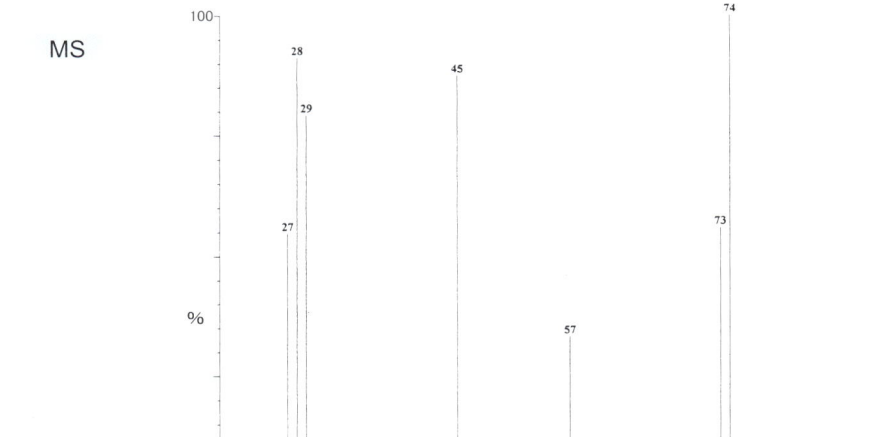

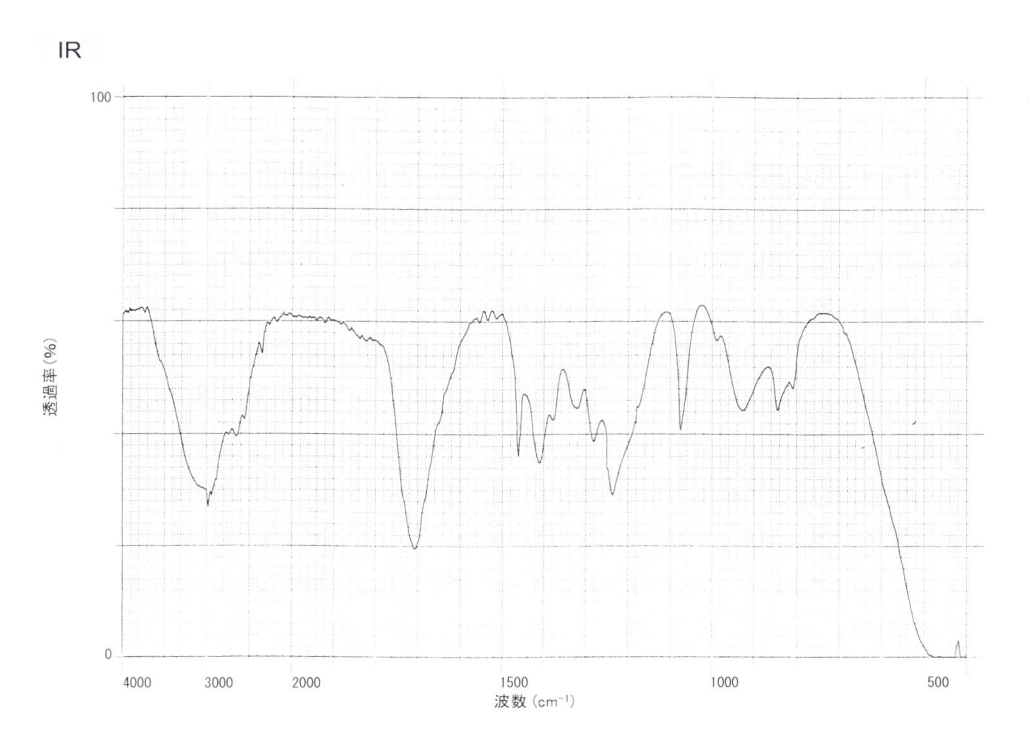

演習問題 1-4

MS

IR

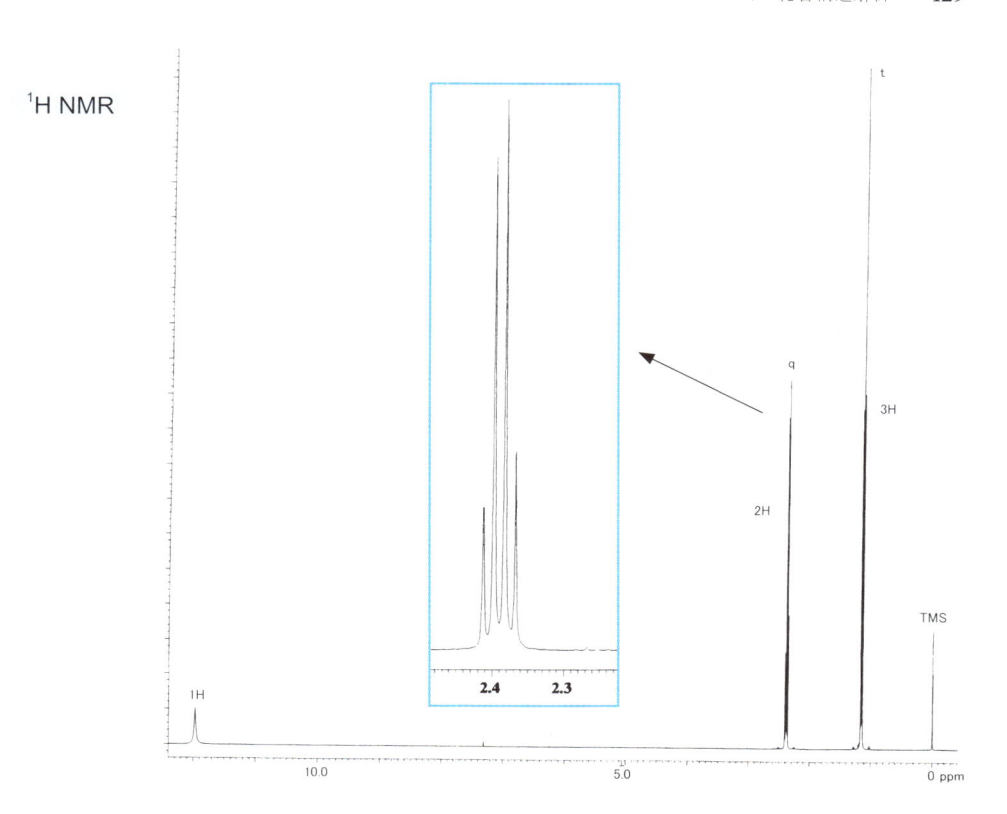

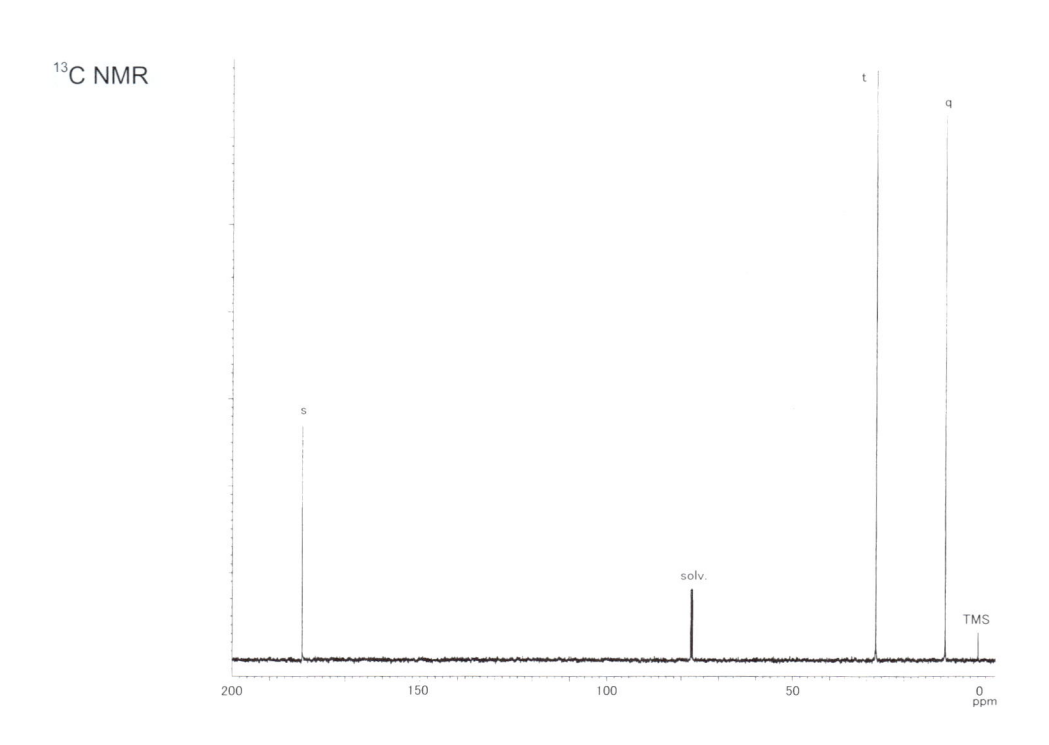

¹H NMR

¹³C NMR

演習問題 1-5

MS

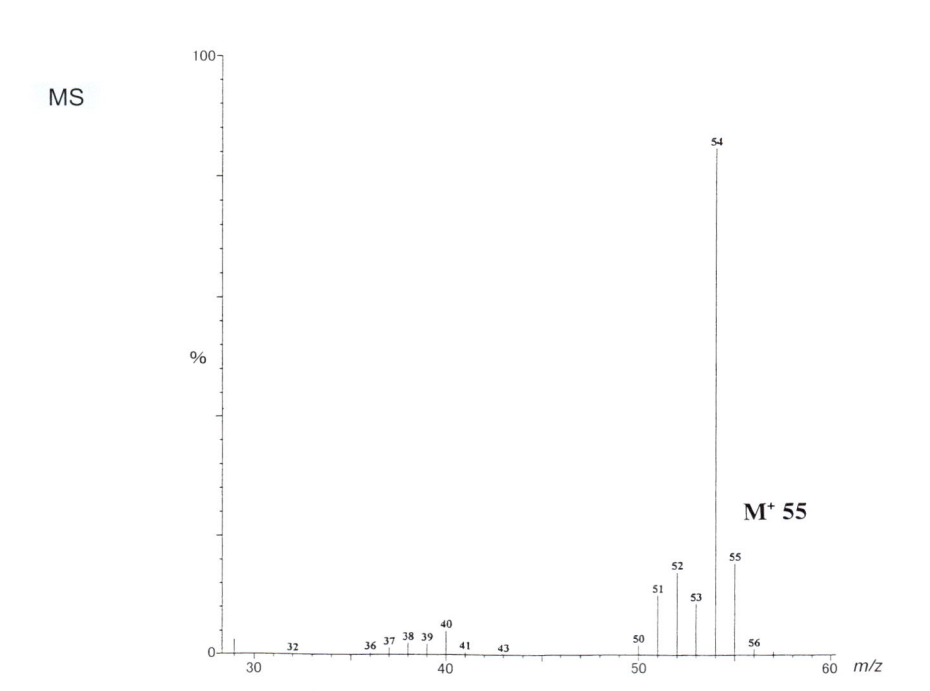

M⁺ 55

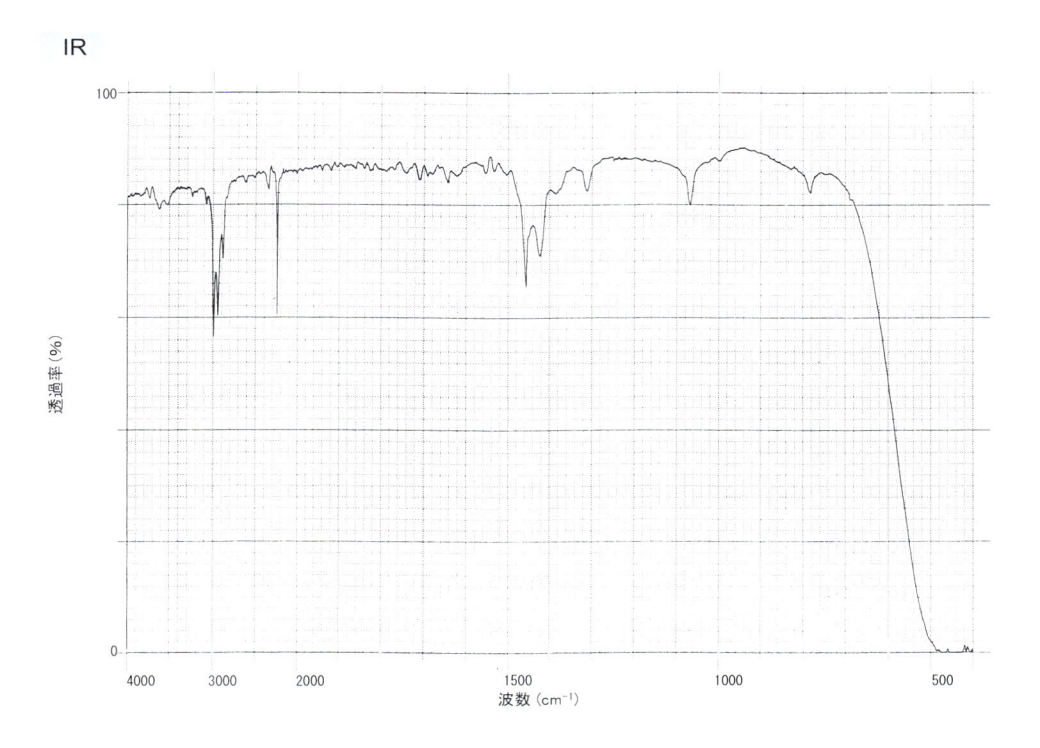

IR

波数 (cm⁻¹)

透過率 (%)

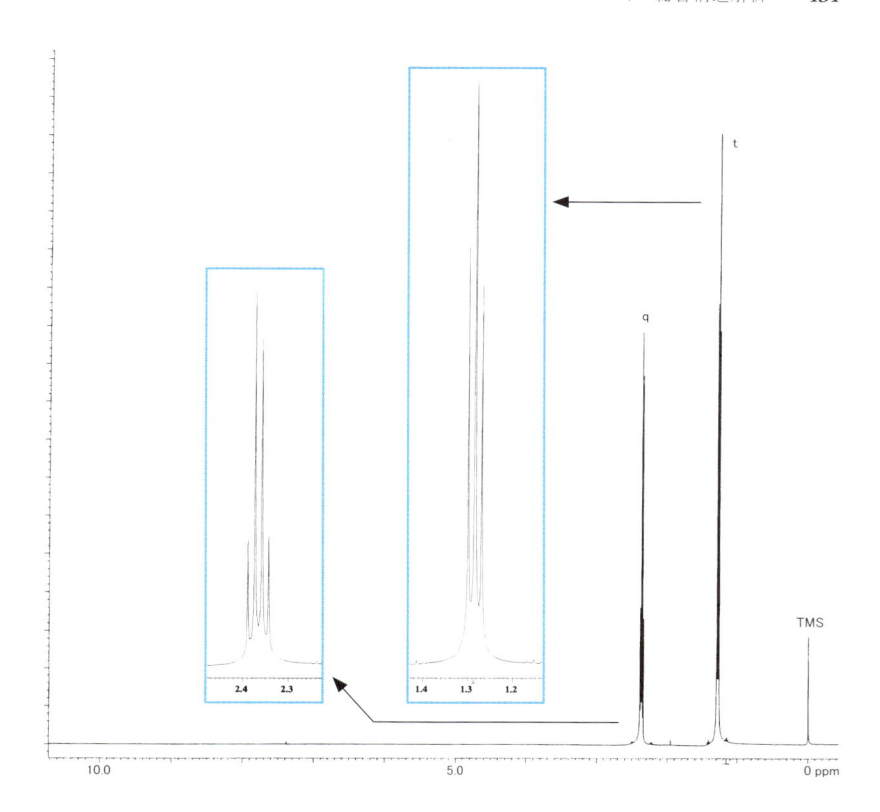

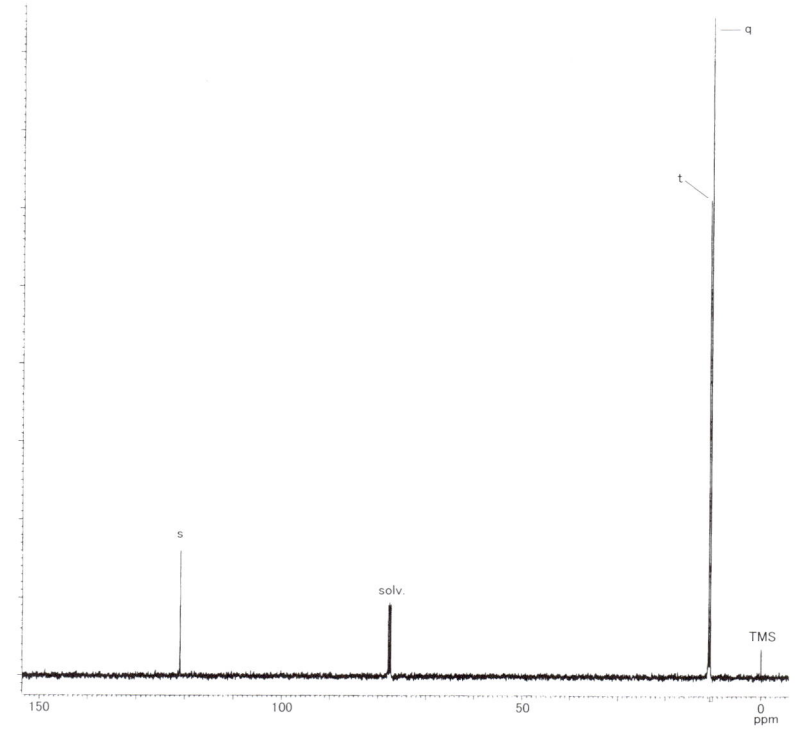

¹H NMR

¹³C NMR

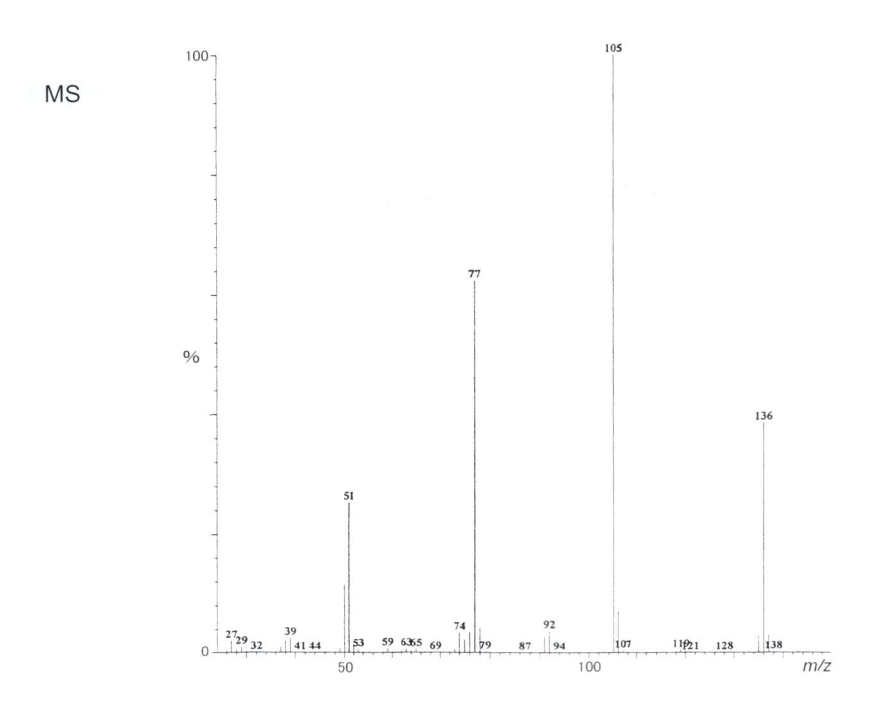

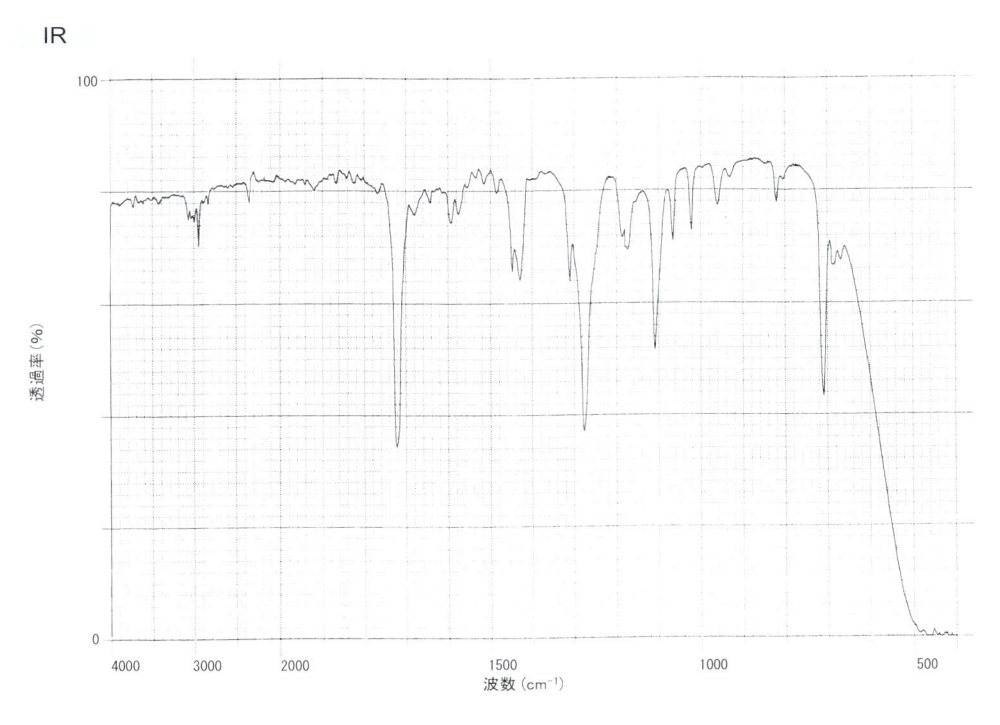

演習問題 1-6

MS

IR

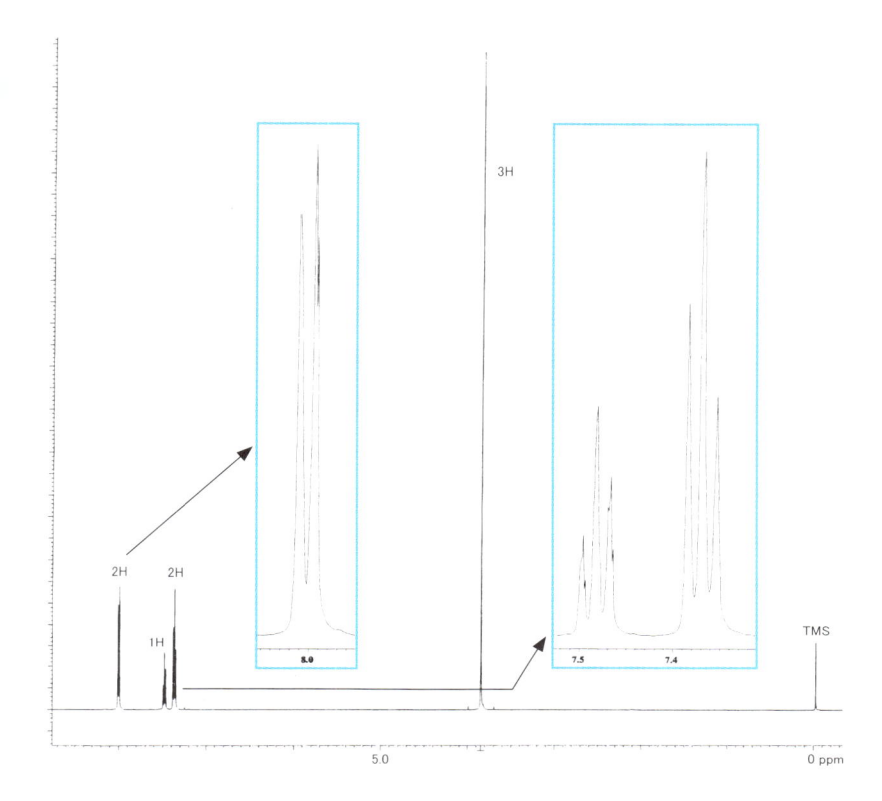

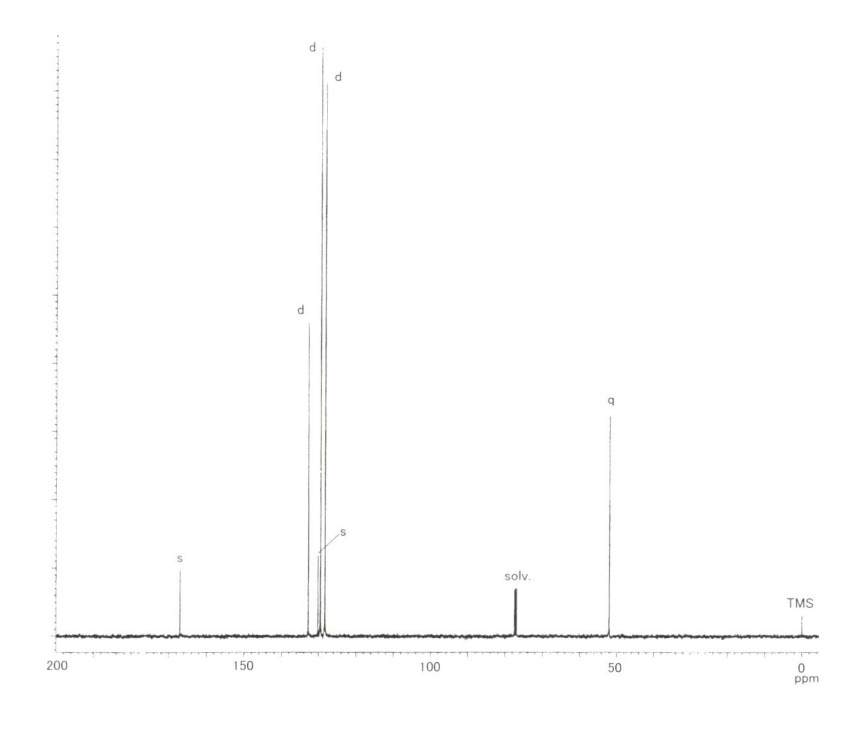

^{1}H NMR

^{13}C NMR

演習問題 1-7

MS

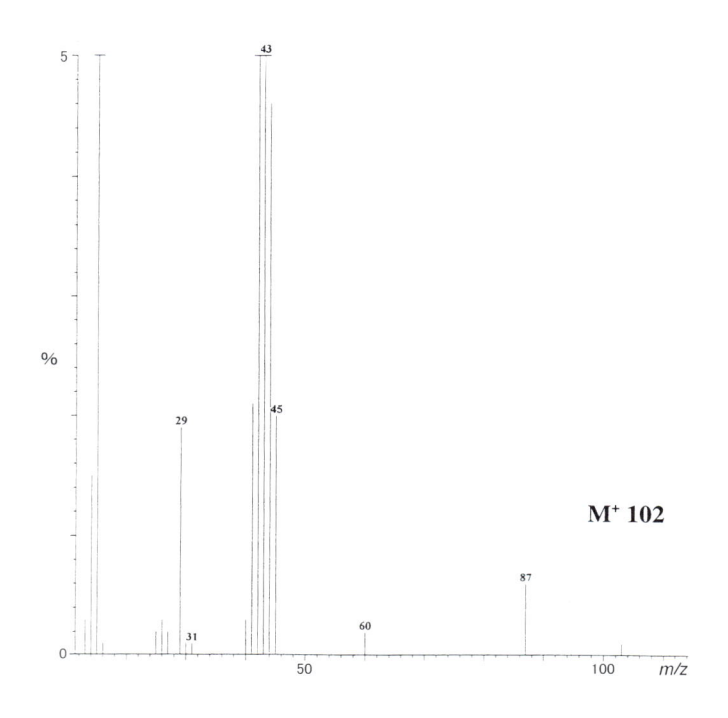

M⁺ 102

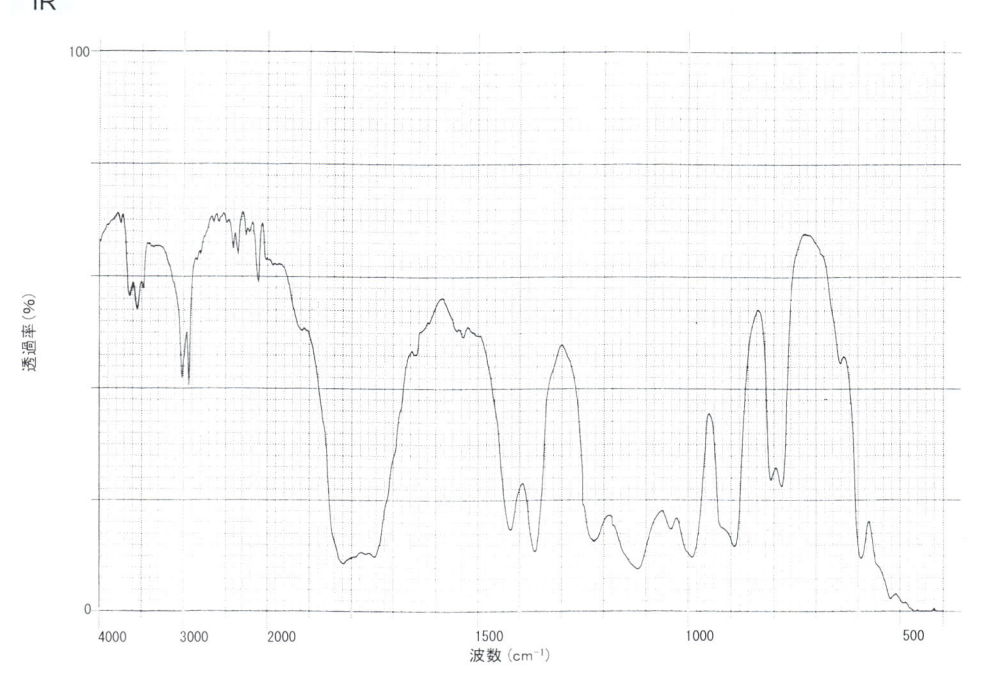

IR

波数 (cm⁻¹)
透過率 (%)

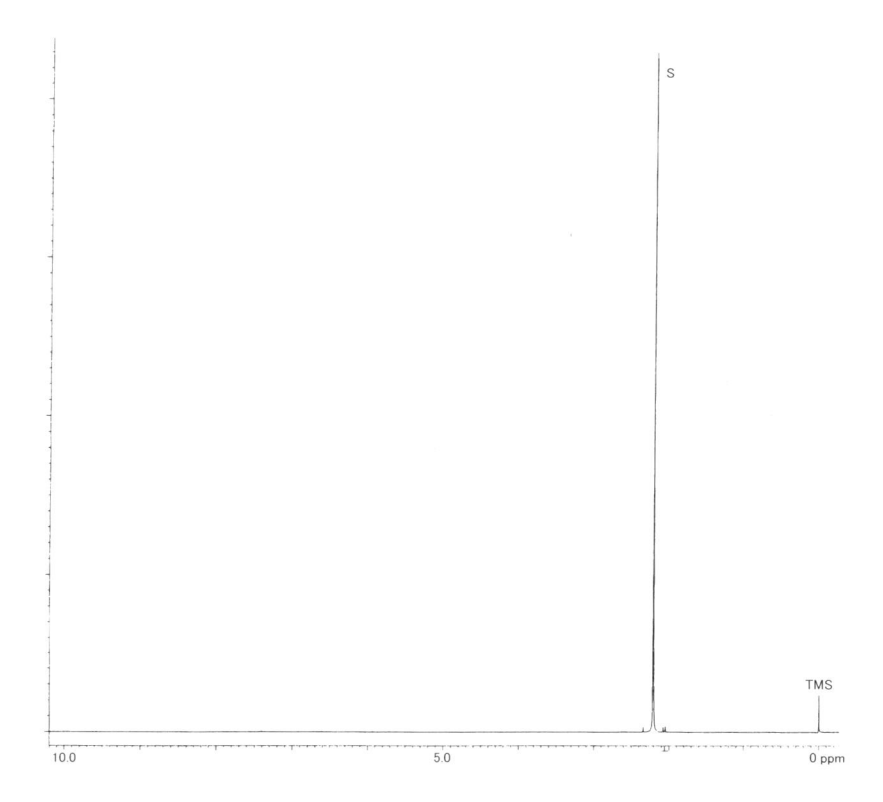

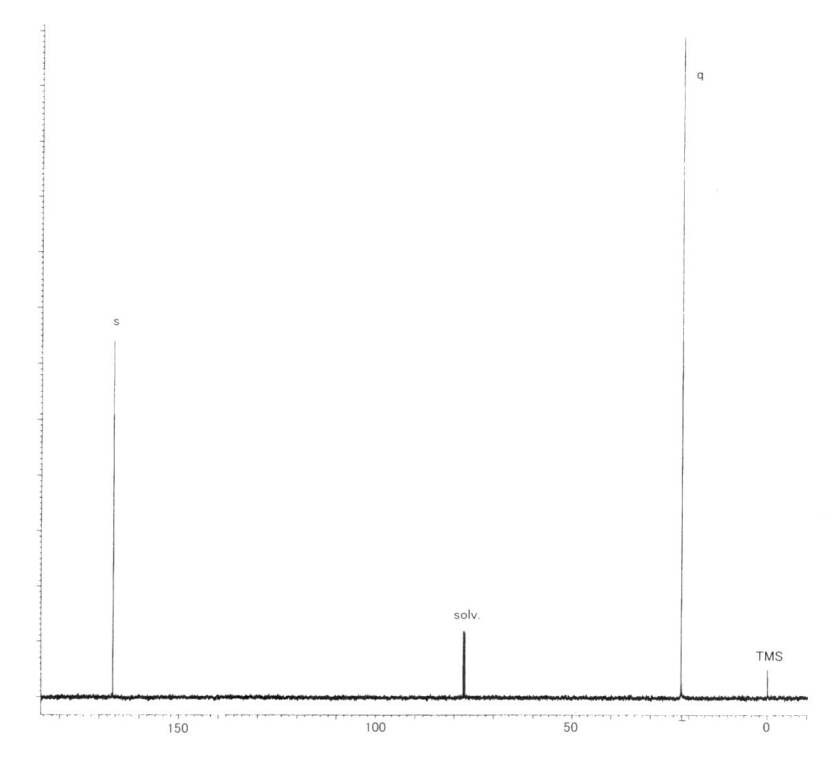

¹H NMR

¹³C NMR

演習問題 1-8

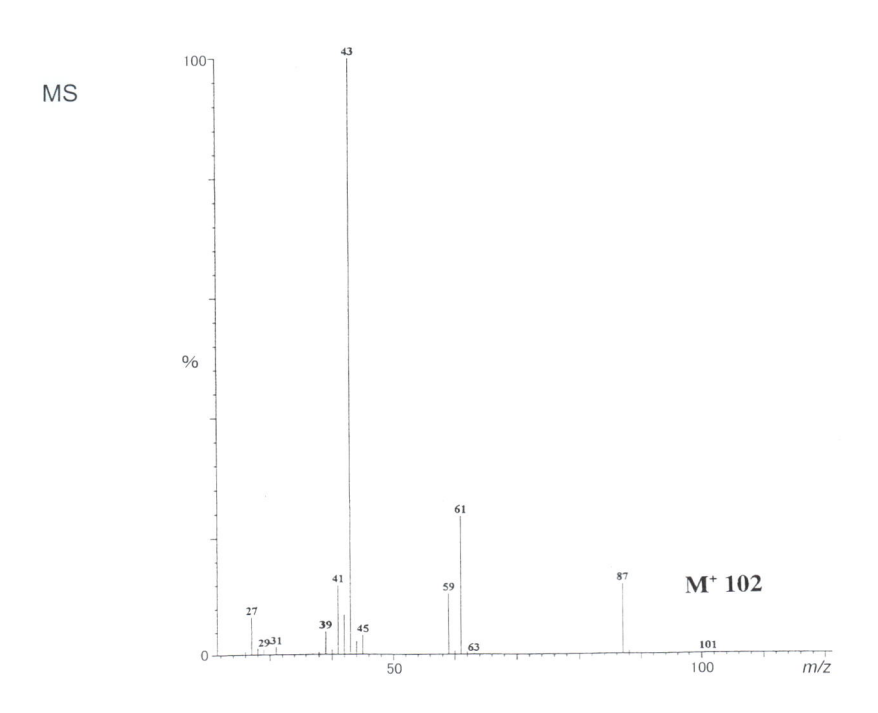

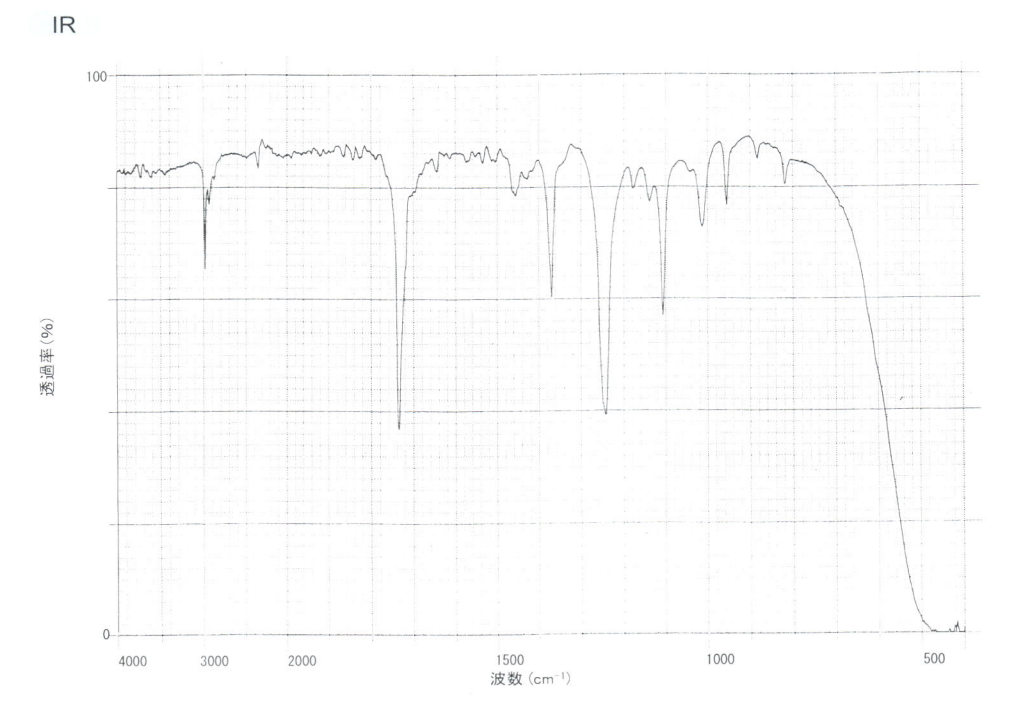

MS

M⁺ 102

IR

^{1}H NMR

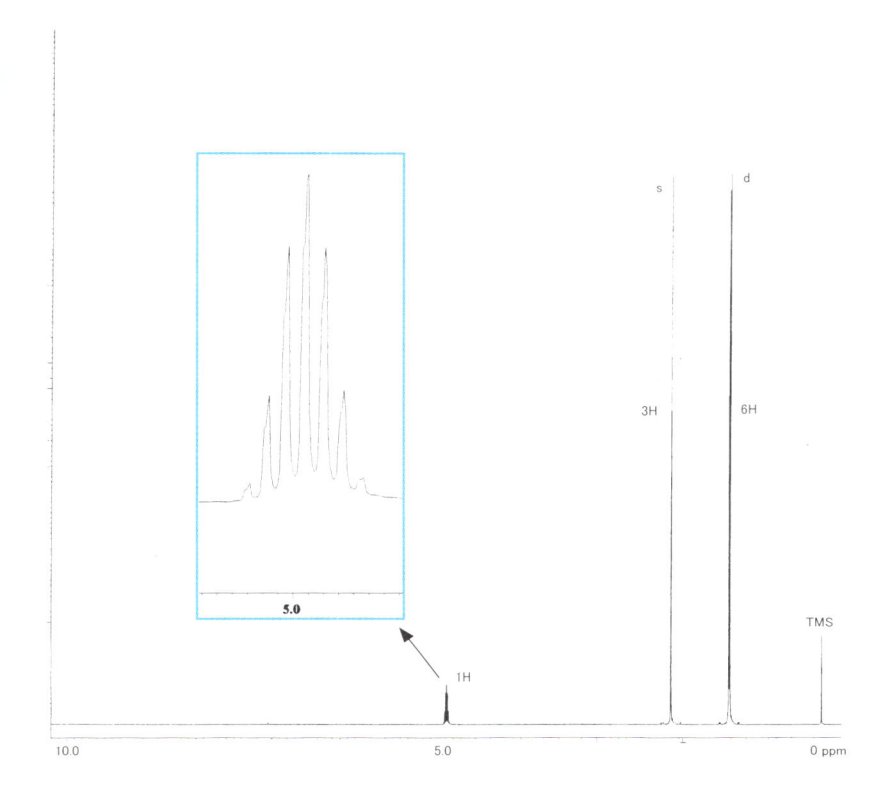

5.0

1H — 3H (s) — 6H (d) — TMS

10.0   5.0   0 ppm

^{13}C NMR

s — solv. — d — q — q — TMS

200   150   100   50   0 ppm

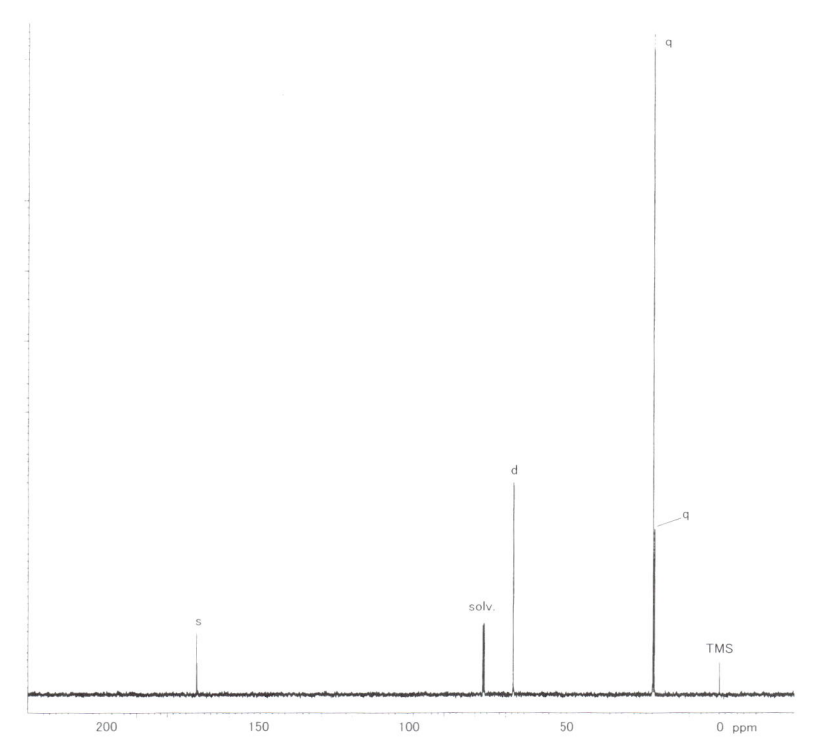

演習問題 1-9

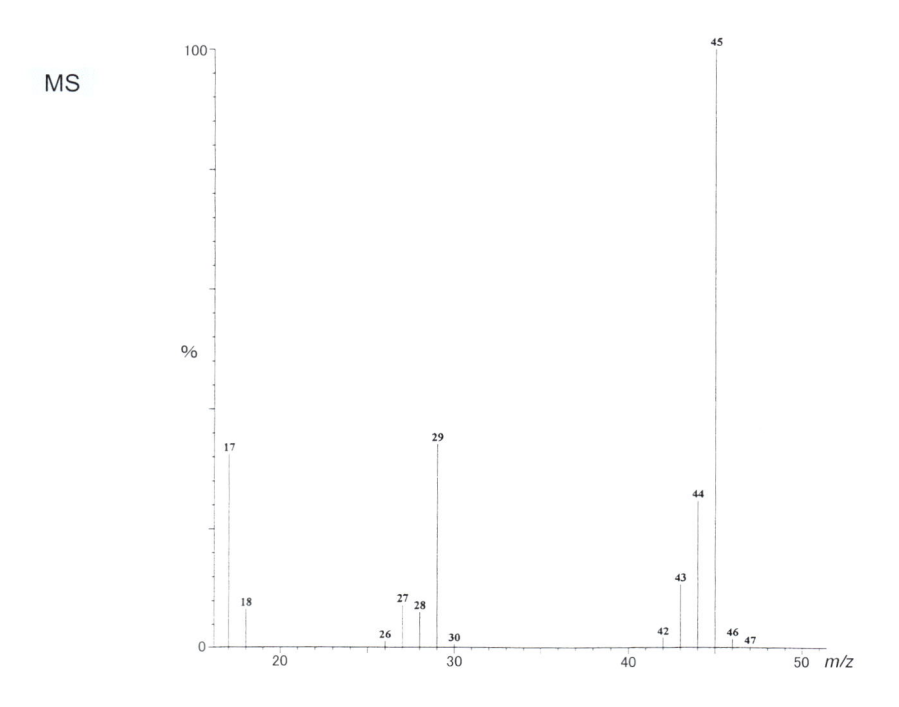

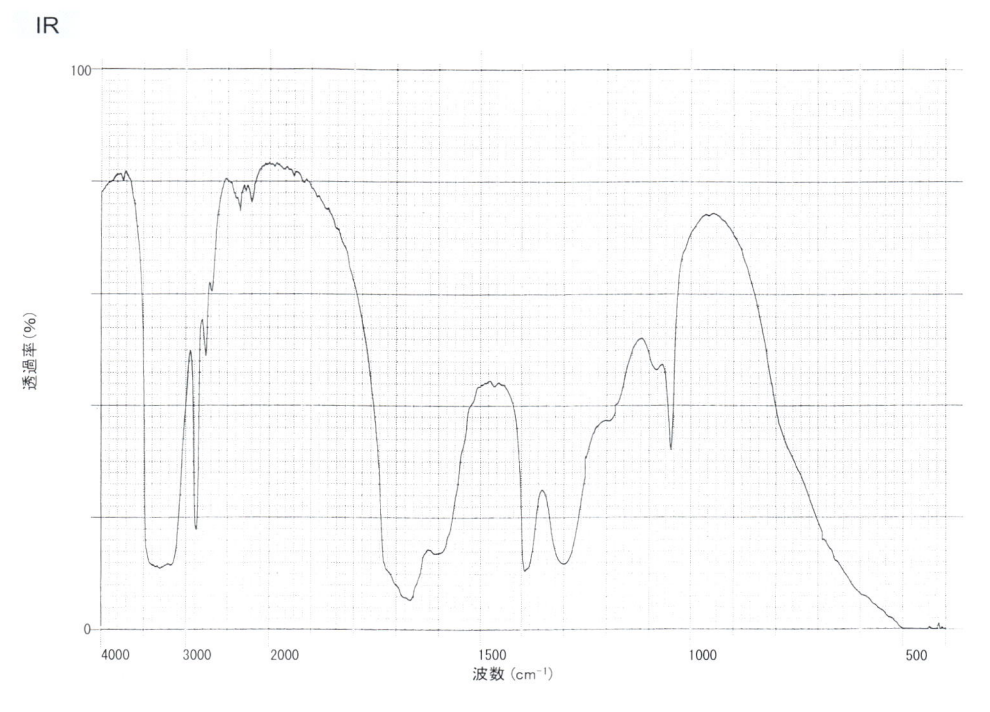

MS

IR

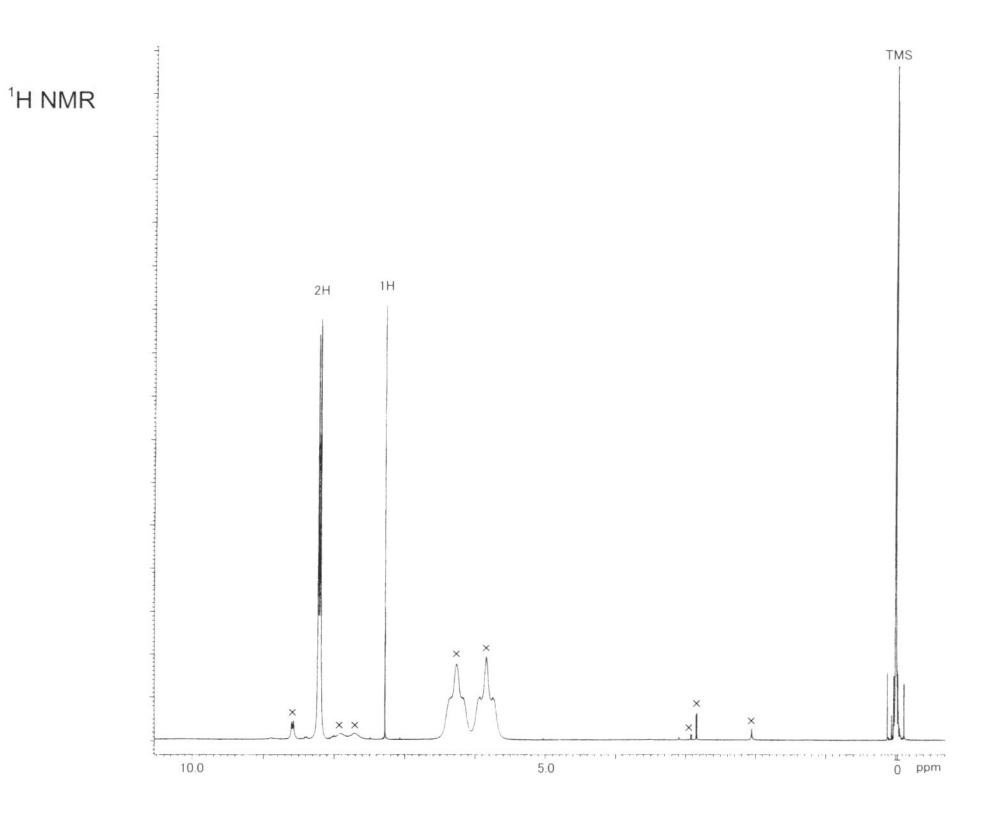

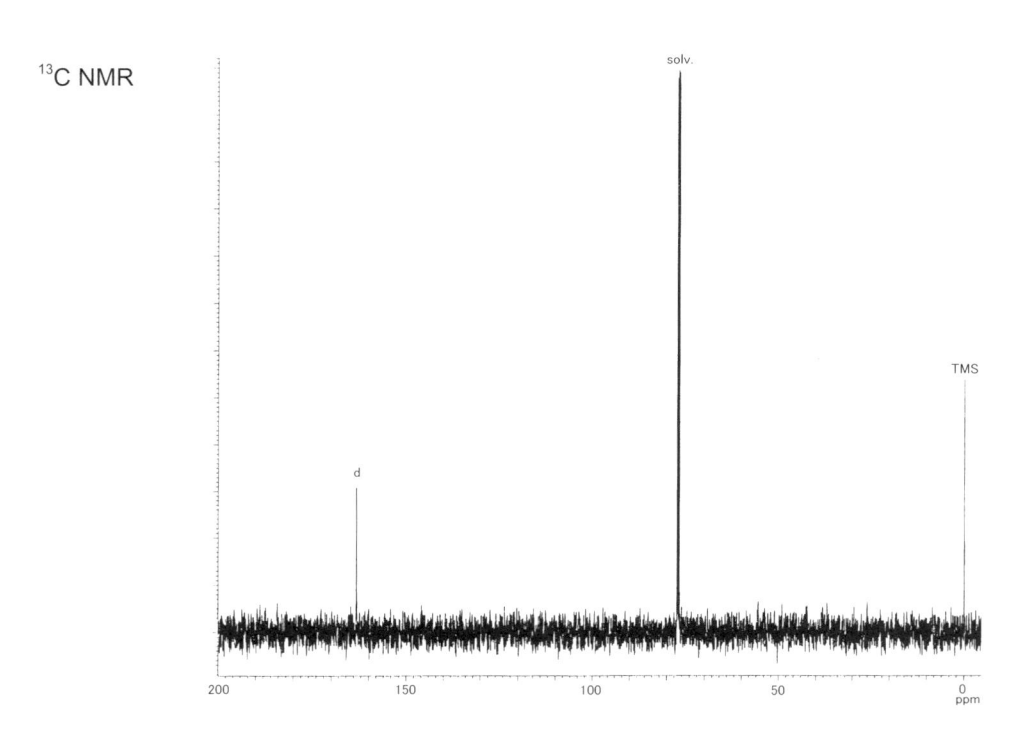

¹H NMR

¹³C NMR

演習問題 1-10

MS

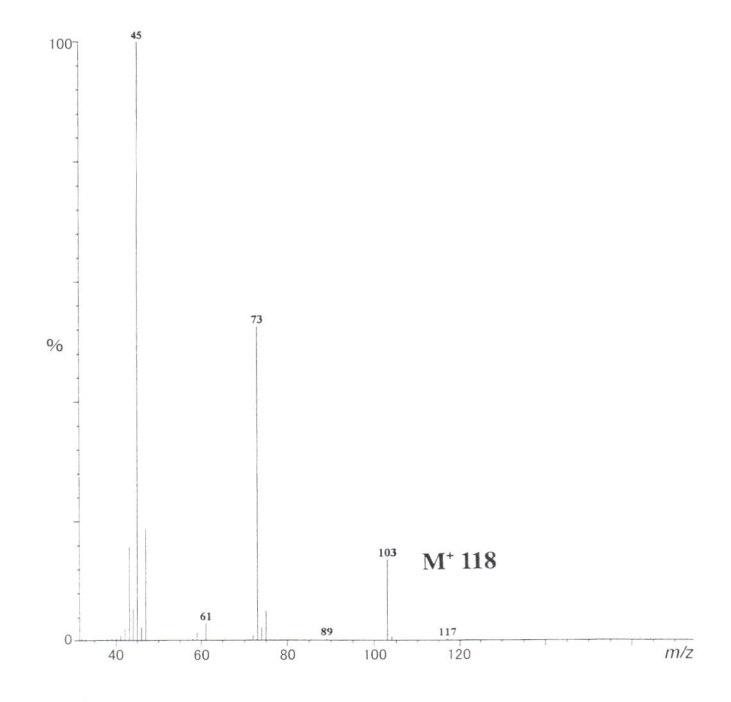

M⁺ 118

IR

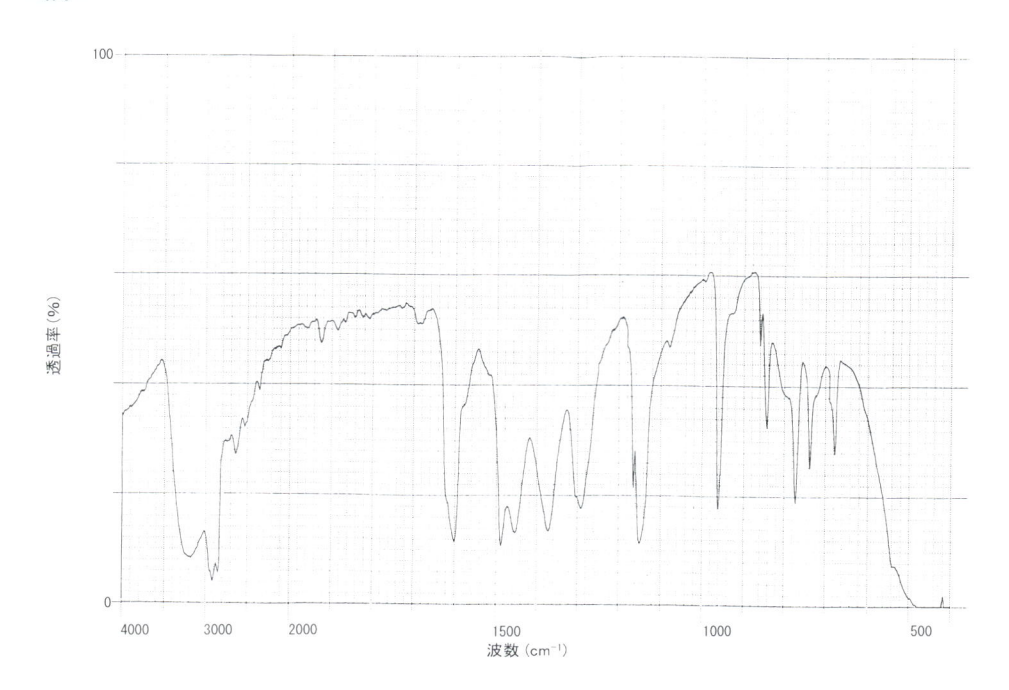

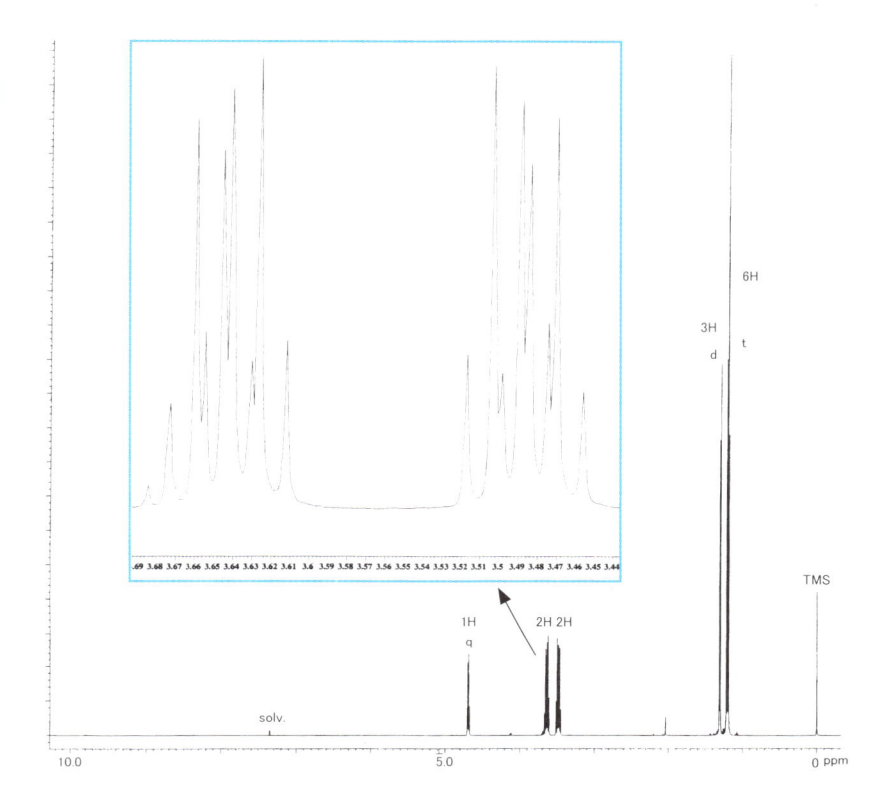

V 総合構造解析   141

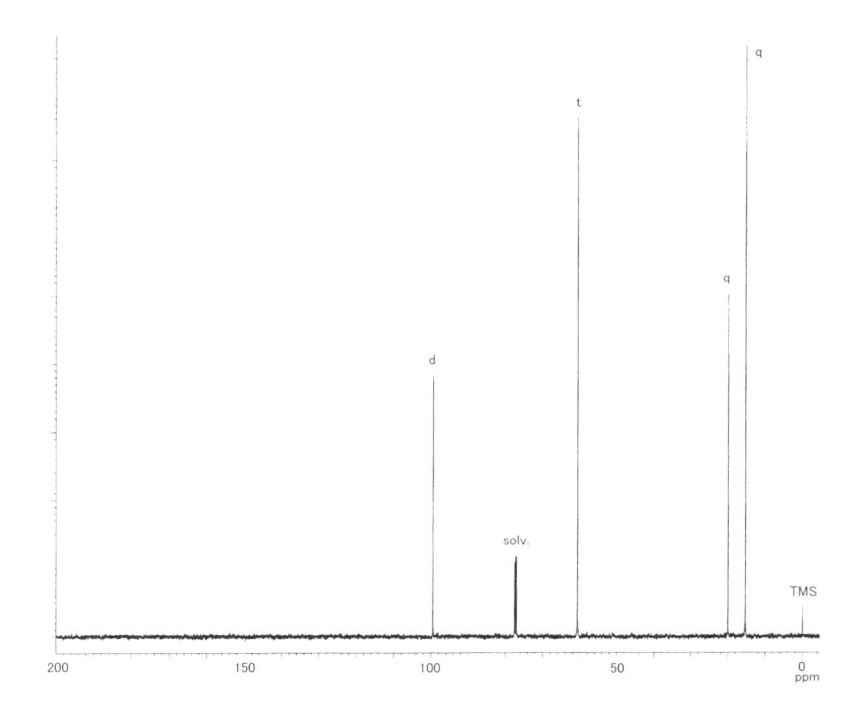

¹H NMR

¹³C NMR

演習問題 2-1

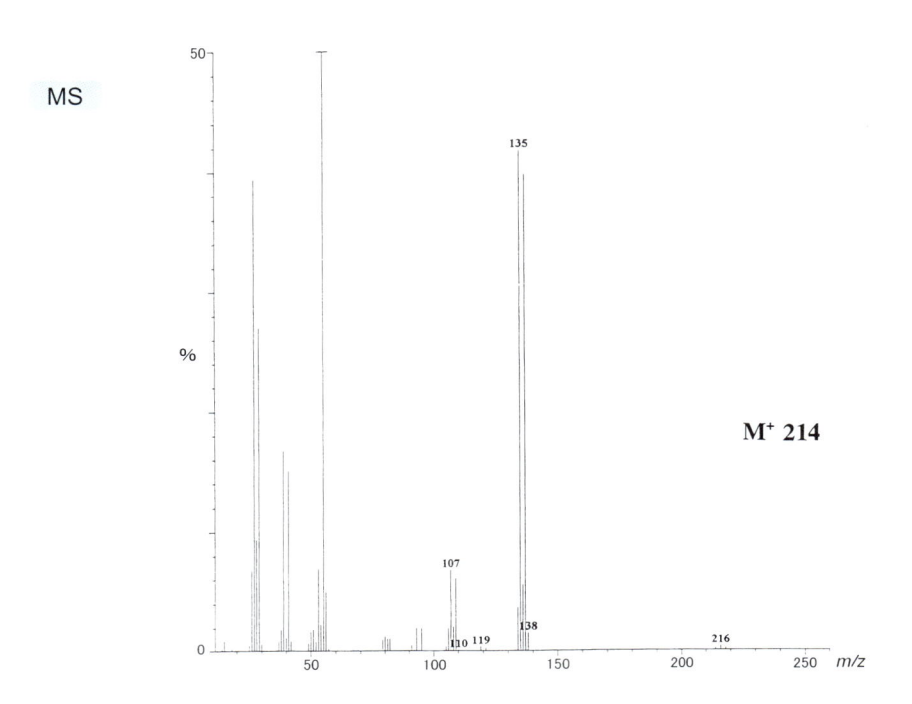

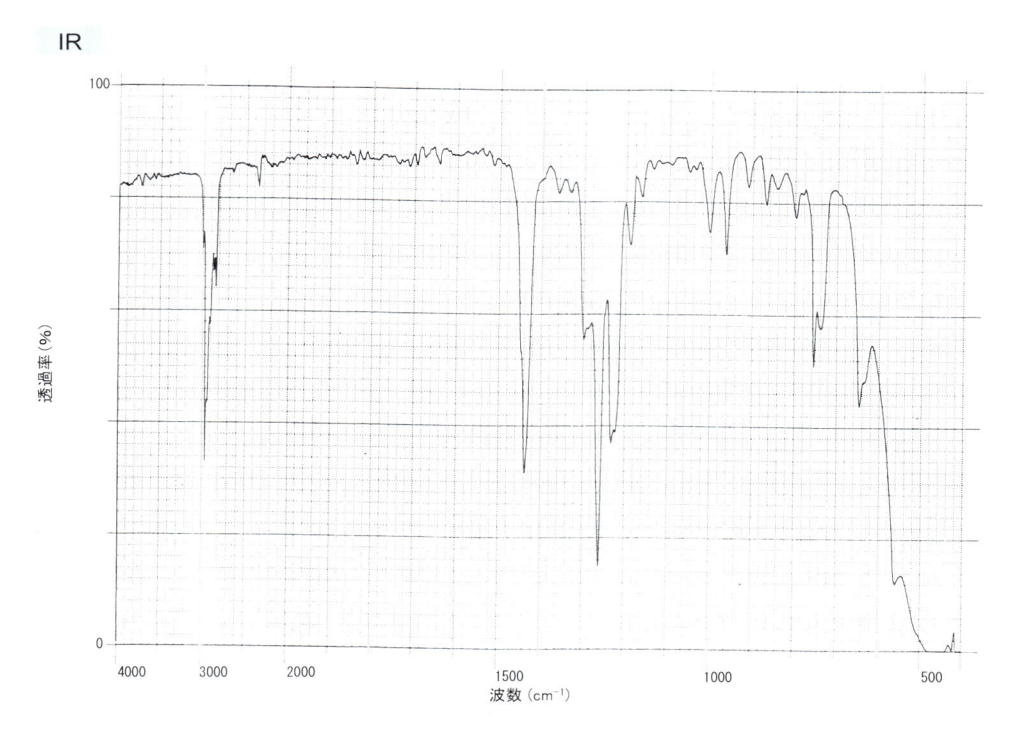

MS

M+ 214

IR

V 総合構造解析

¹H NMR

1 : 1

solv.   ×   TMS

10.0   5.0   0 ppm

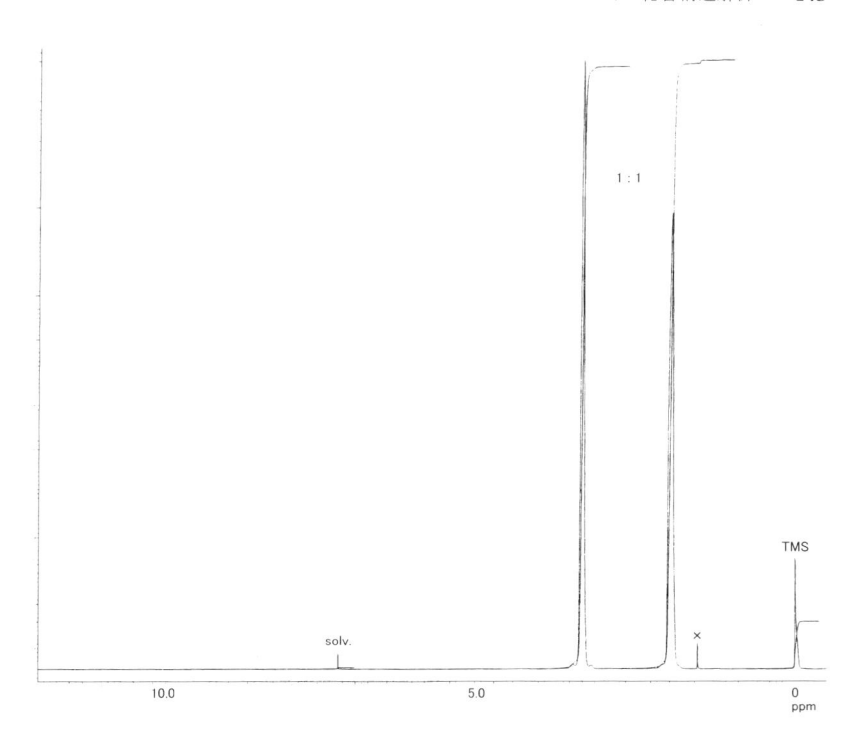

¹³C NMR

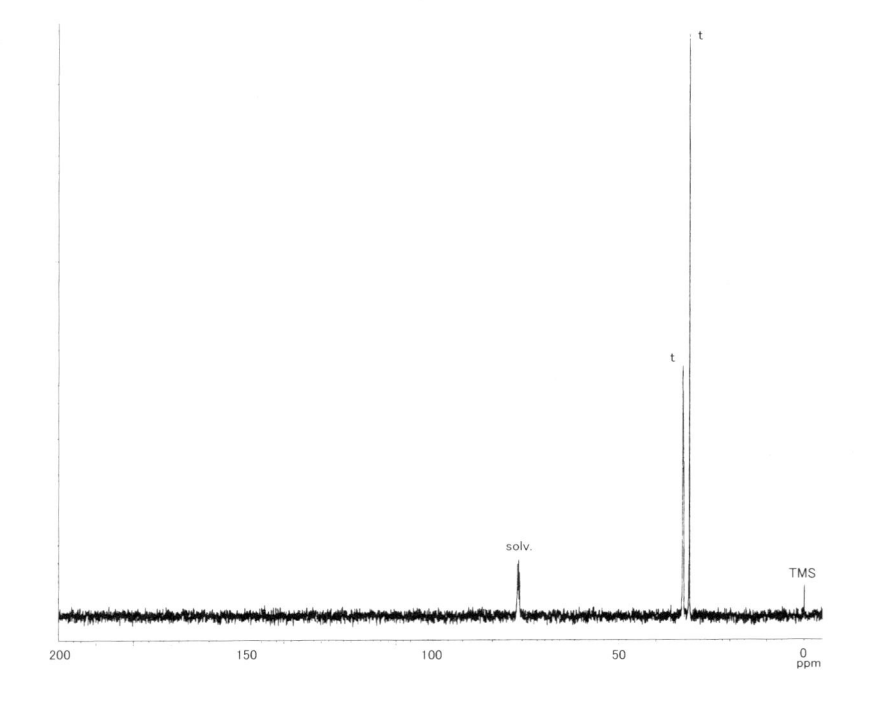

t

t

solv.   TMS

200   150   100   50   0 ppm

演習問題 2-2

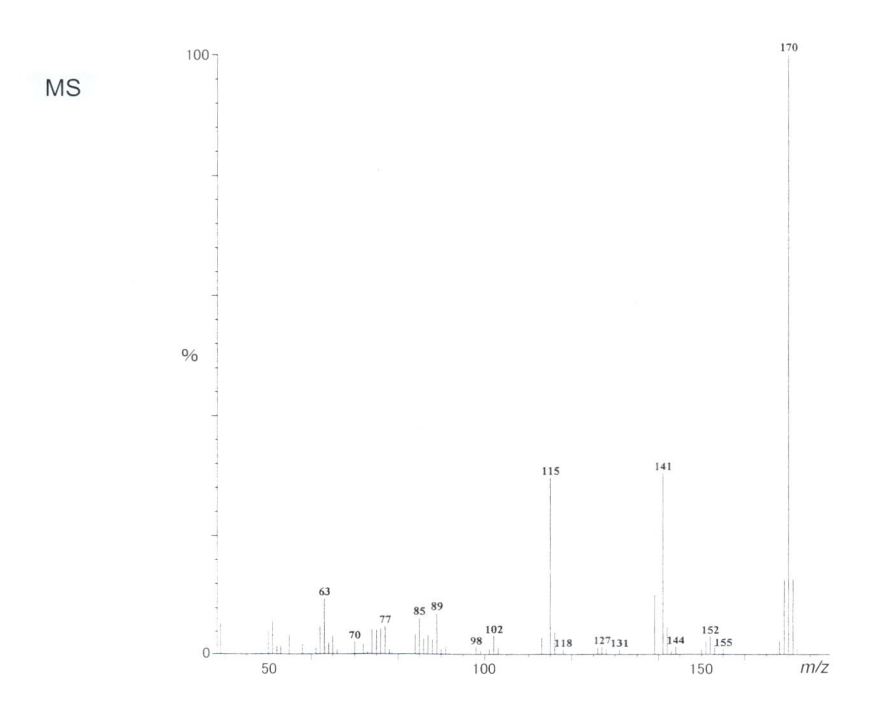

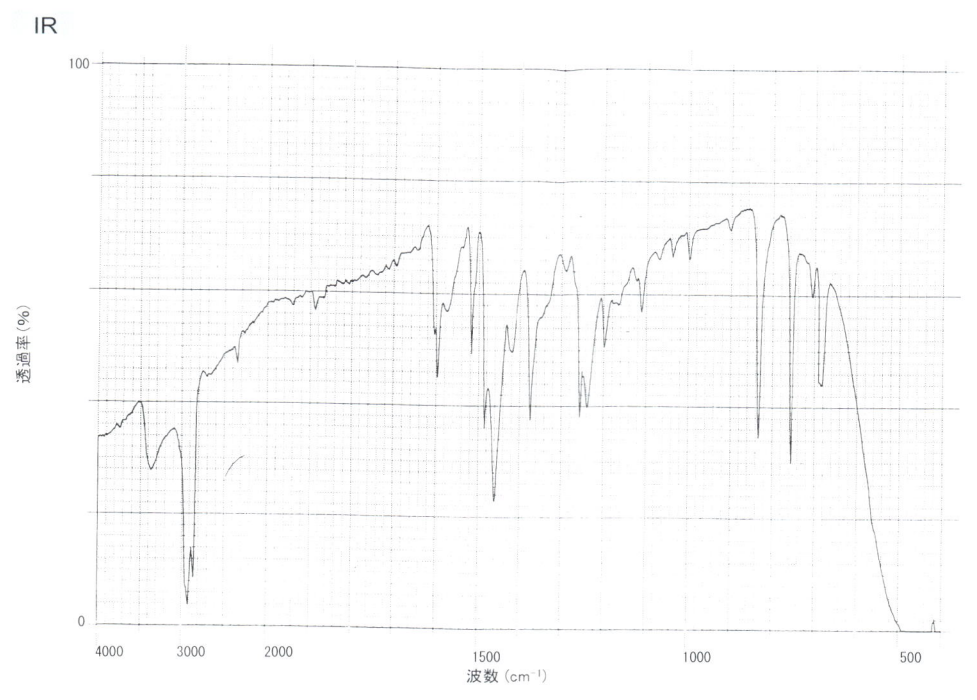

MS

IR

V 総合構造解析　　*145*

¹H NMR

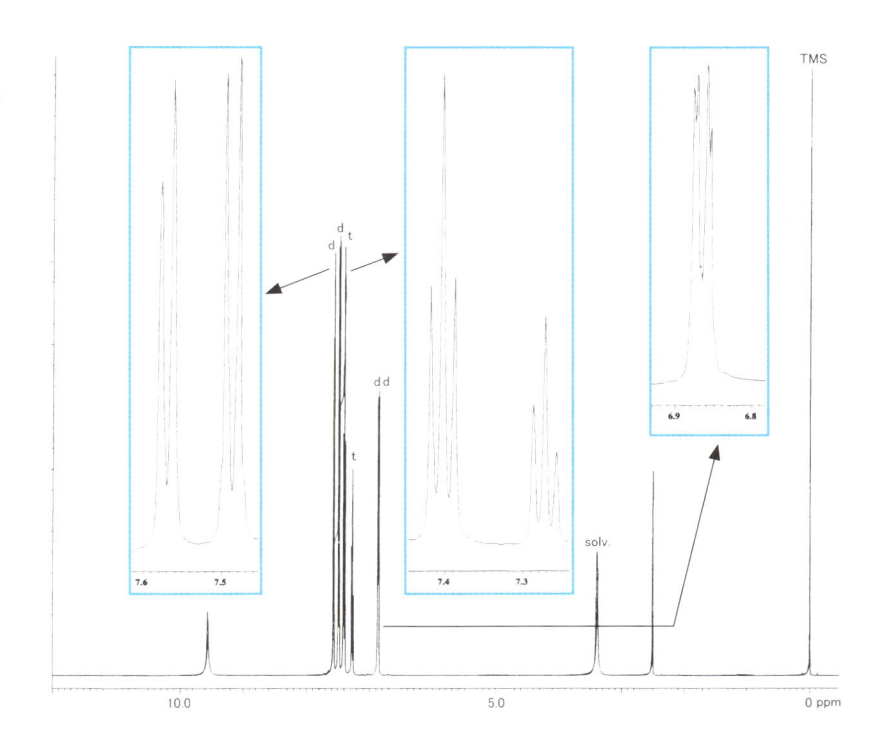

¹³C NMR

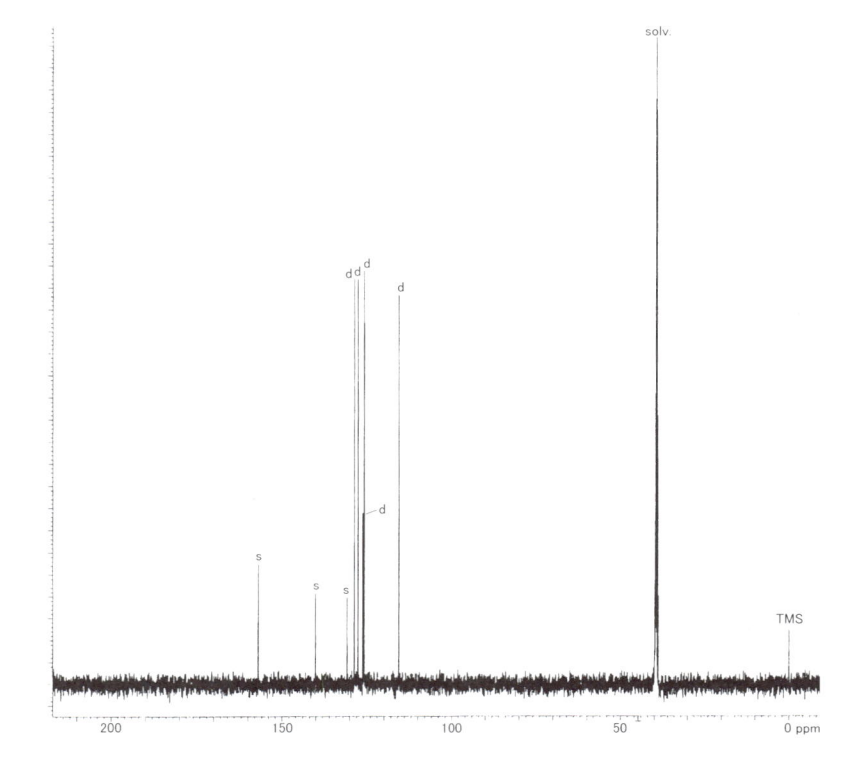

演習問題 2-3

MS （m/z 43 に強いピークあり）

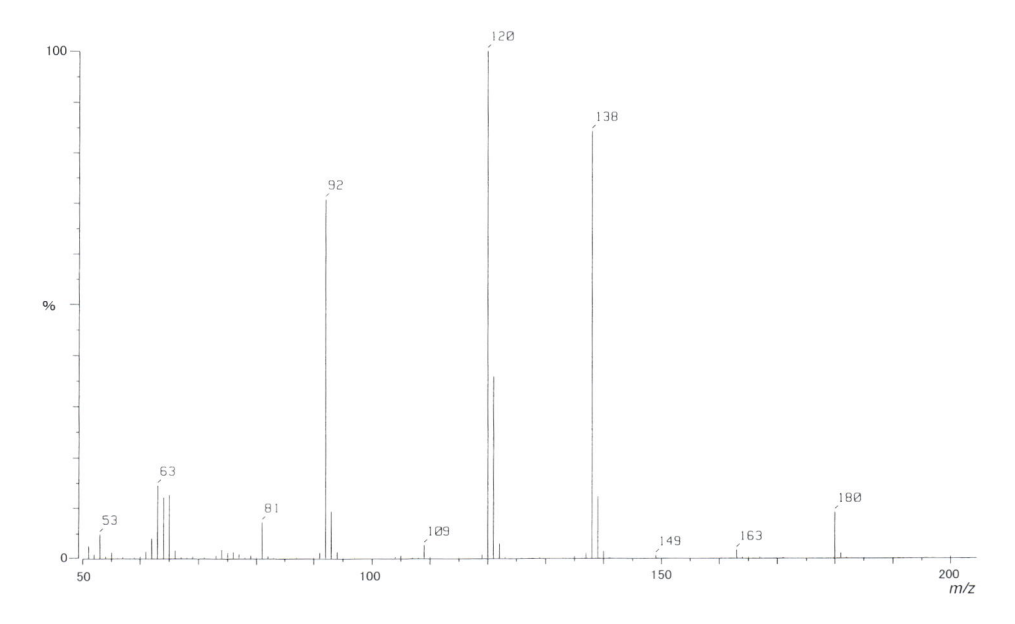

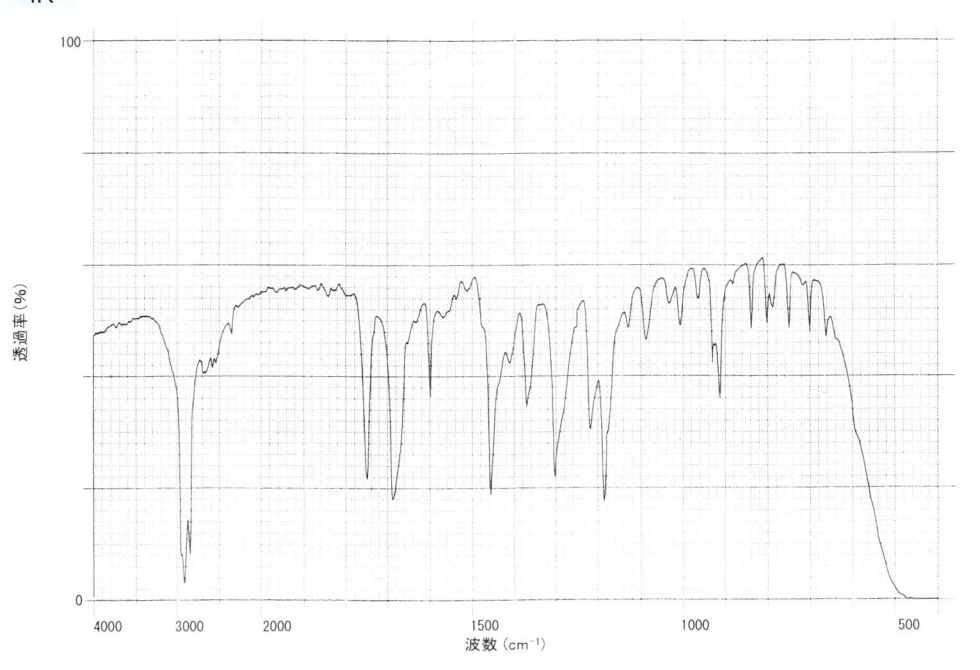

IR

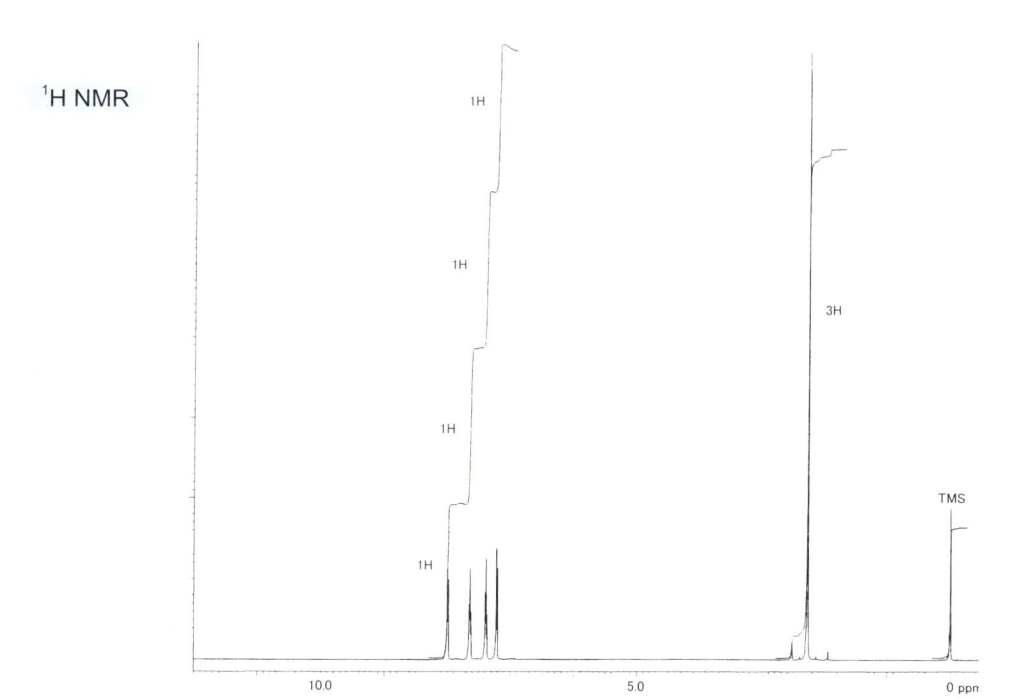

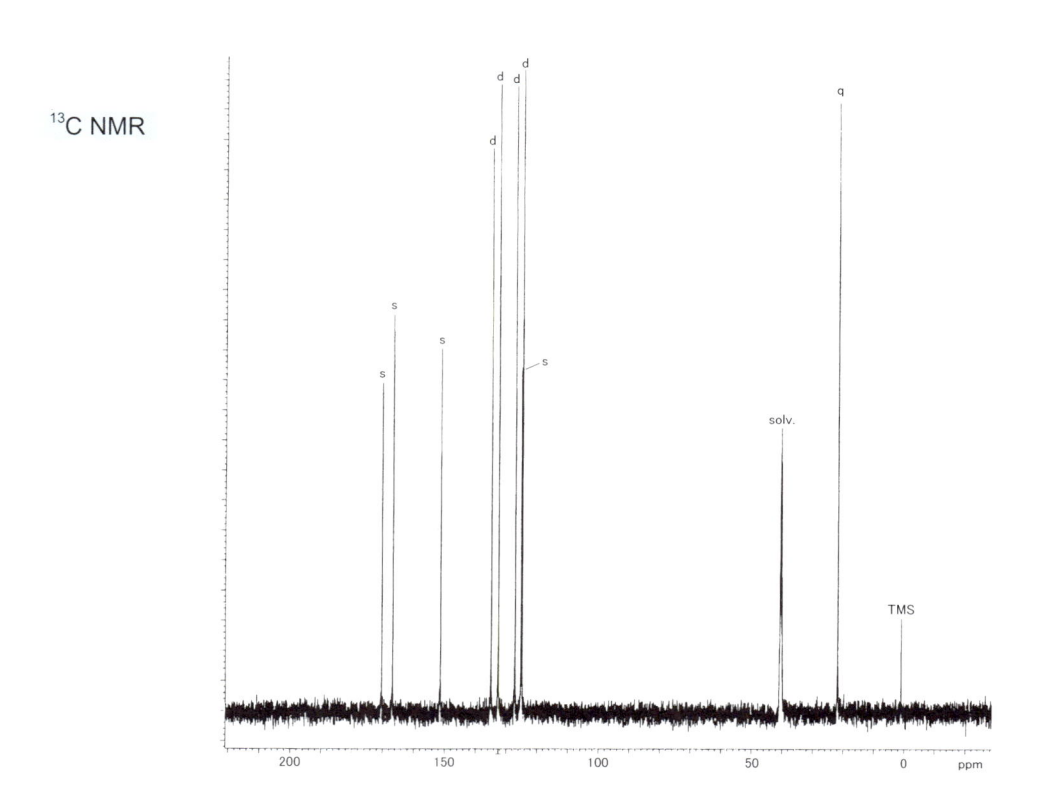

¹H NMR

¹³C NMR

演習問題 2-4

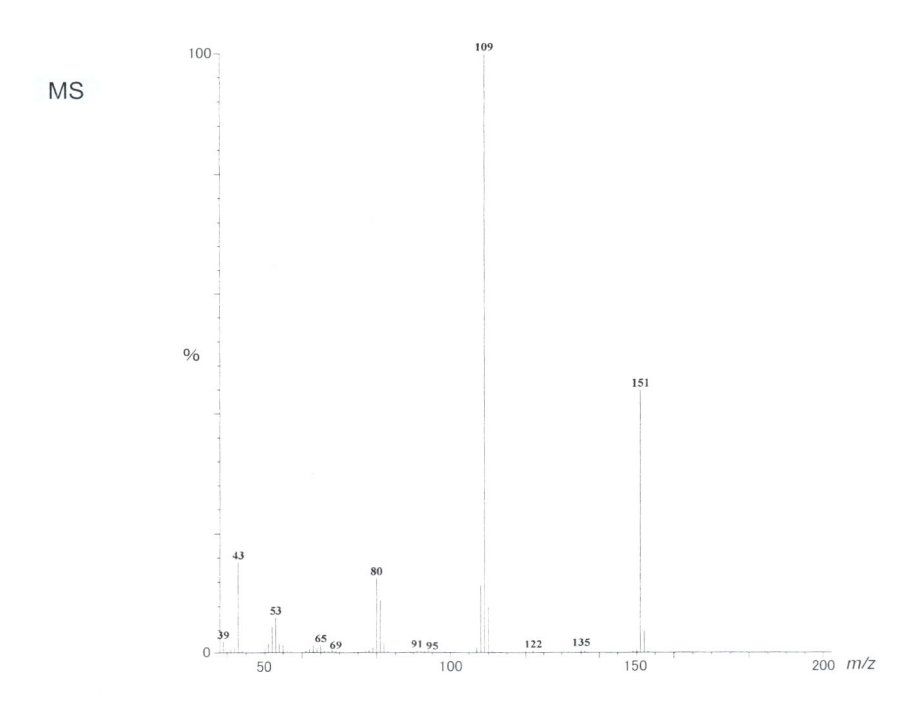

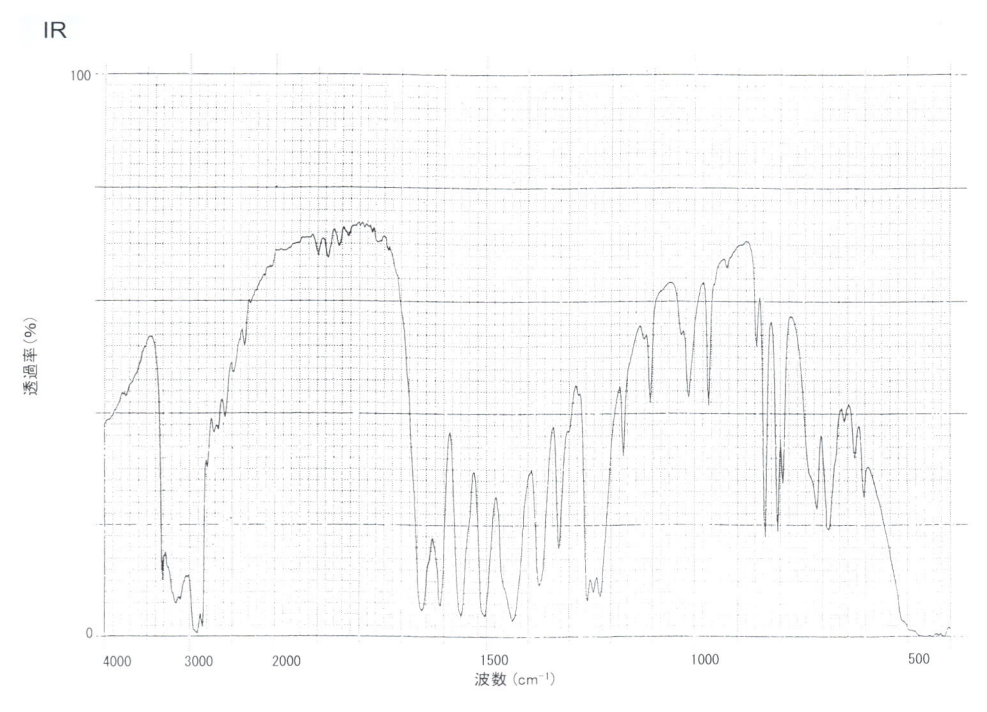

MS

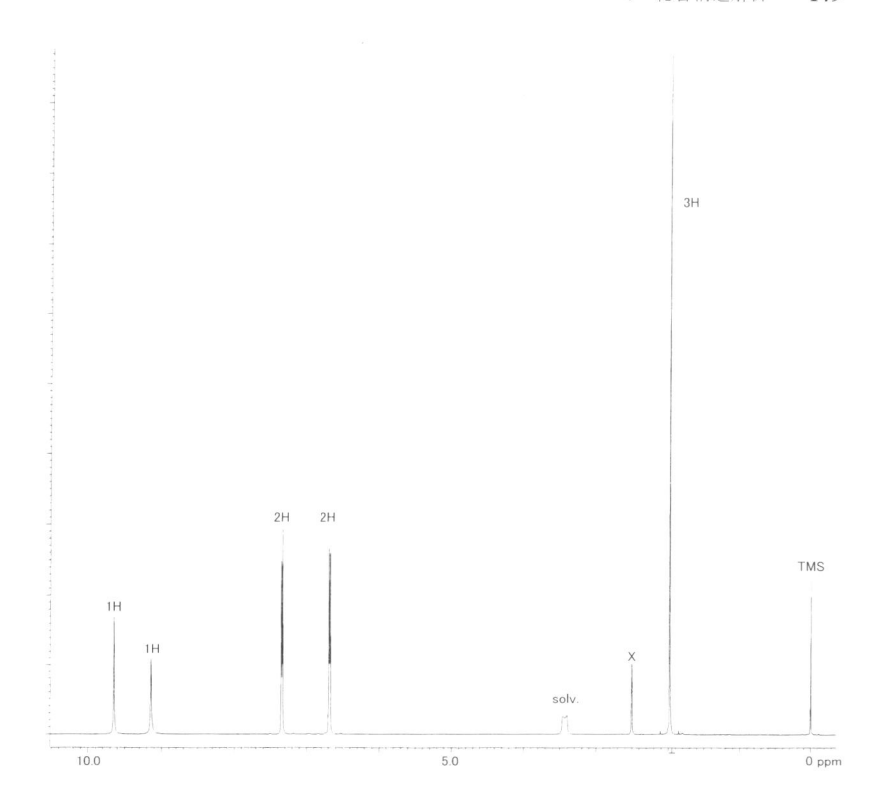

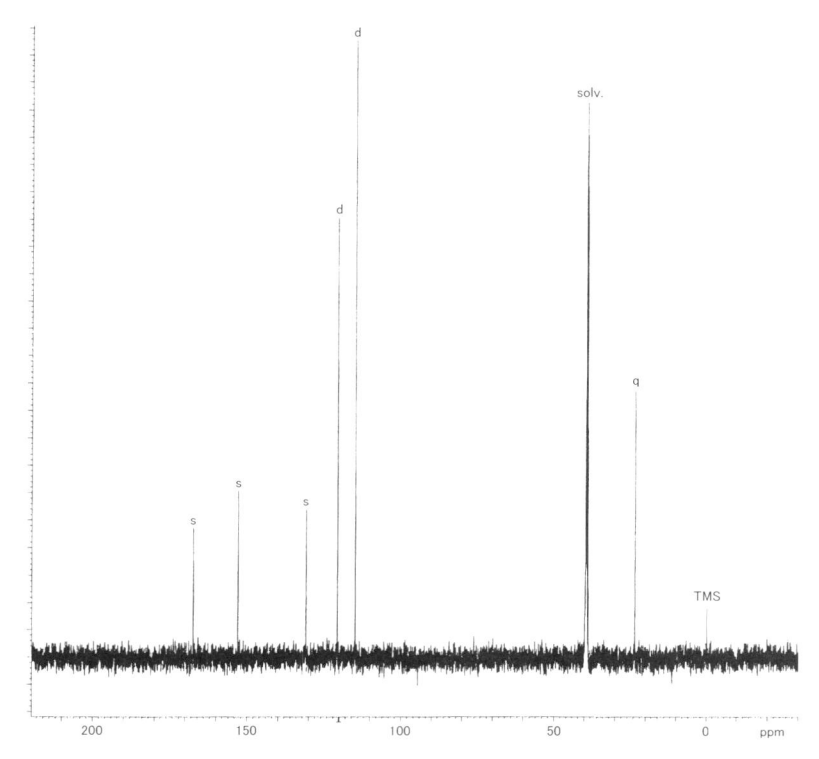

¹H NMR

¹³C NMR

演習問題 2-5

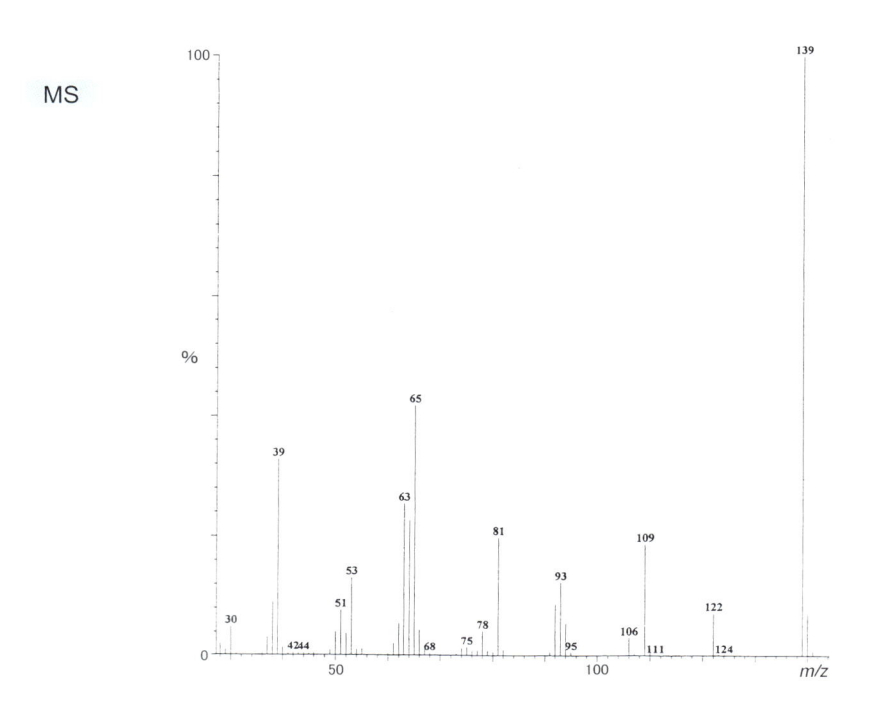

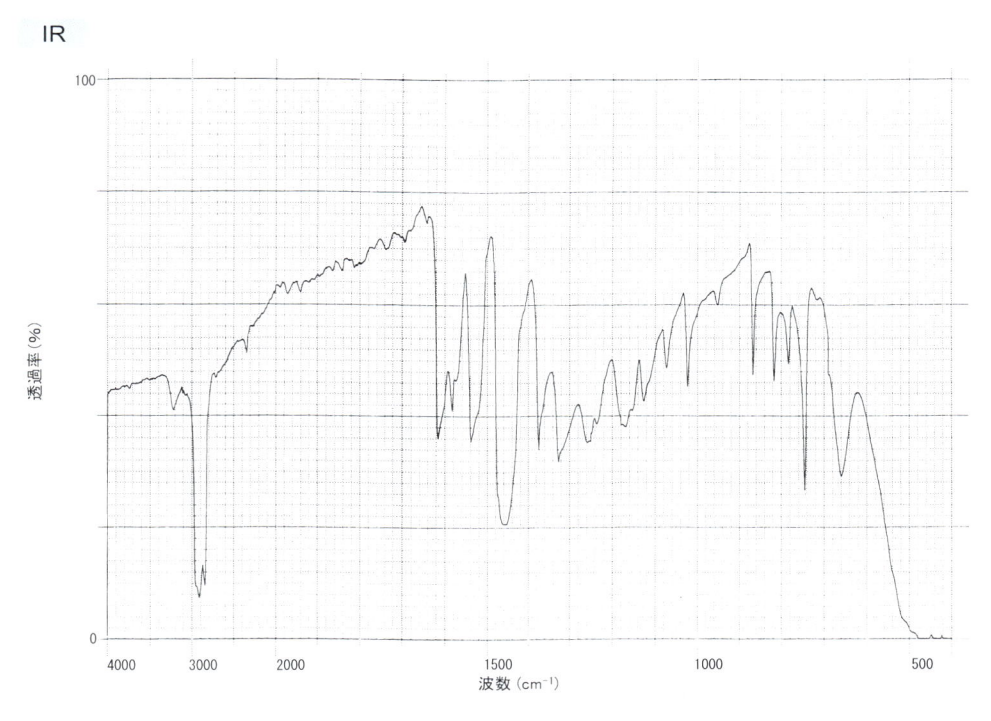

MS

IR

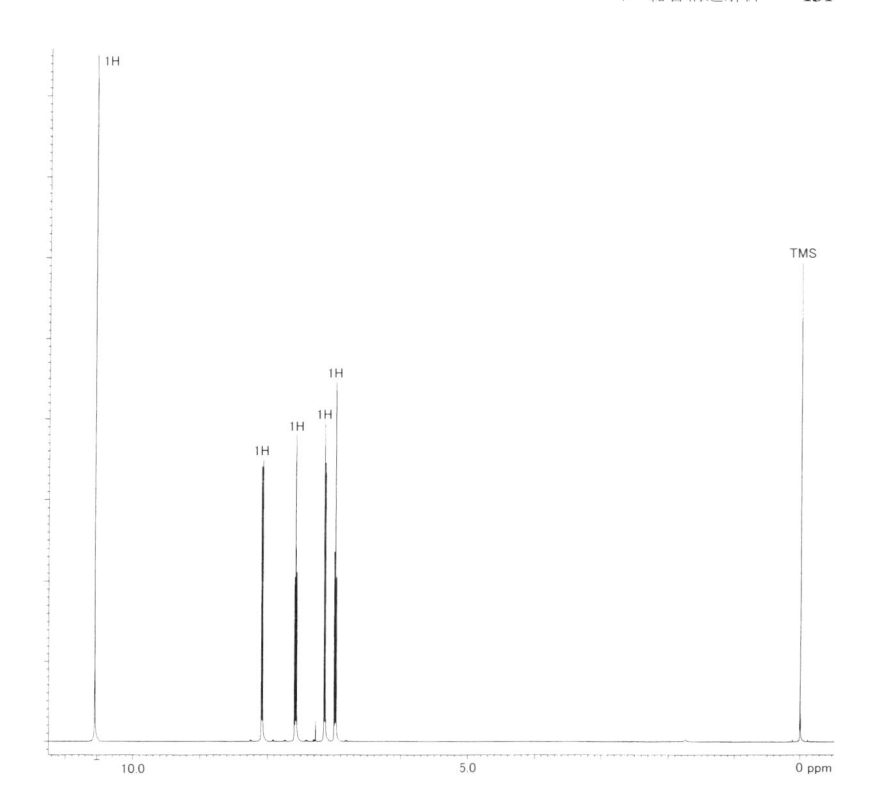

V 総合構造解析　　*151*

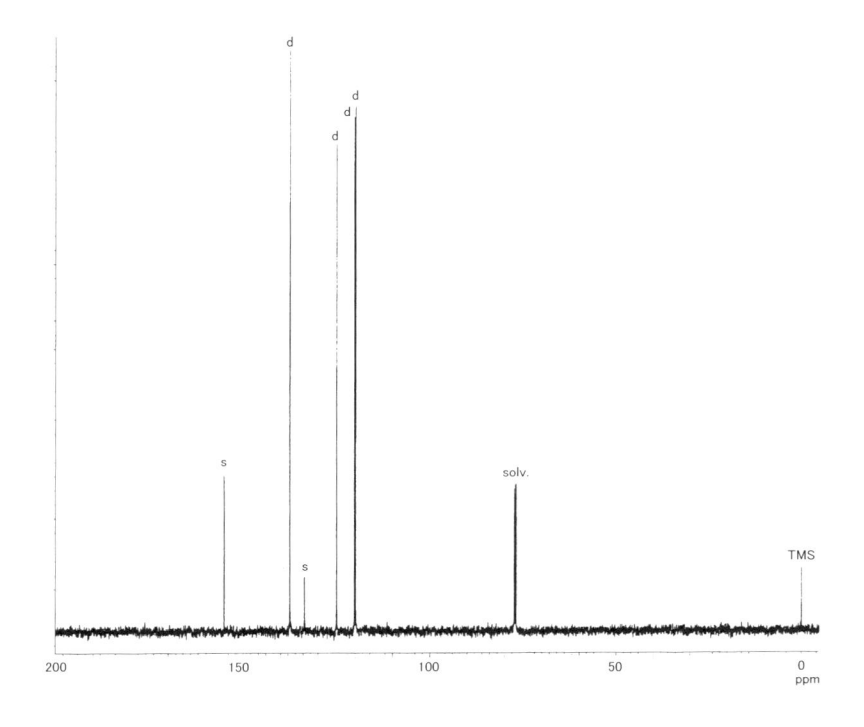

¹H NMR

¹³C NMR

演習問題 2-6

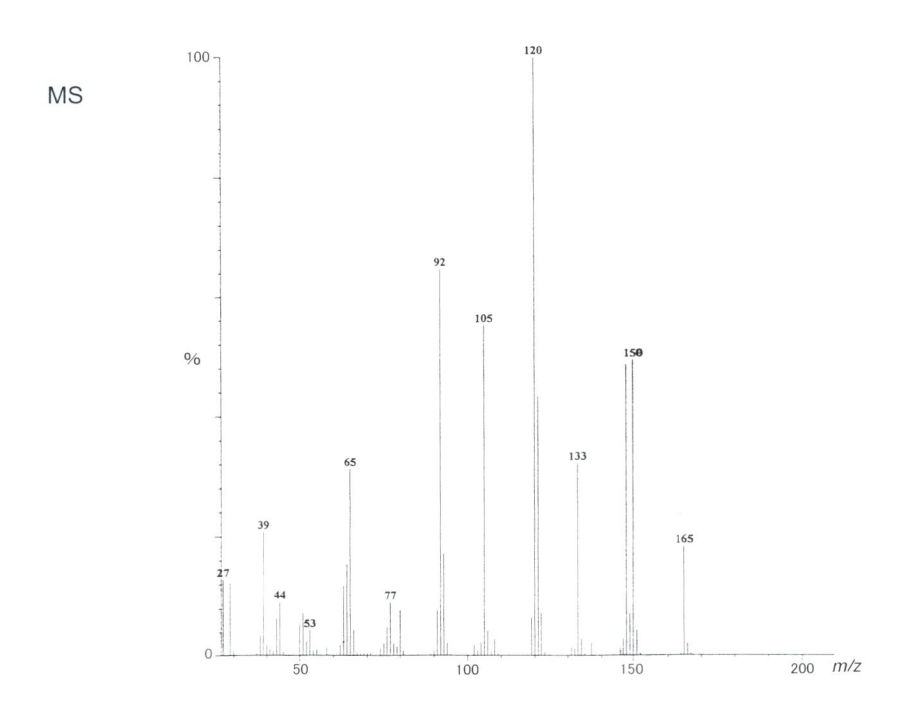

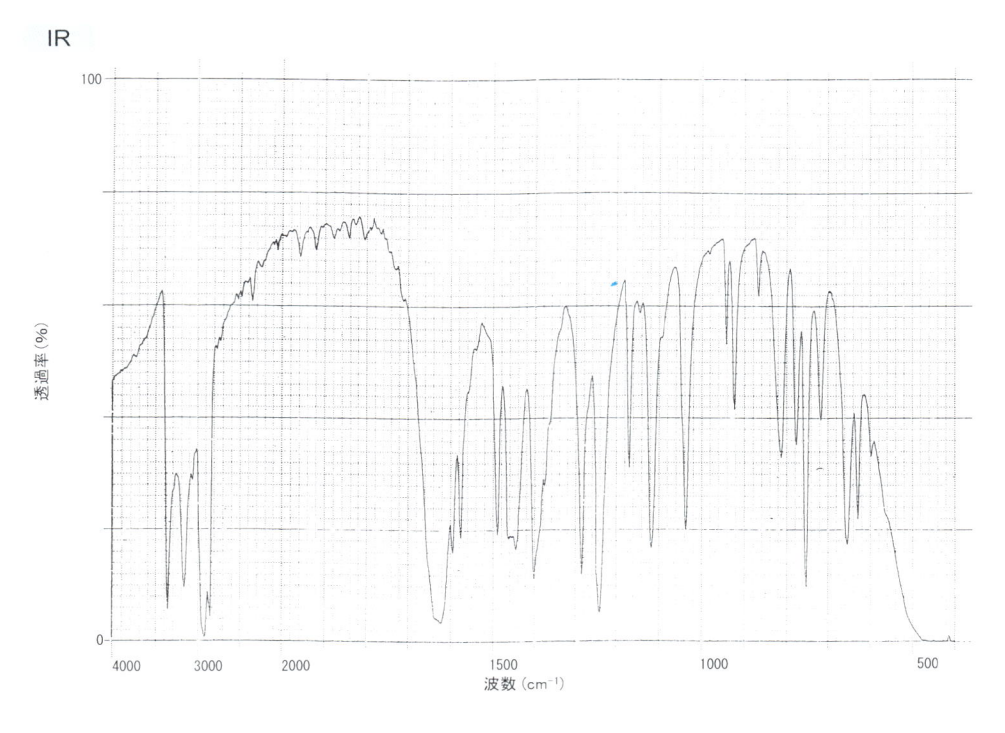

MS

IR

V 総合構造解析   153

¹H NMR

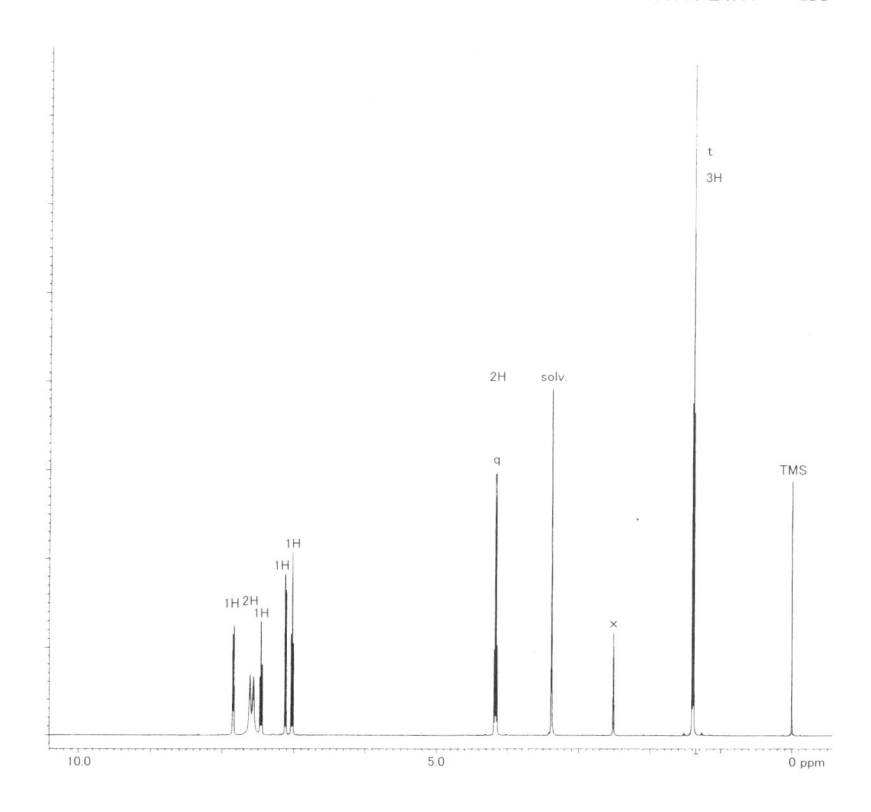

¹³C NMR

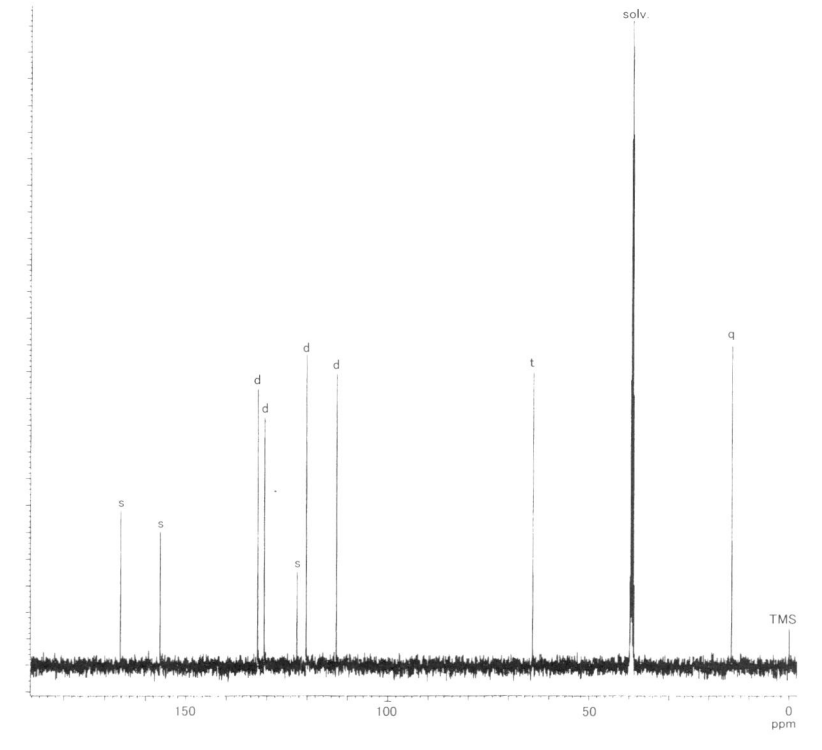

演習問題 2-7

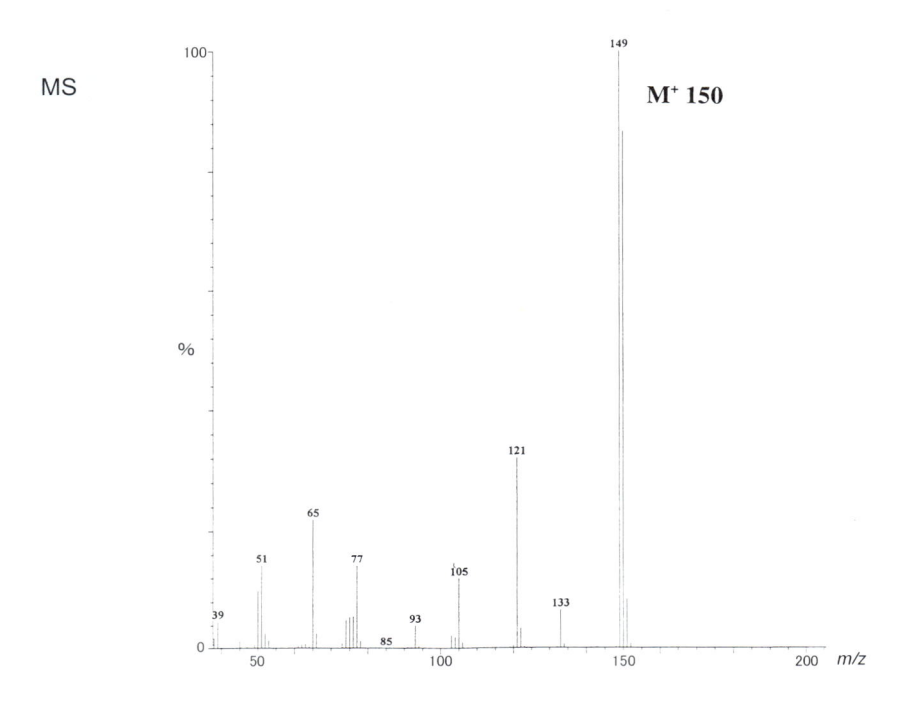

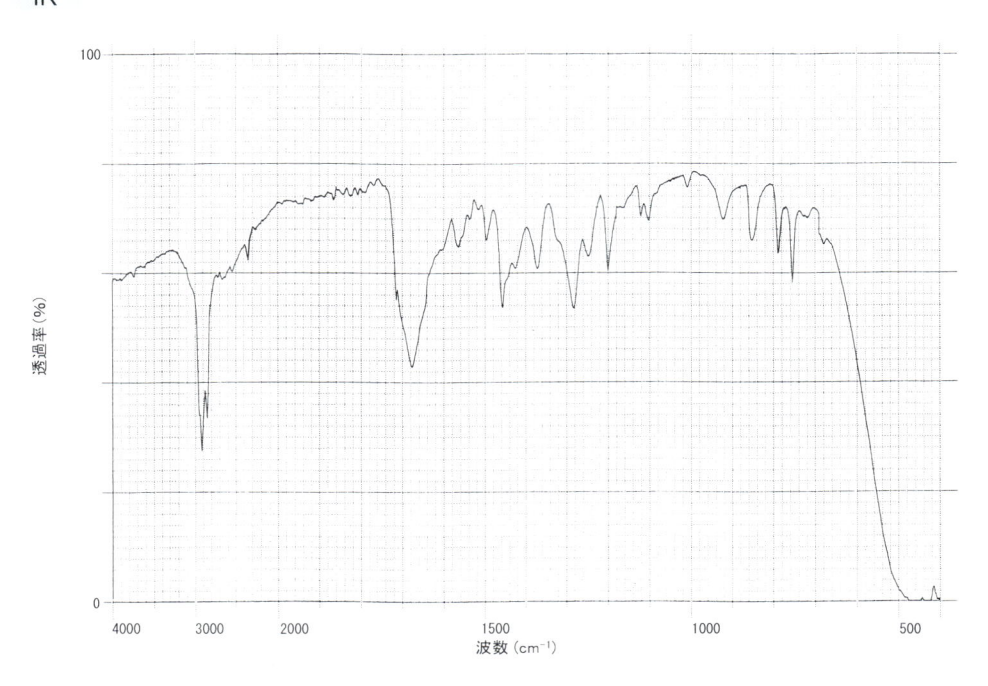

MS

M⁺ 150

IR

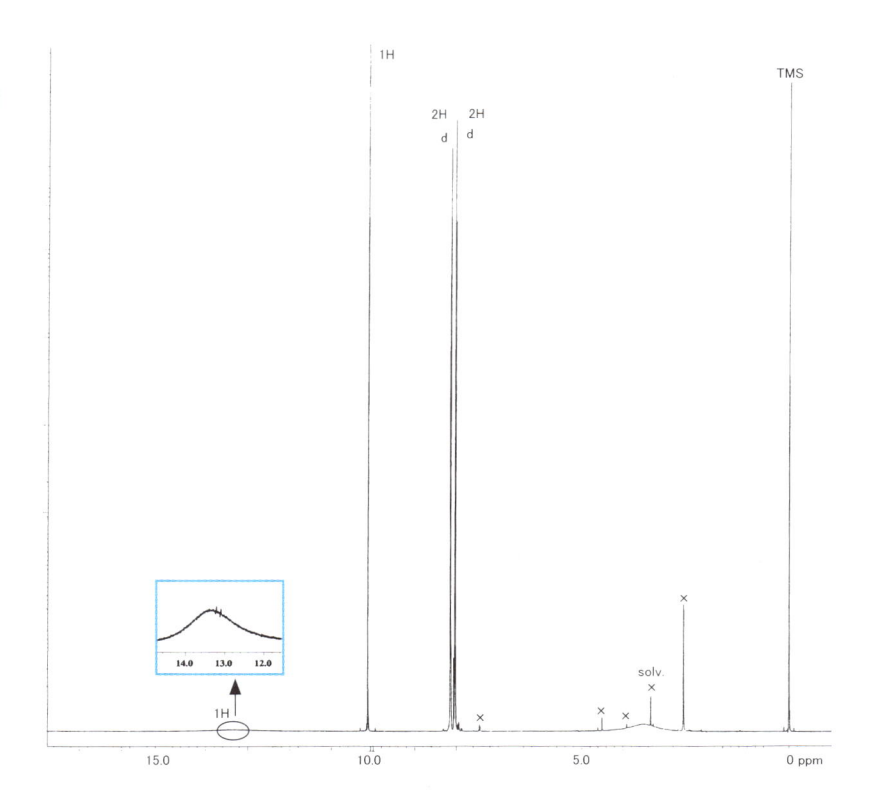

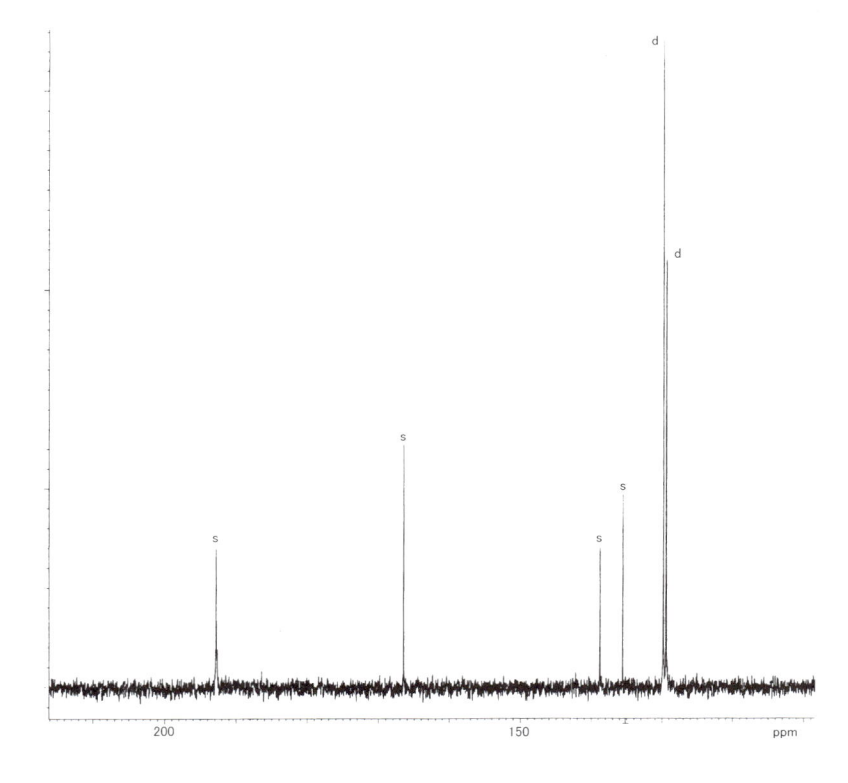

¹H NMR

¹³C NMR

演習問題 2-8

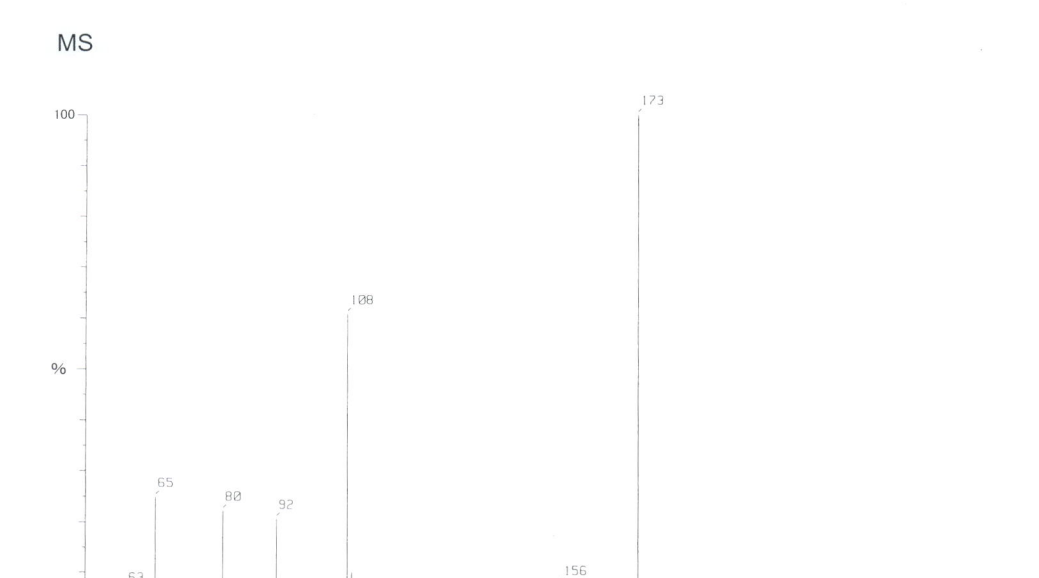

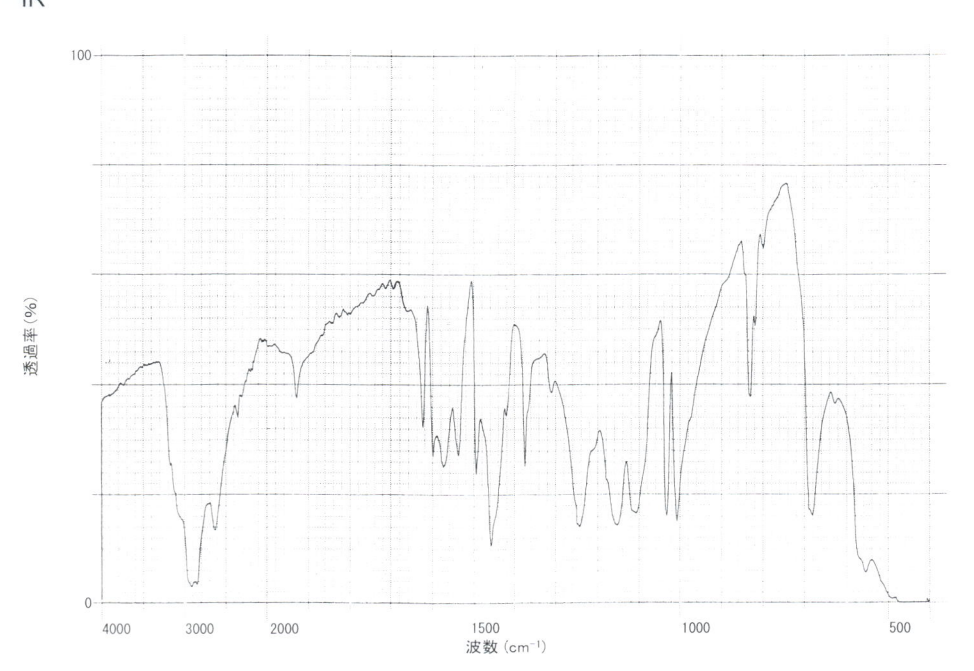

MS

IR

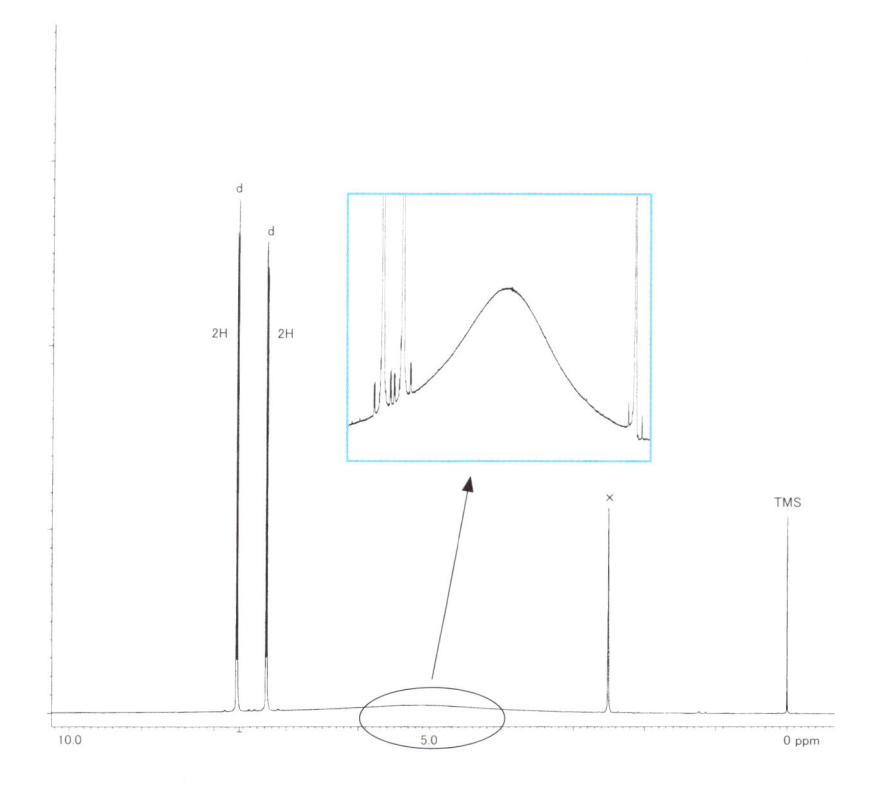

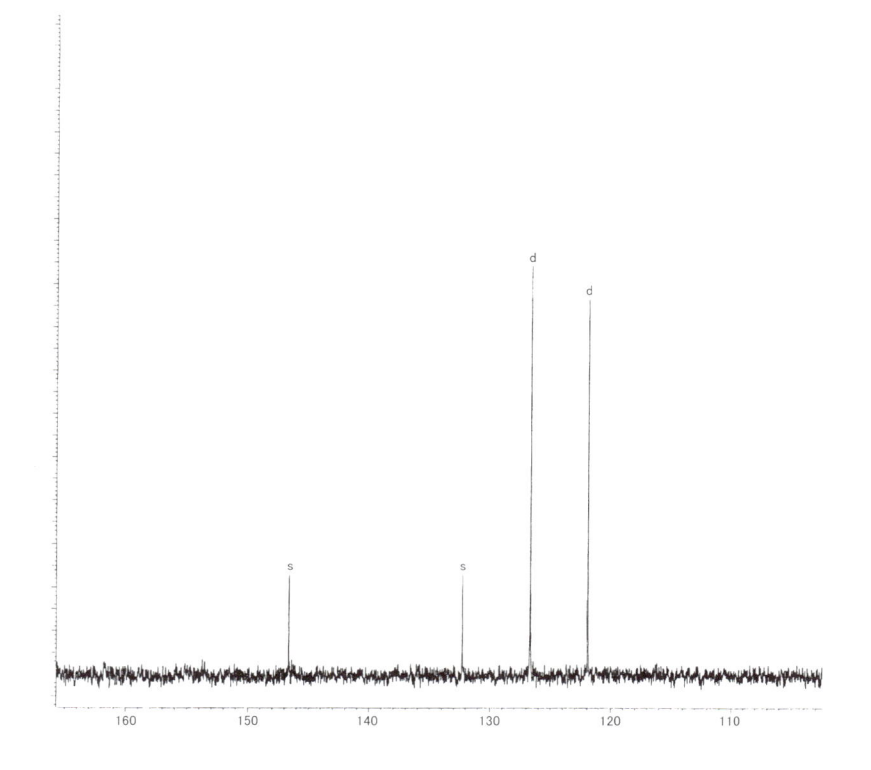

^{1}H NMR

^{13}C NMR

演習問題 2-9

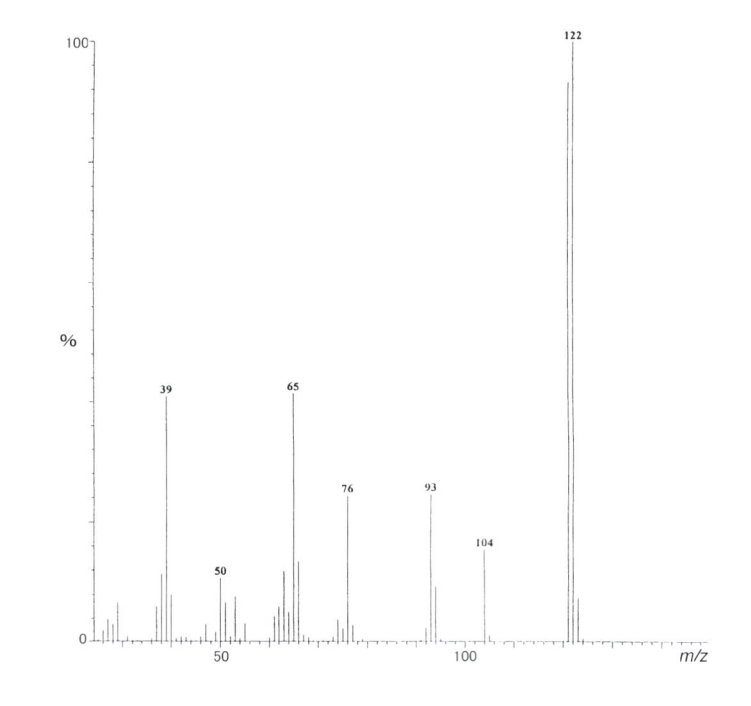

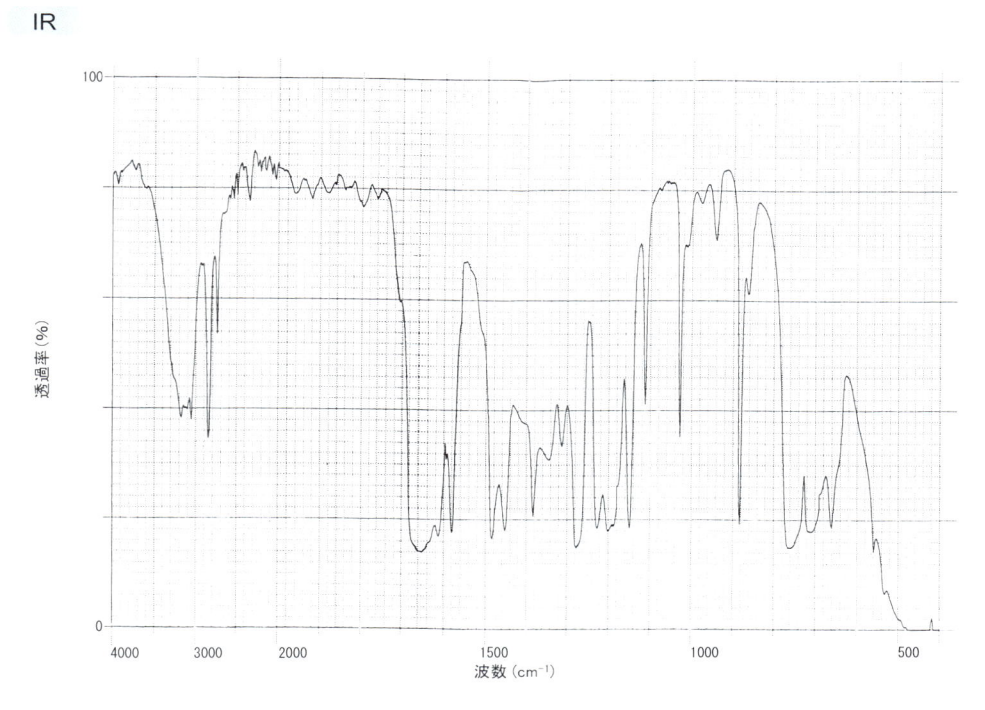

MS

IR

V 総合構造解析

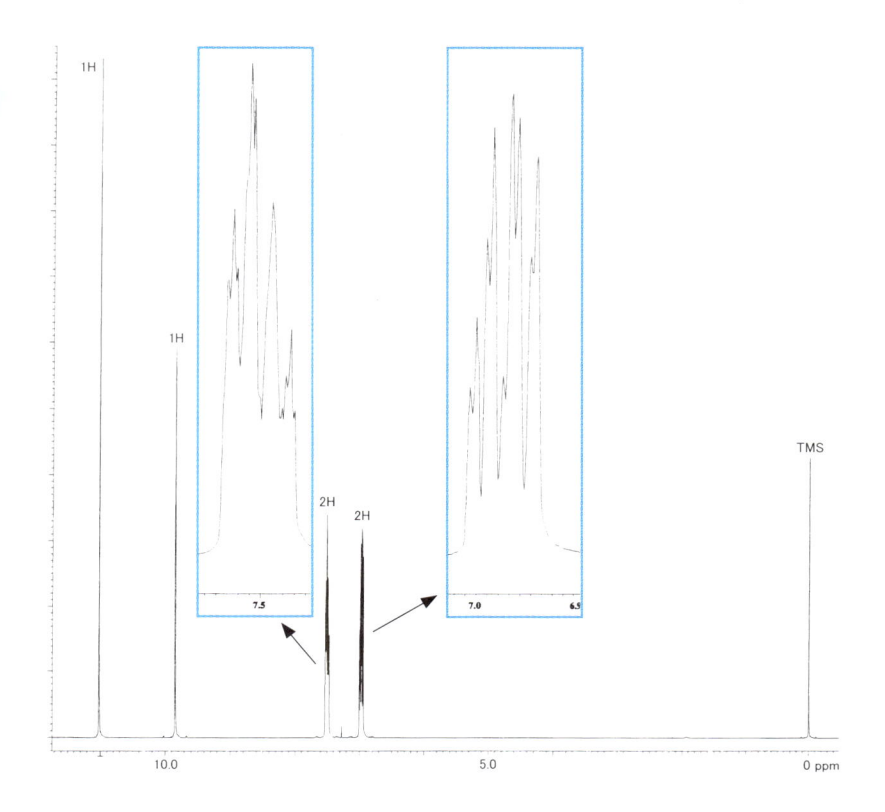

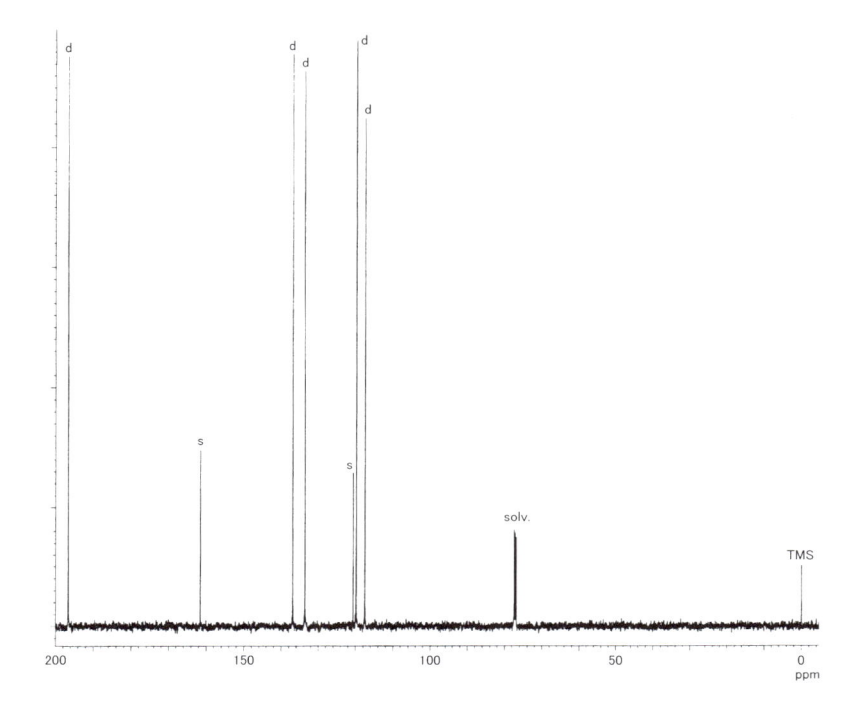

¹H NMR

¹³C NMR

演習問題 2-10

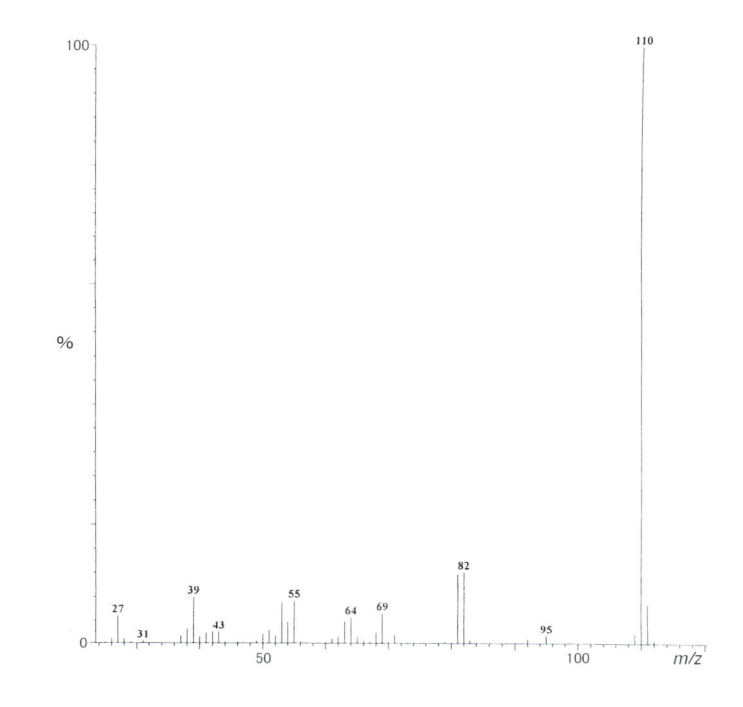

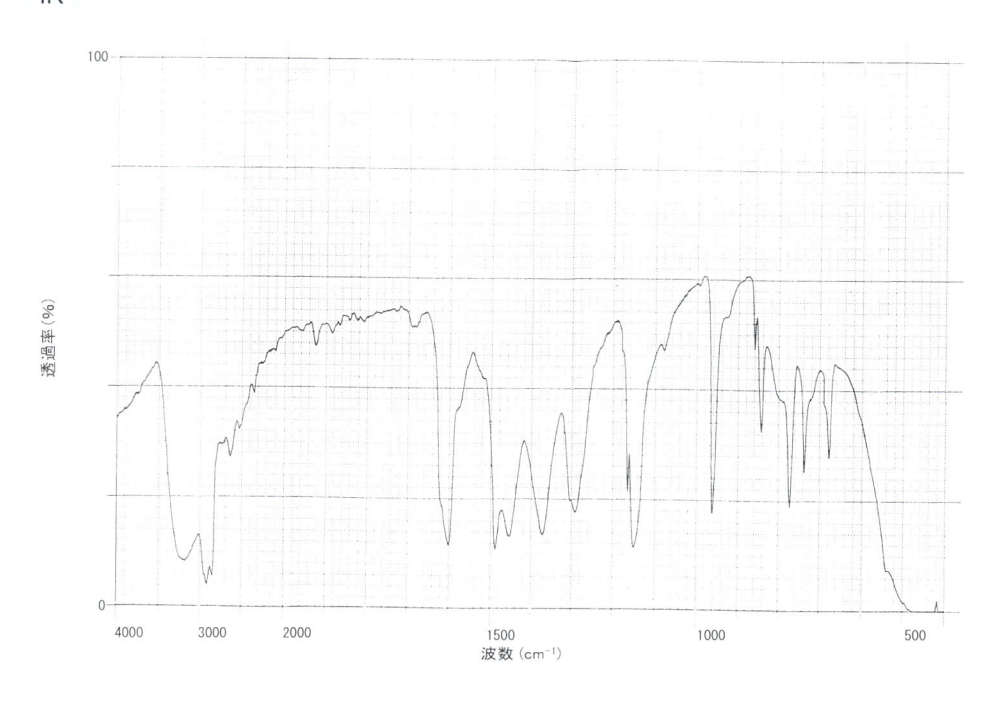

MS

IR

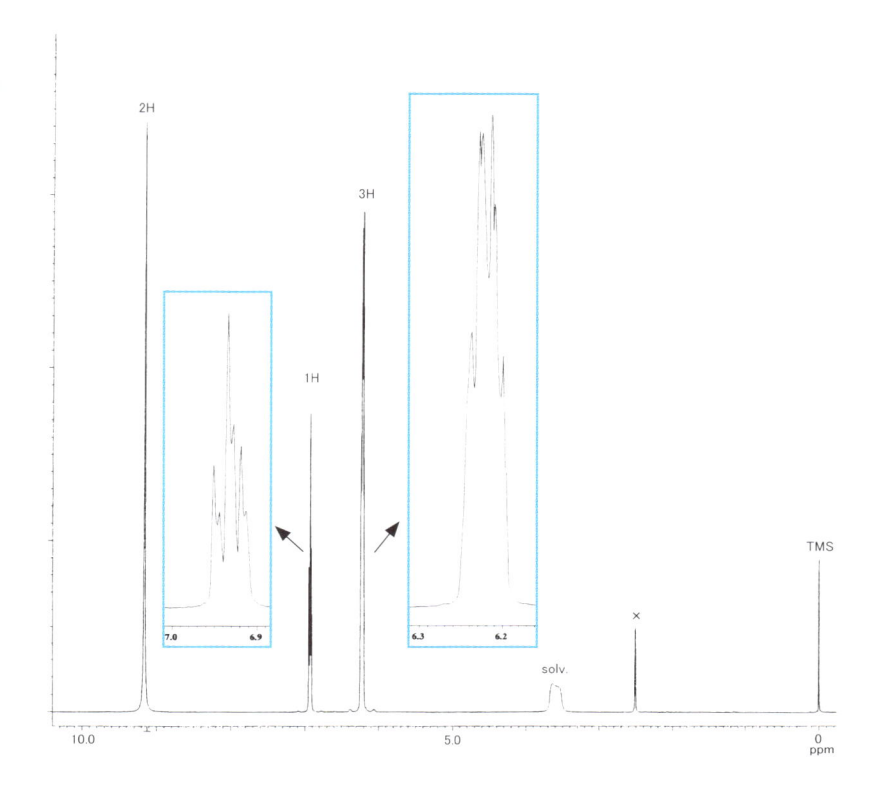

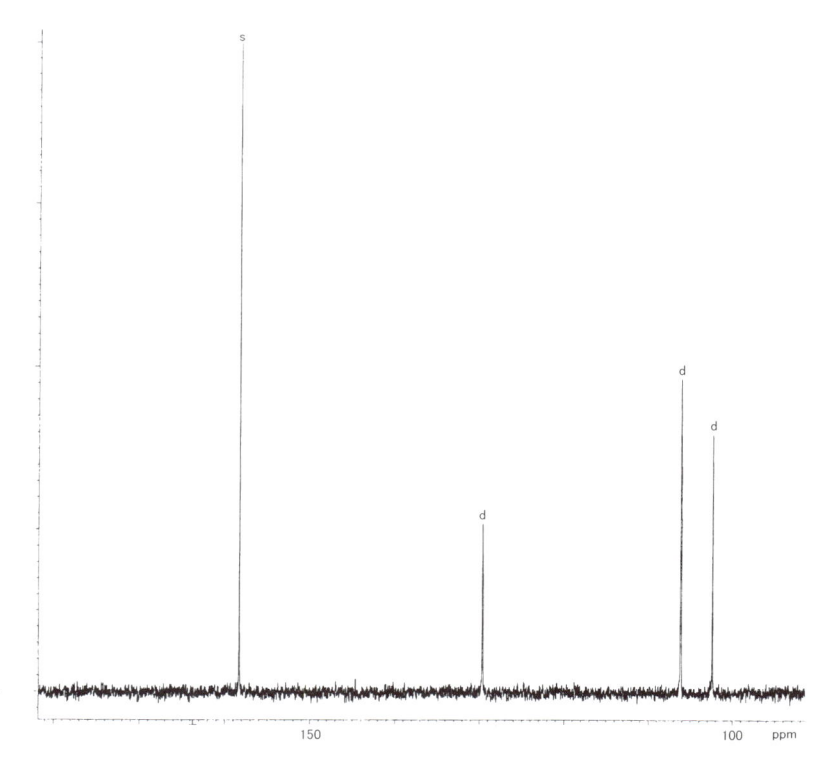

¹H NMR

¹³C NMR

演習問題 3-1

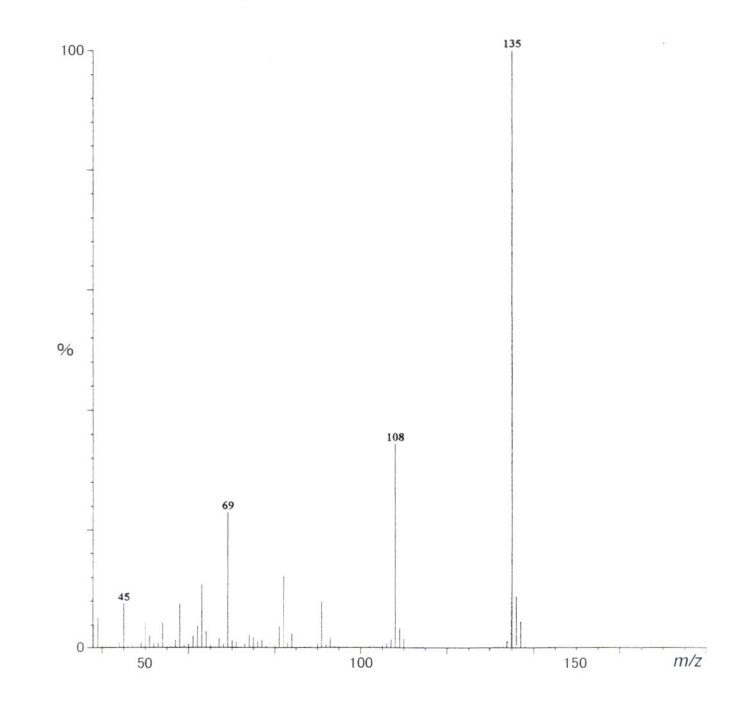

MS

ピーク: 45, 69, 108, 135

IR

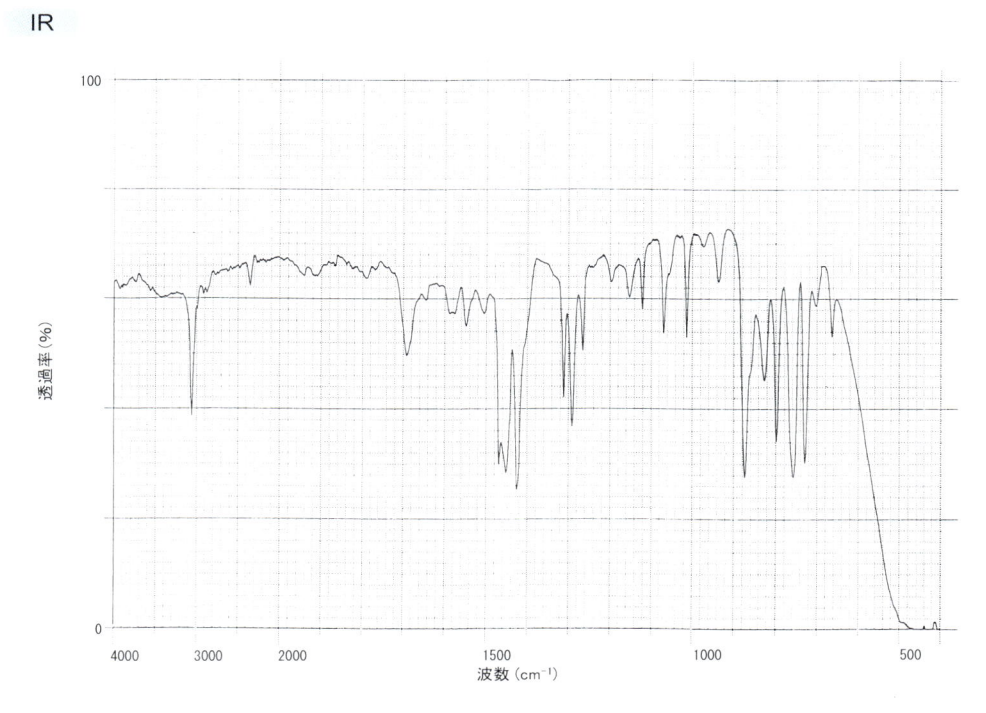

V 総合構造解析

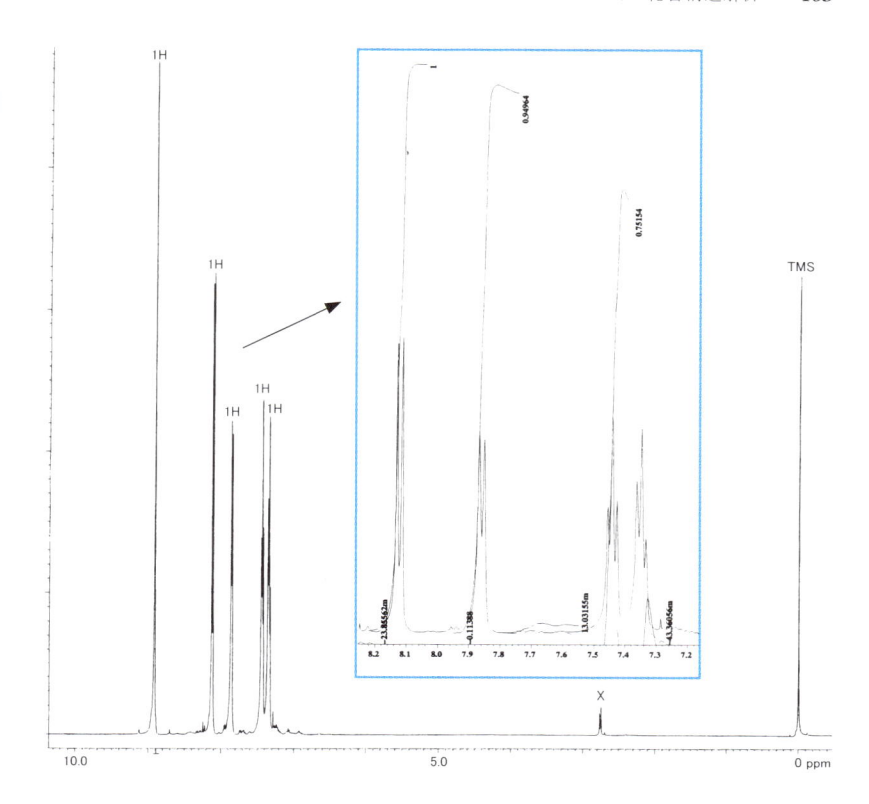

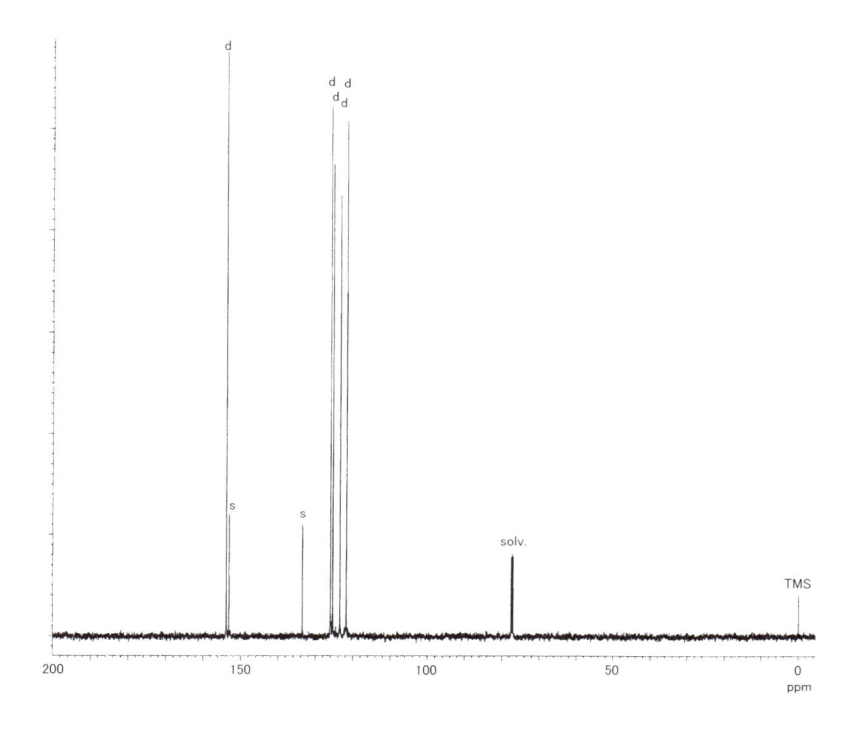

¹H NMR

¹³C NMR

演習問題 3-2

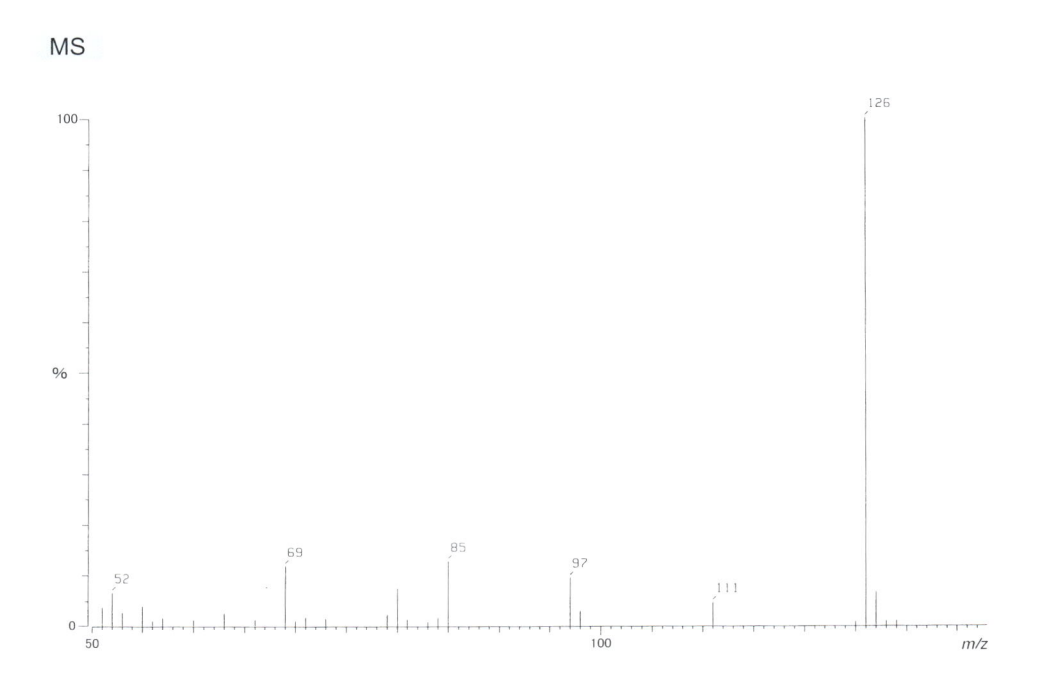

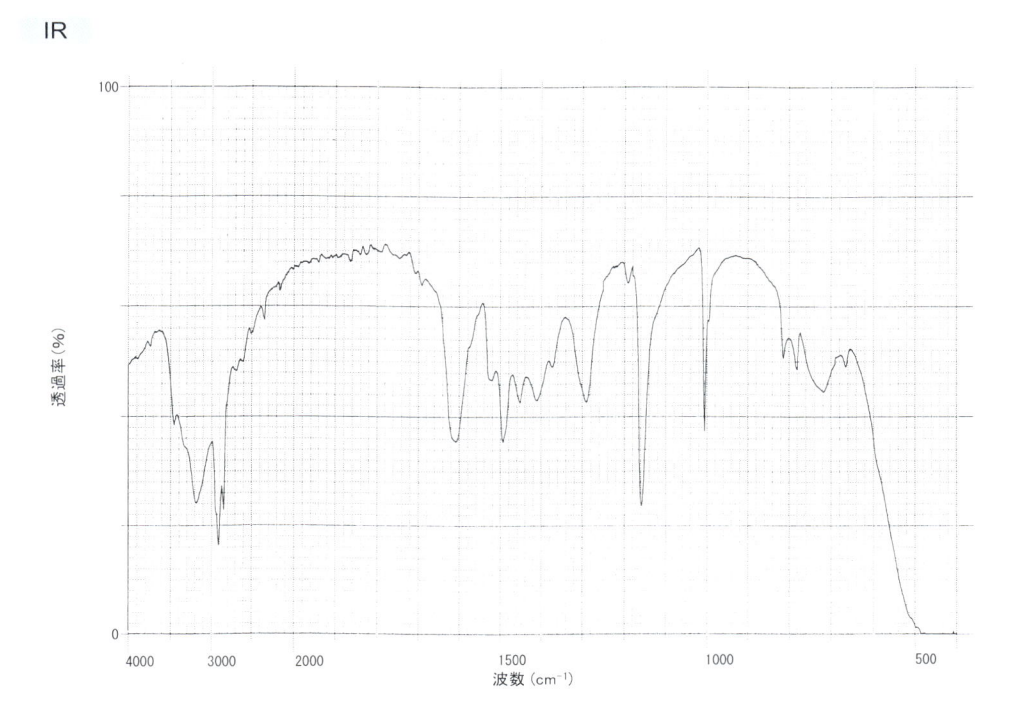

MS

IR

¹H NMR

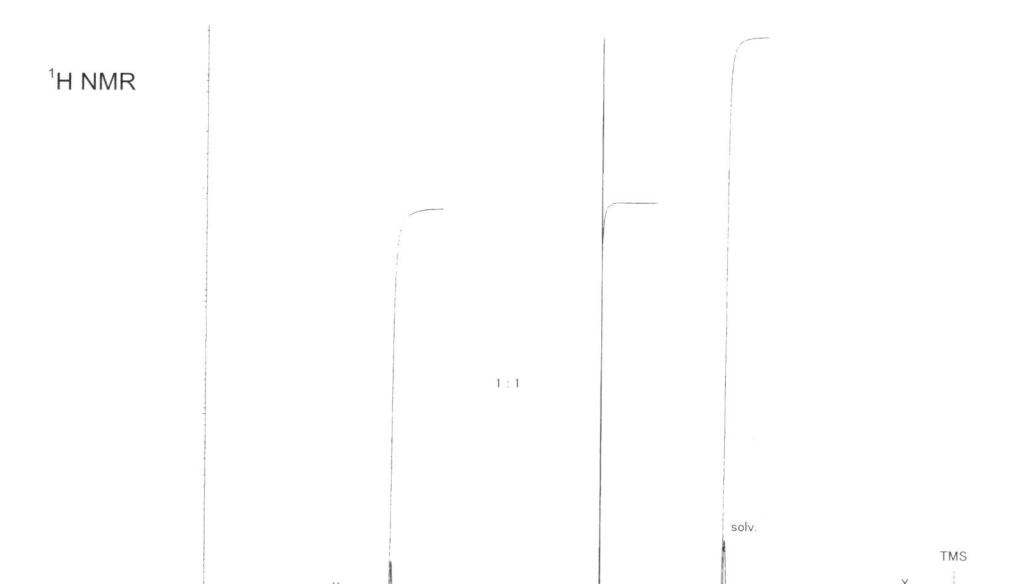

1 : 1

X　　　　　　　　　　　solv.　　X　　X　TMS

10.0　　　　　5.0　　　　　0 ppm

¹³C NMR

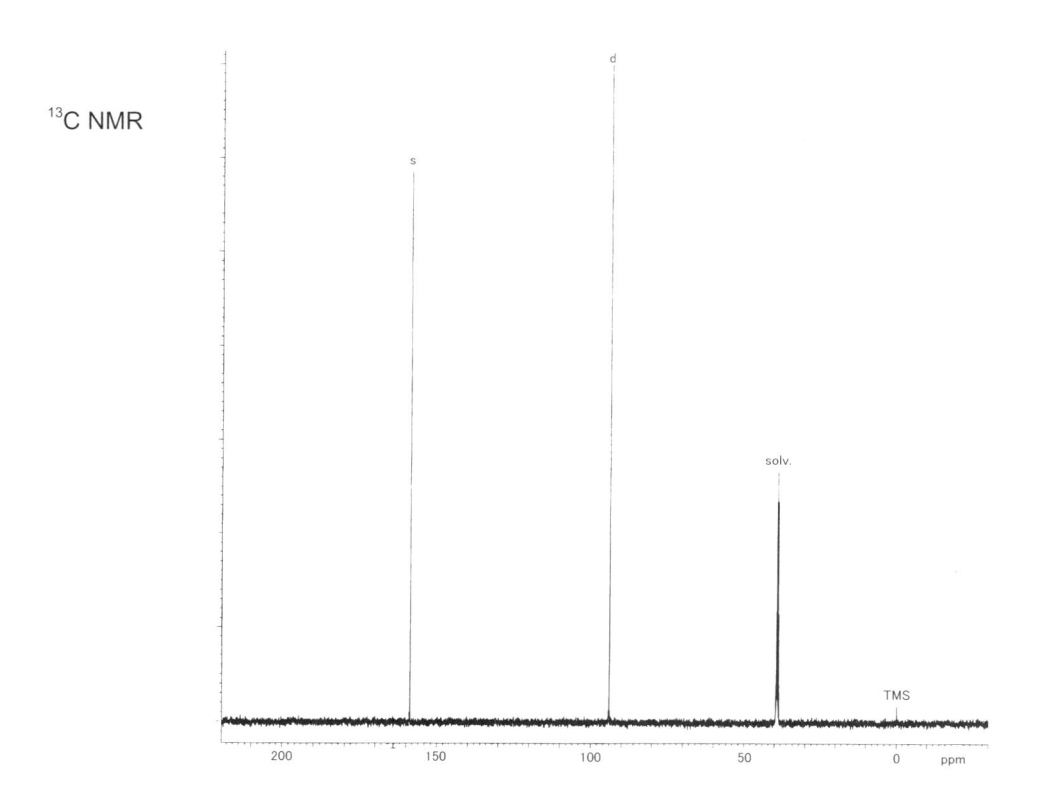

s　　　　　d

solv.　　TMS

200　　150　　100　　50　　0　ppm

演習問題 3-3

MS

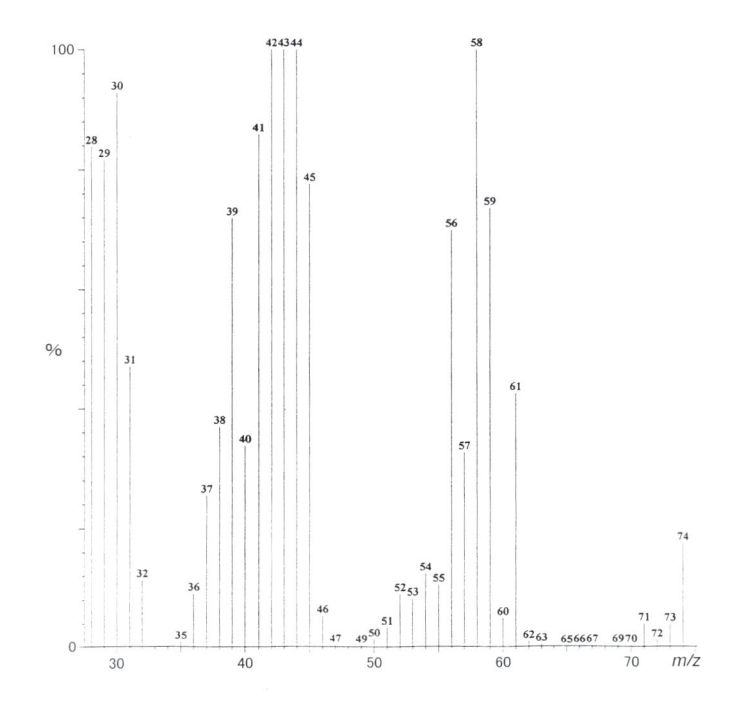

IR

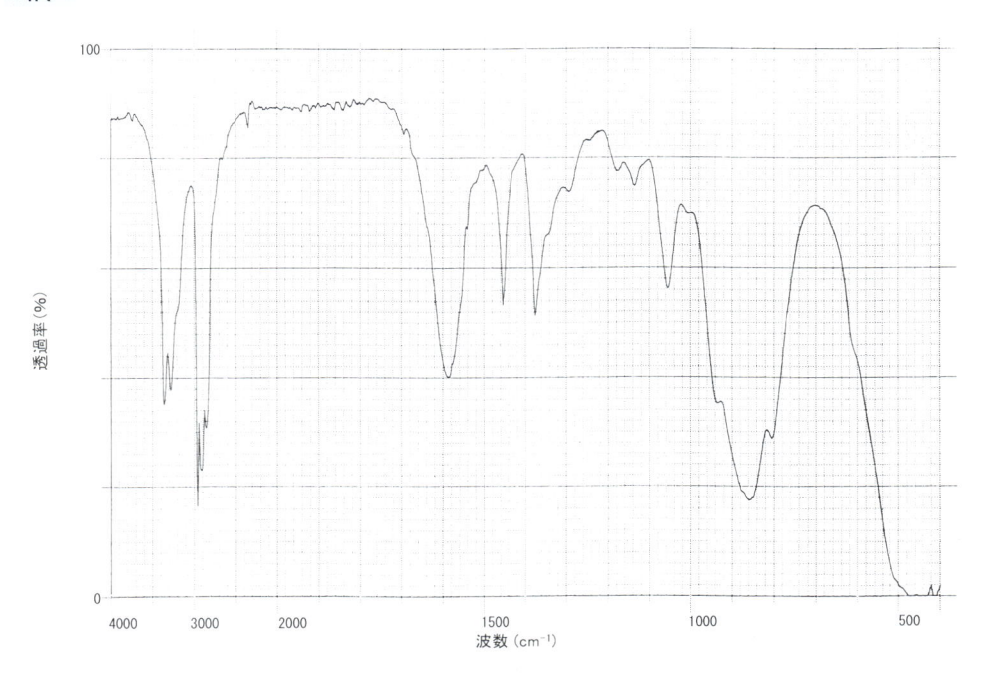

V 総合構造解析   *167*

¹H NMR

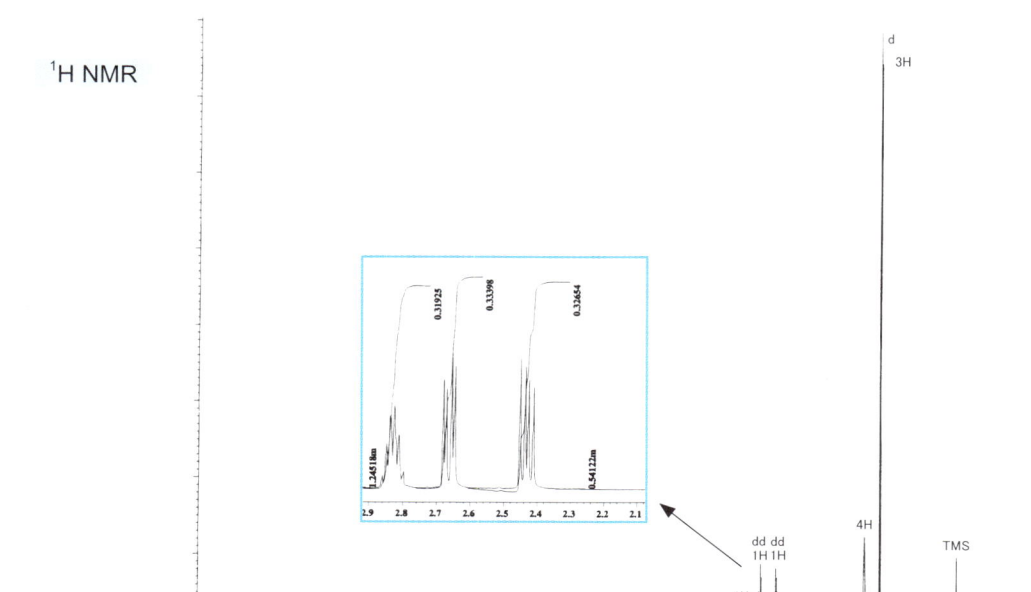

¹³C NMR

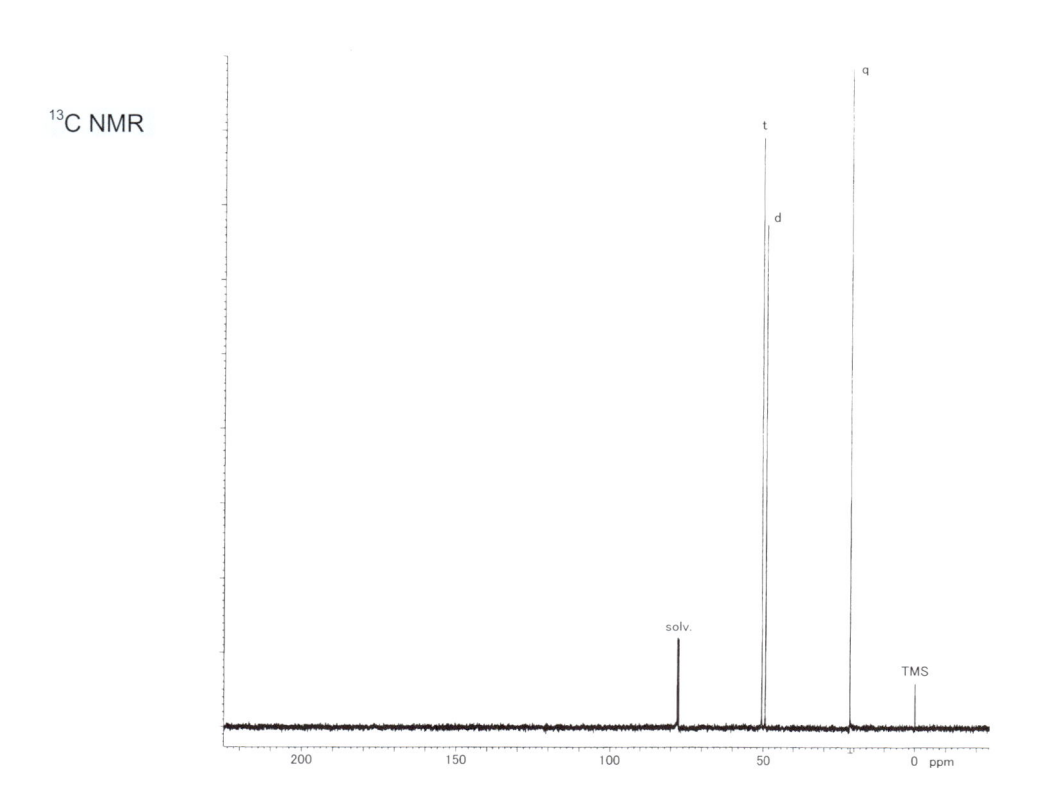

演習問題 3-4

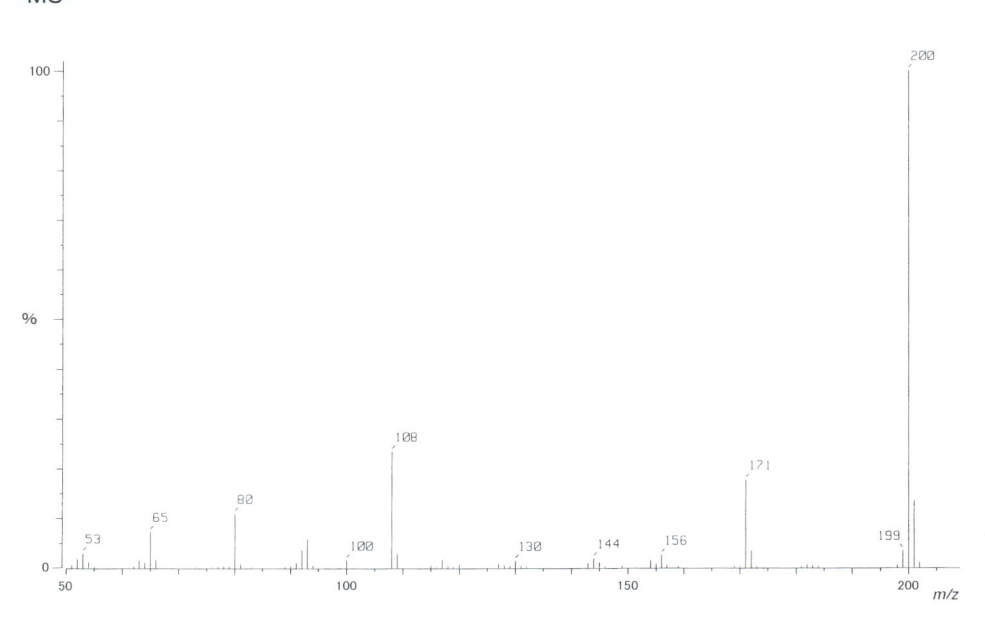

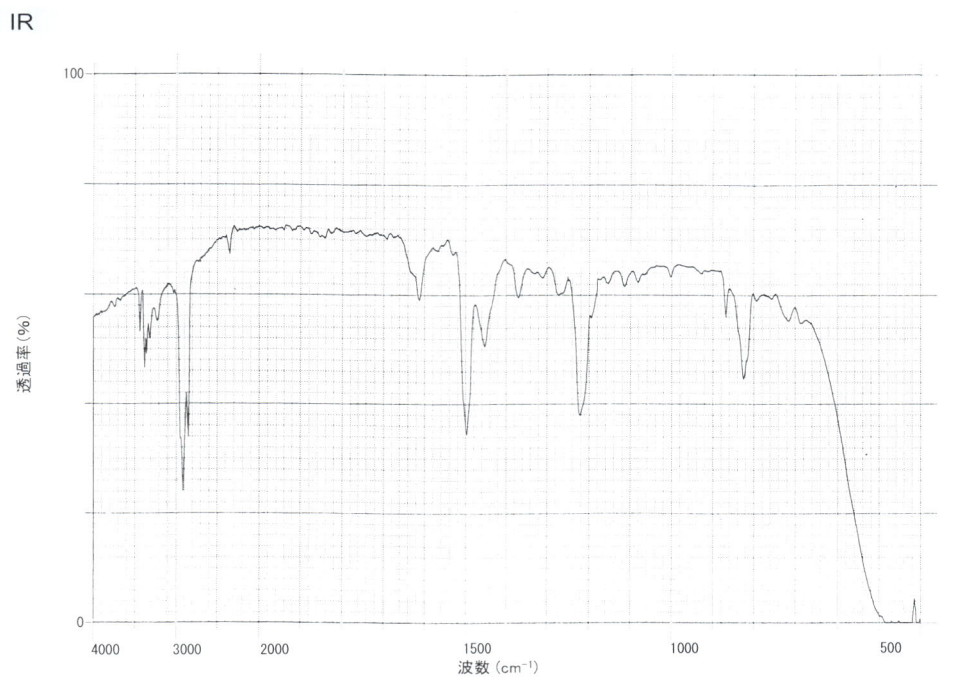

MS

IR

^{1}H NMR

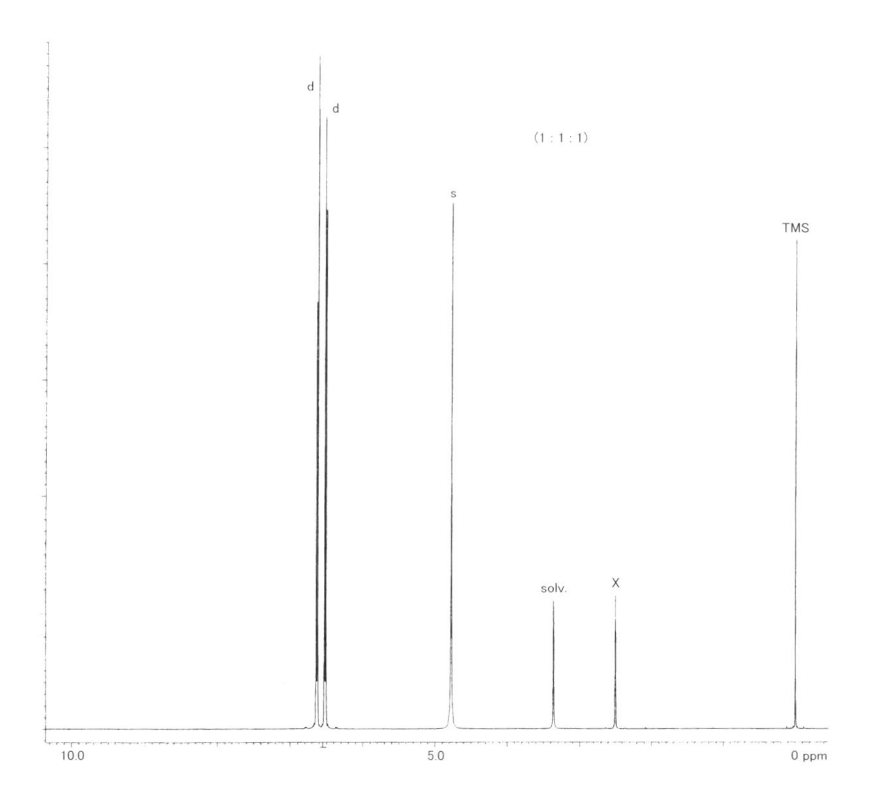

d, d (1:1:1), s, solv., X, TMS

^{13}C NMR

s, s, d, d, solv., TMS

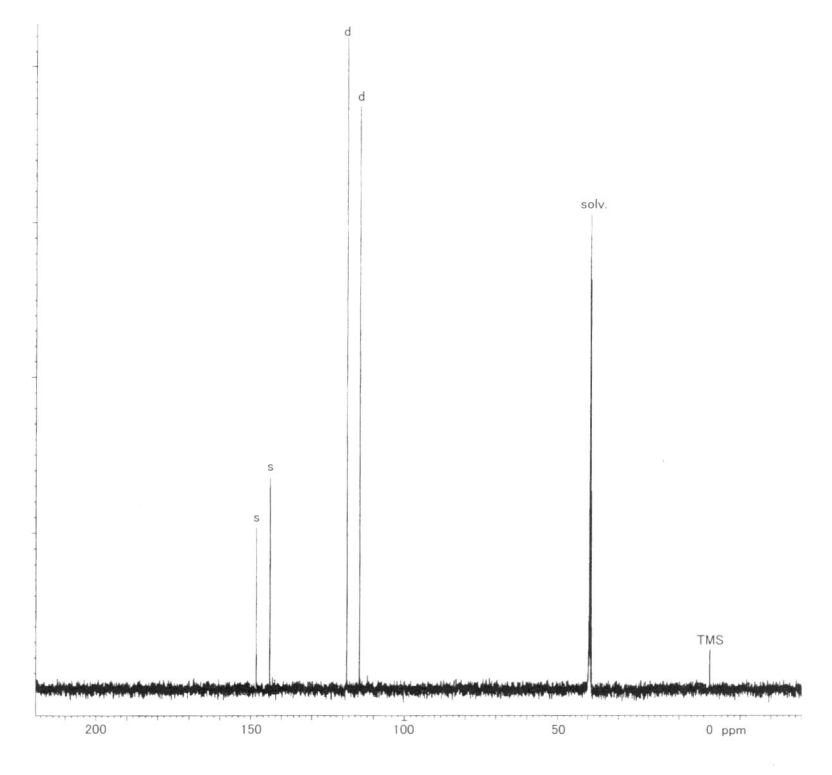

演習問題 3-5

MS

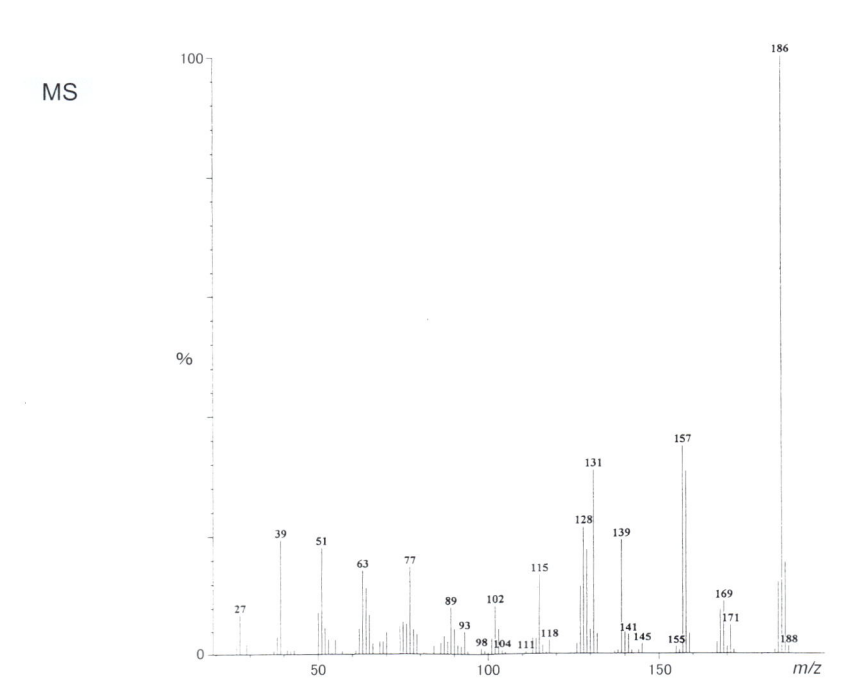

IR

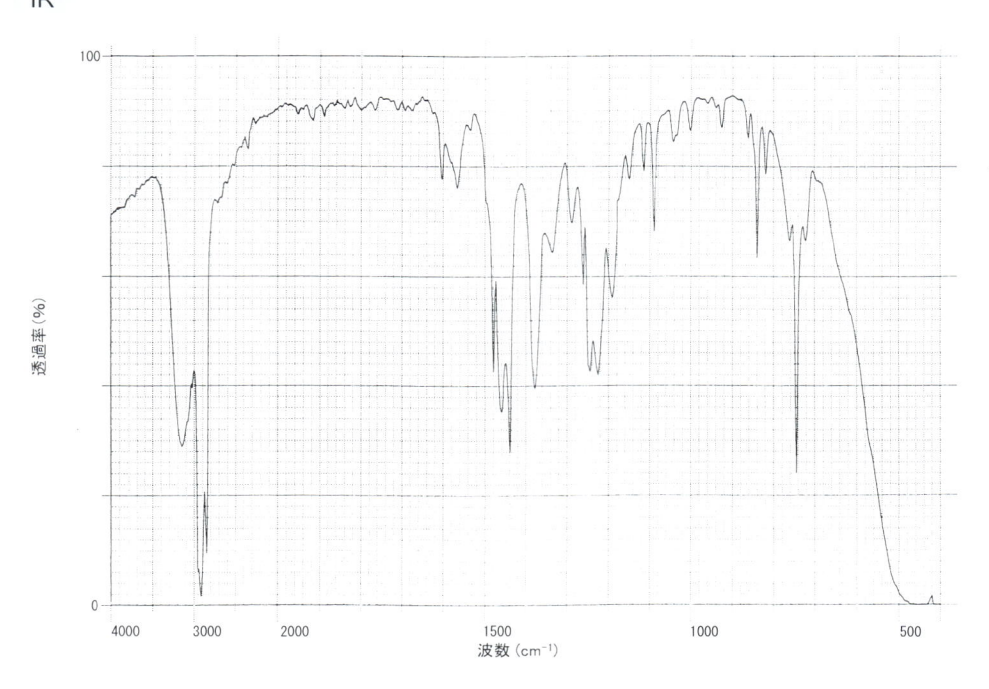

V 総合構造解析   *171*

¹H NMR

2 : 2 : 1

7.3

7.1   7.0

10.0   5.0   0 ppm

TMS

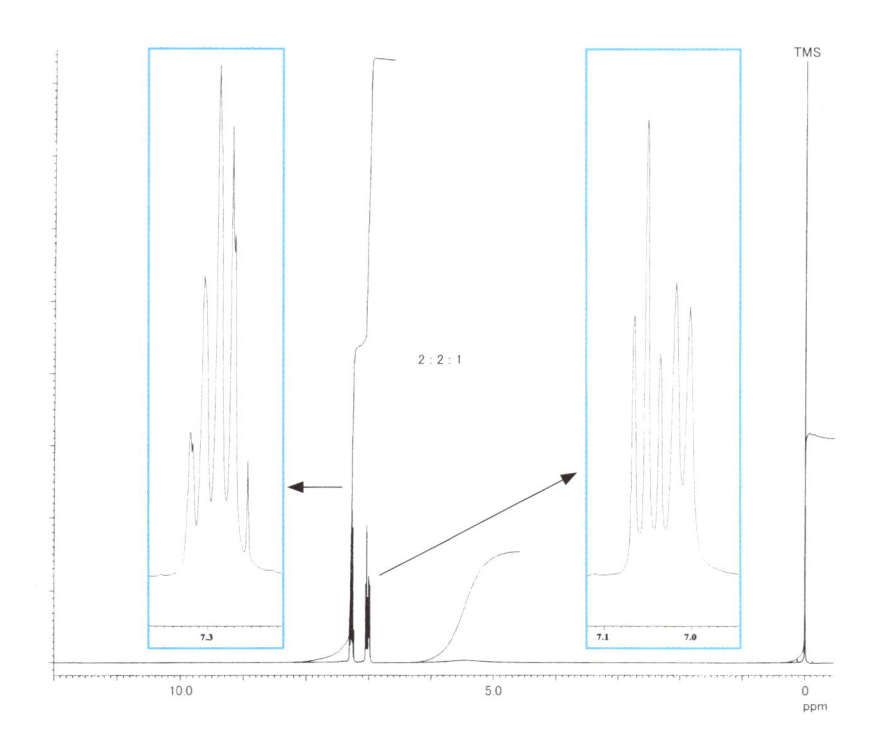

¹³C NMR

solv.

d d d
d

s

s

TMS

200   150   100   50   0 ppm

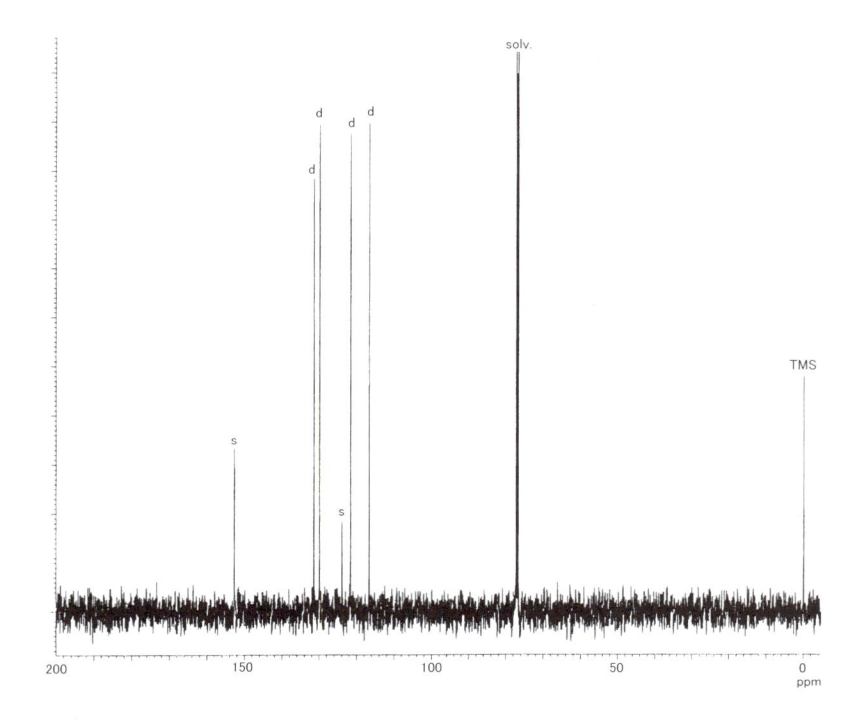

演習問題 3-6

MS

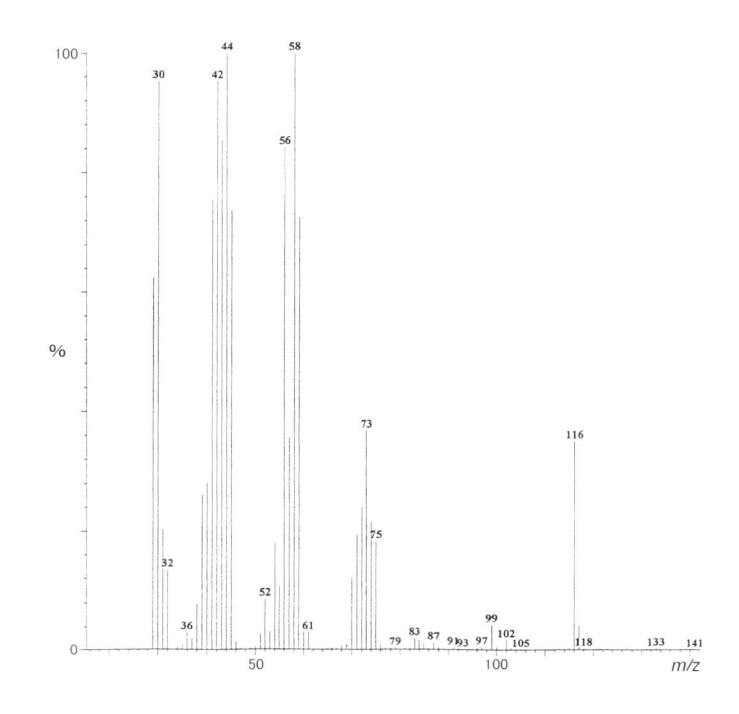

IR

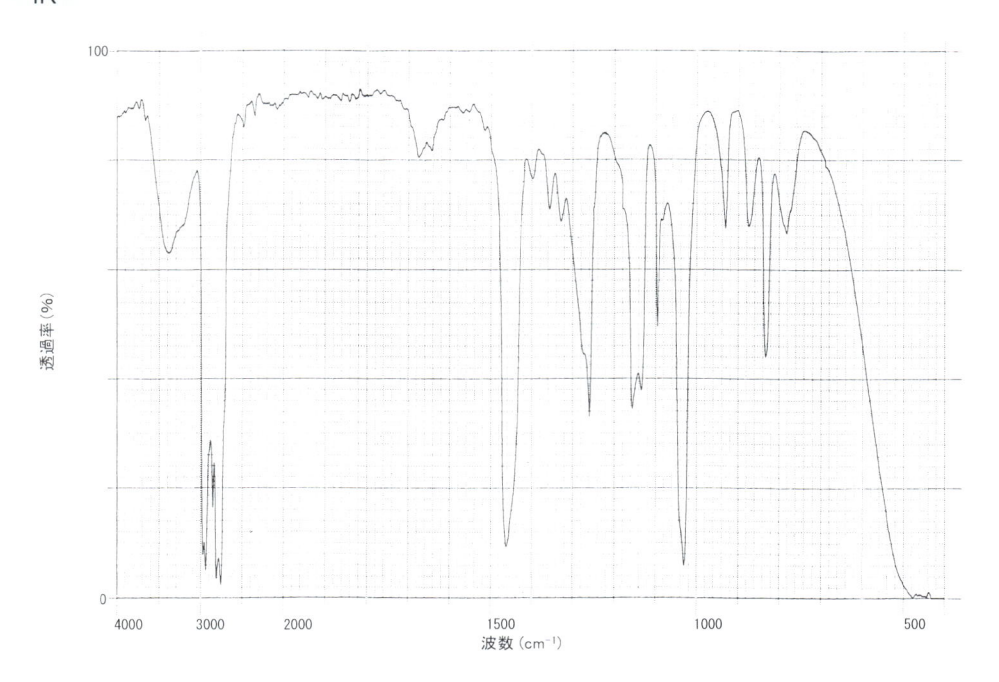

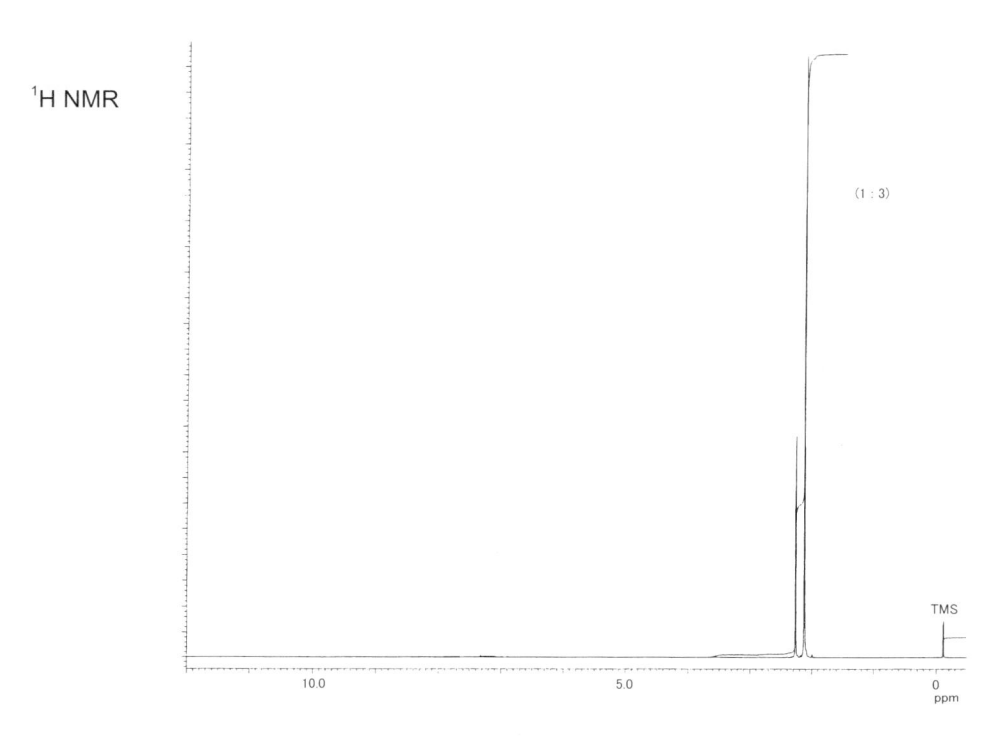

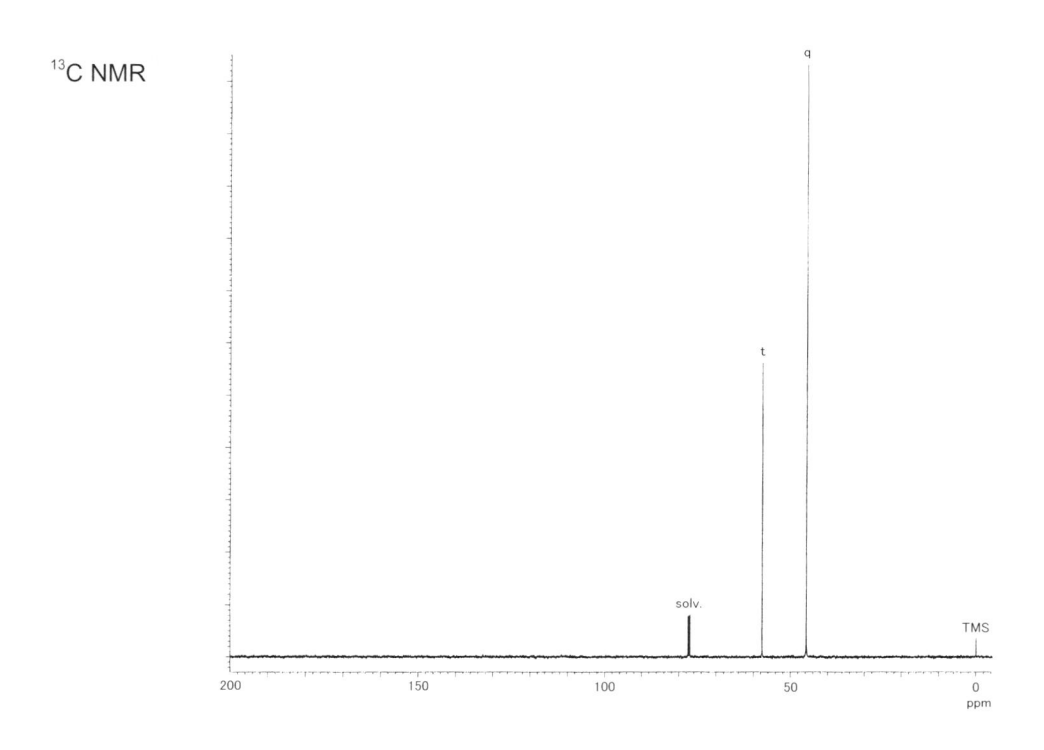

¹H NMR

(1 : 3)

TMS

10.0   5.0   0 ppm

¹³C NMR

q

t

solv.

TMS

200   150   100   50   0 ppm

演習問題 3-7

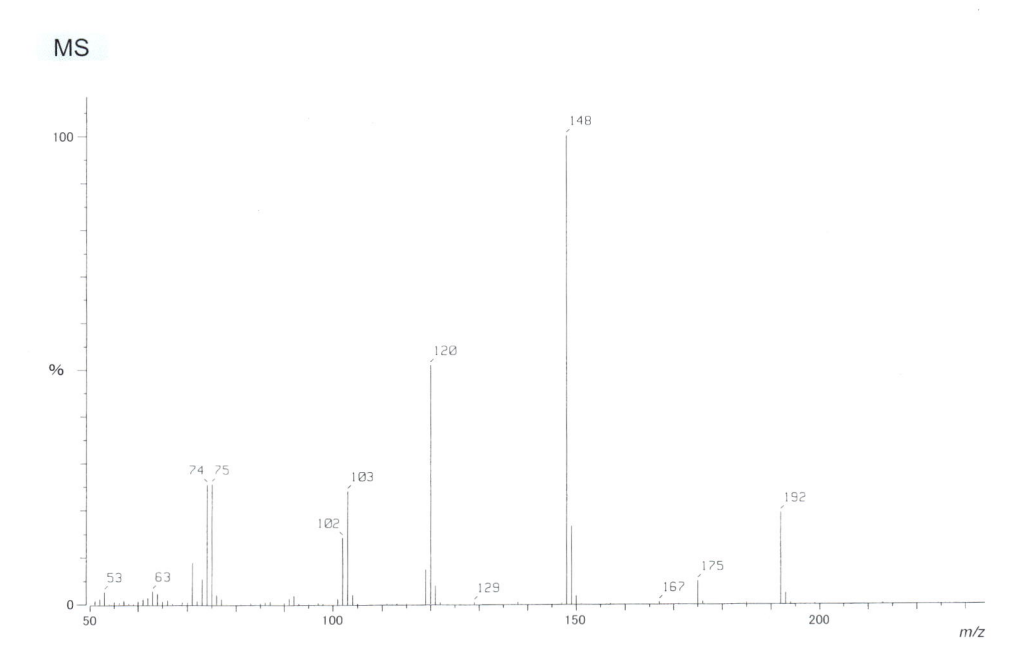

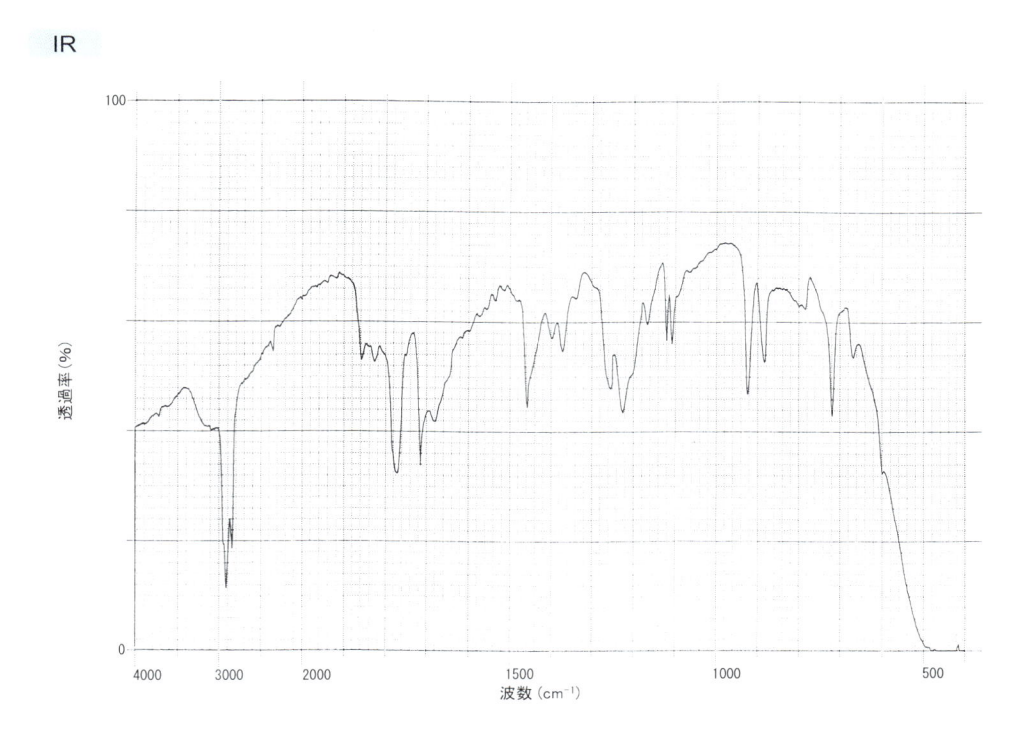

MS

IR

V 総合構造解析

¹H NMR

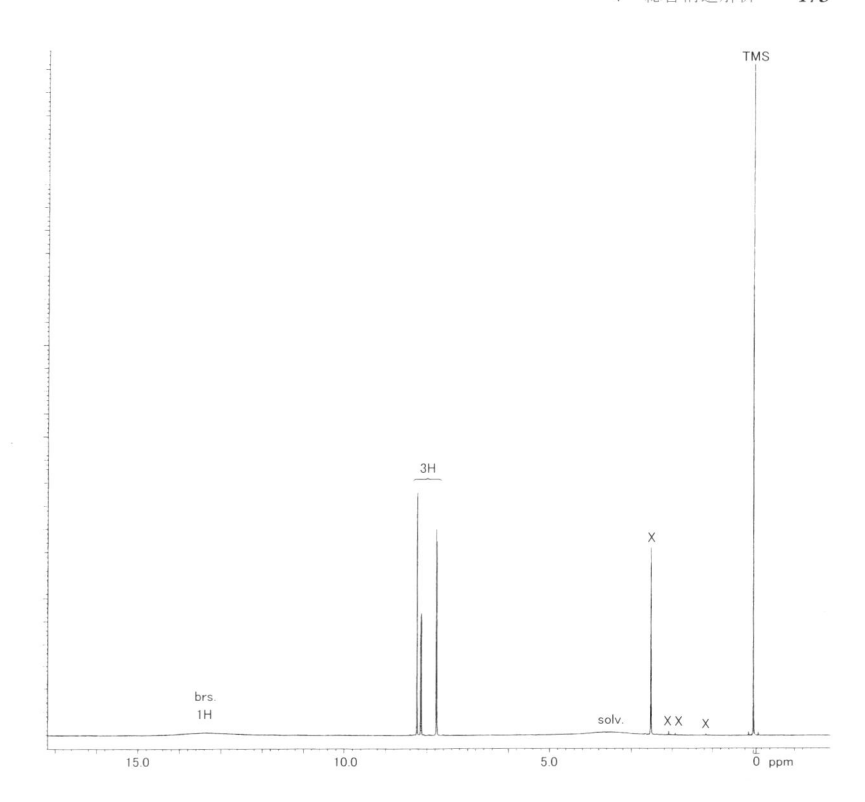

¹³C NMR

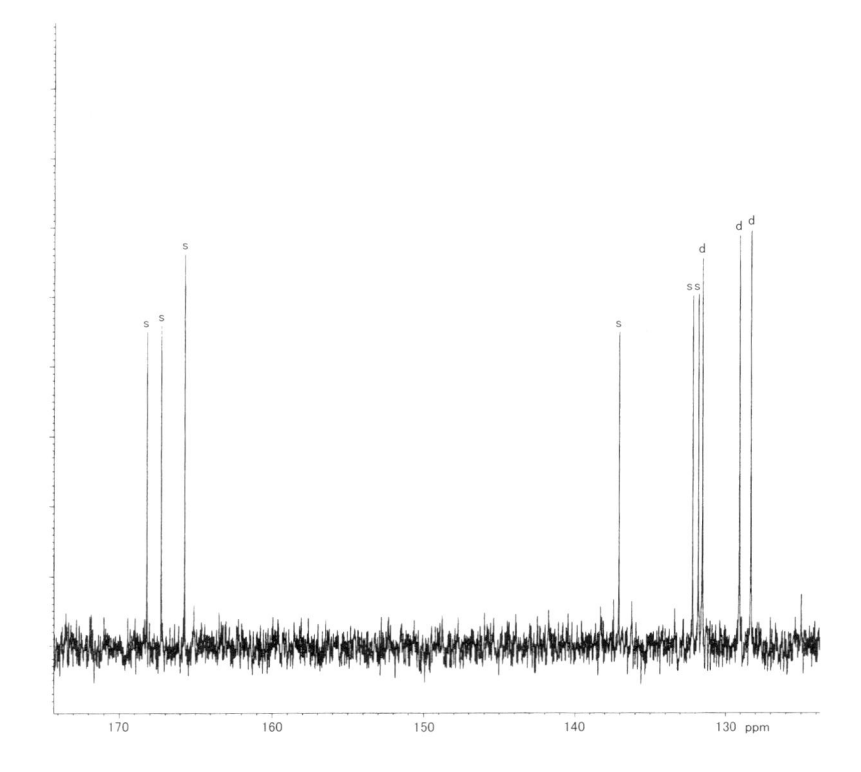

演習問題 3-8

MS

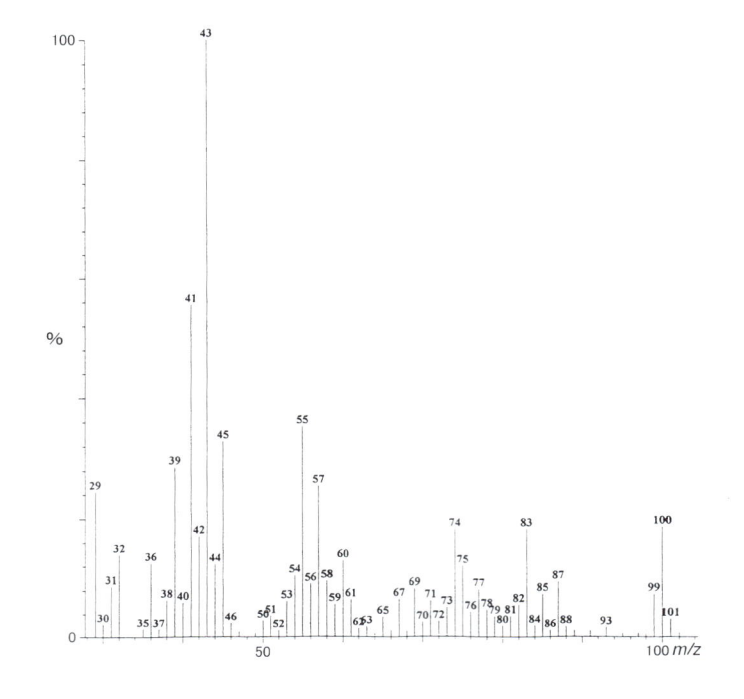

IR

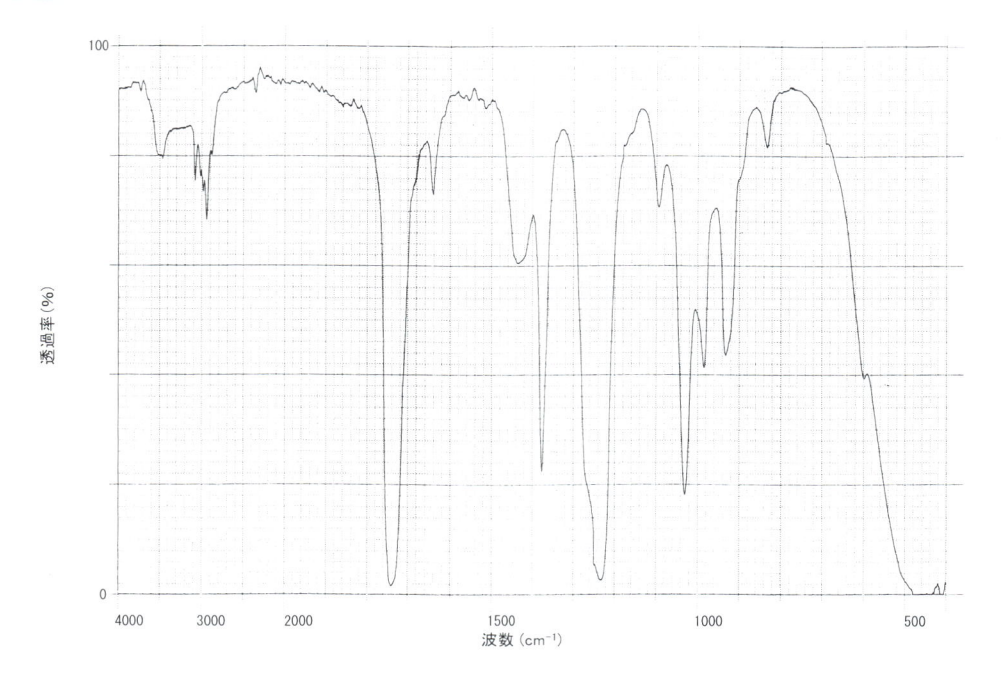

V 総合構造解析

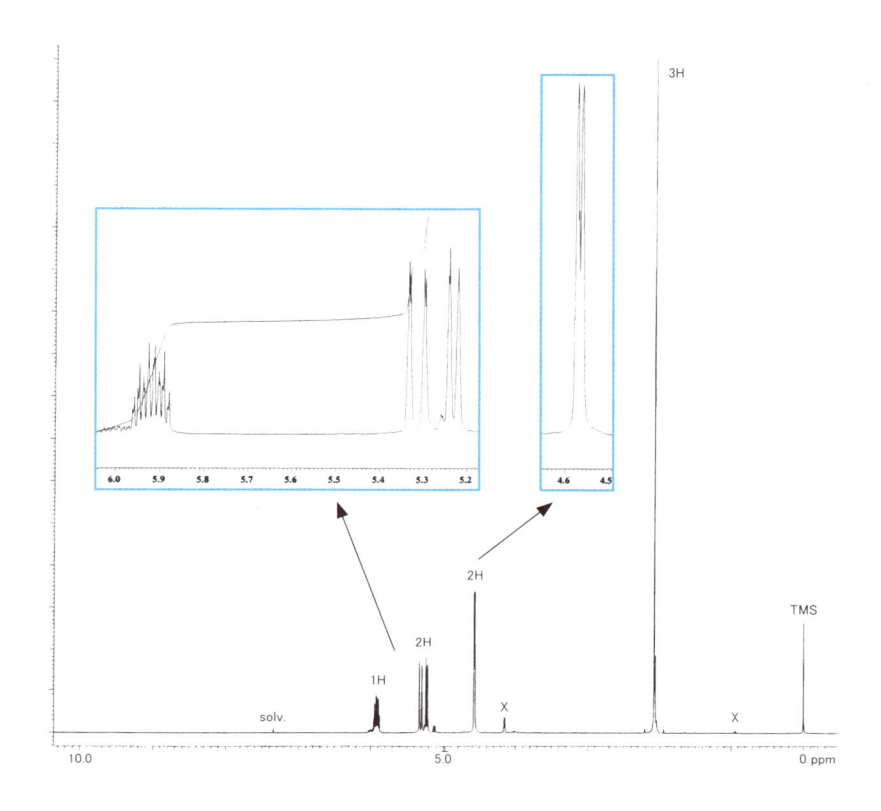

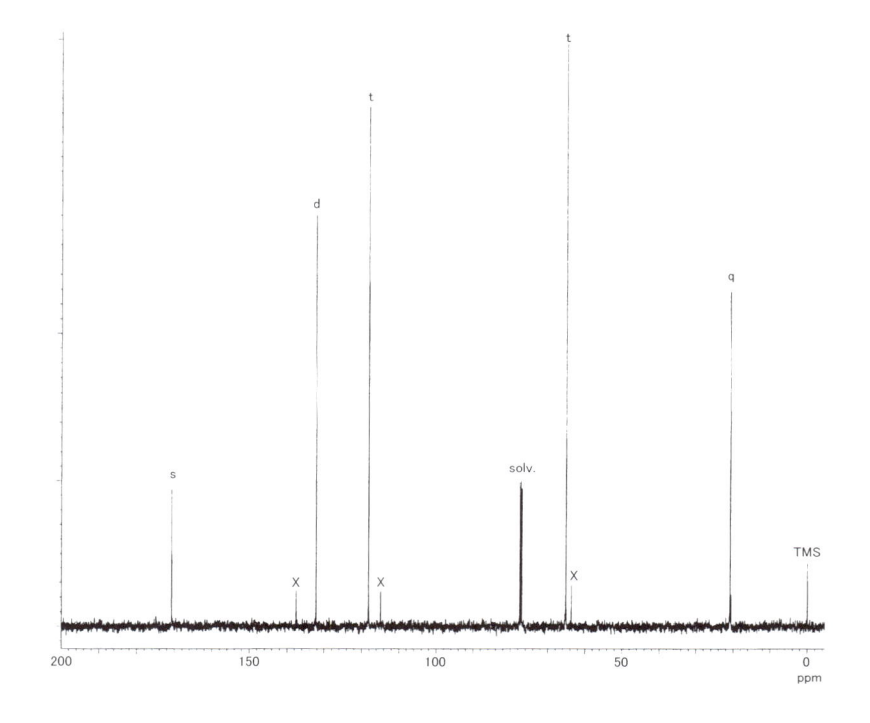

¹H NMR

¹³C NMR

演習問題 3-9

MS

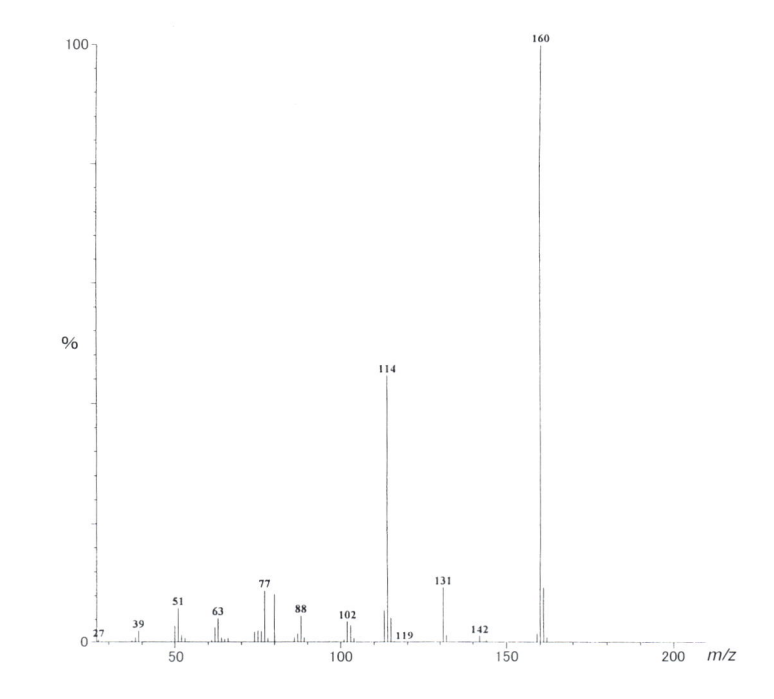

IR

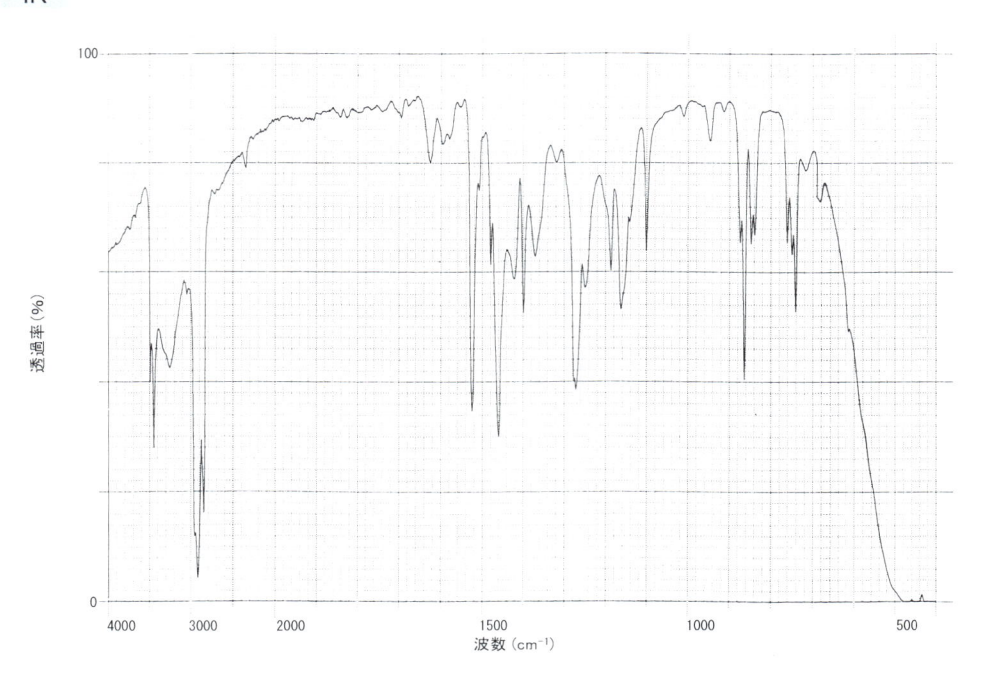

V 総合構造解析   *179*

¹H NMR

(1 : 1 : 2)

7.7639
7.7444
7.7384
7.6746
7.5784
7.5727
7.4135
7.3425
7.3058
7.1925
7.1879
7.1754
7.1501
7.1283
7.0986
7.0711
7.0390
7.0241
6.9921

solv.

X

TMS

10.0   5.0   0 ppm

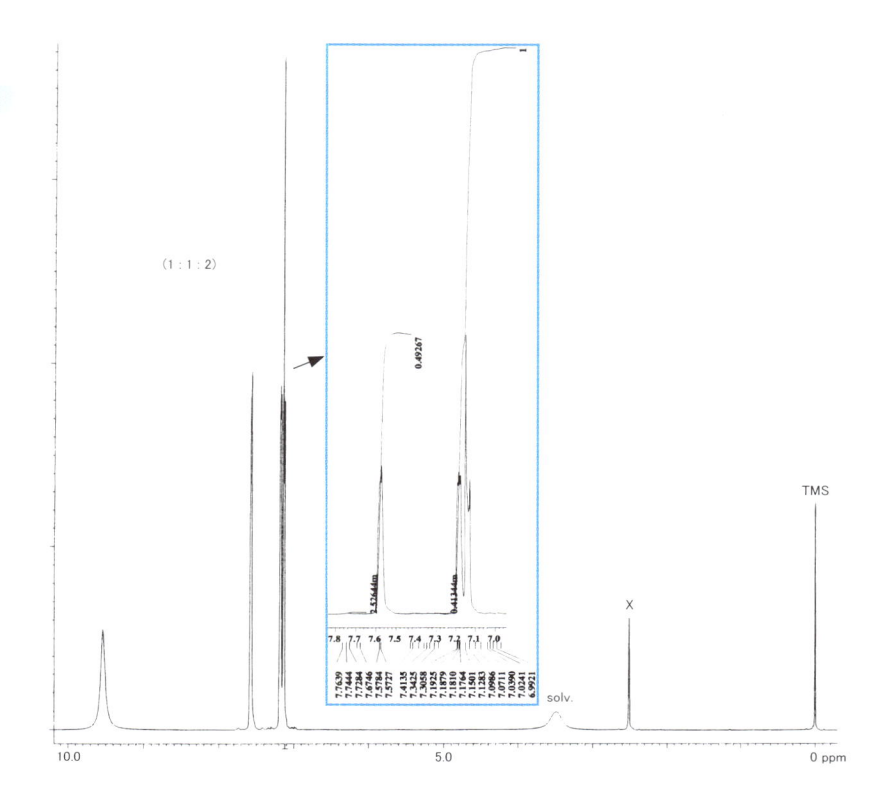

¹³C NMR

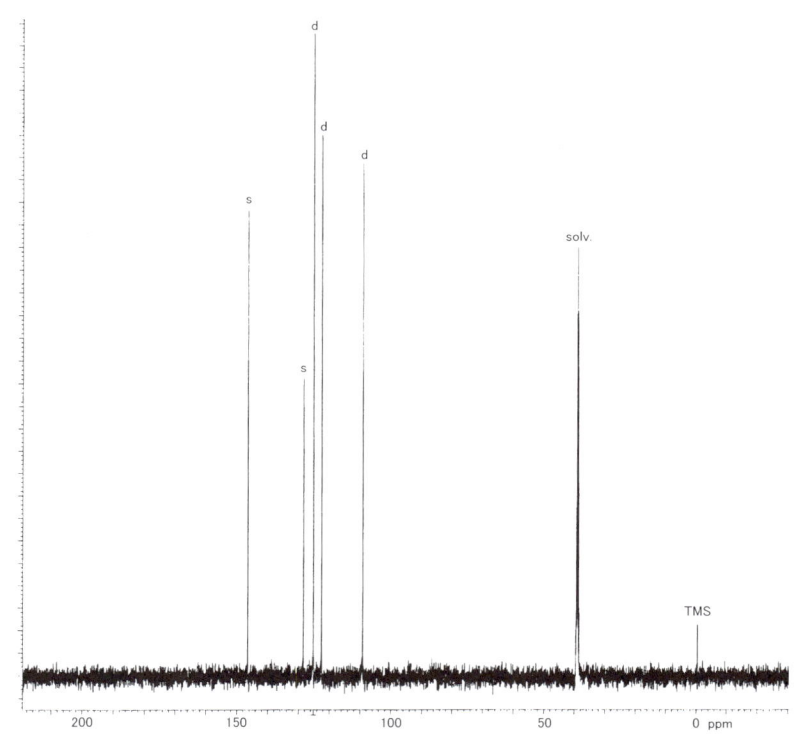

s   d   d   d   solv.   TMS

s

200   150   100   50   0 ppm

演習問題 3-10

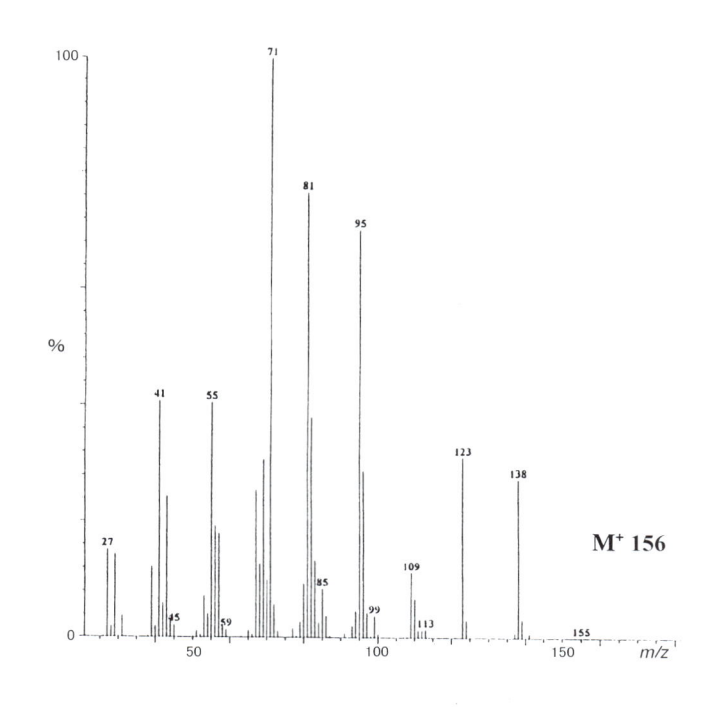

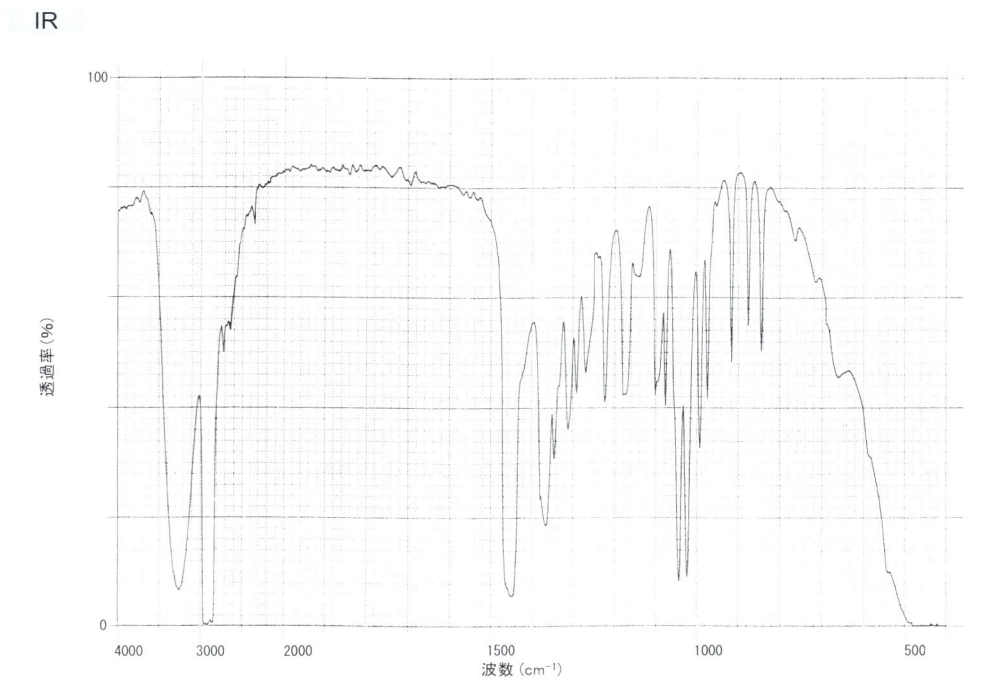

MS

M⁺ 156

IR

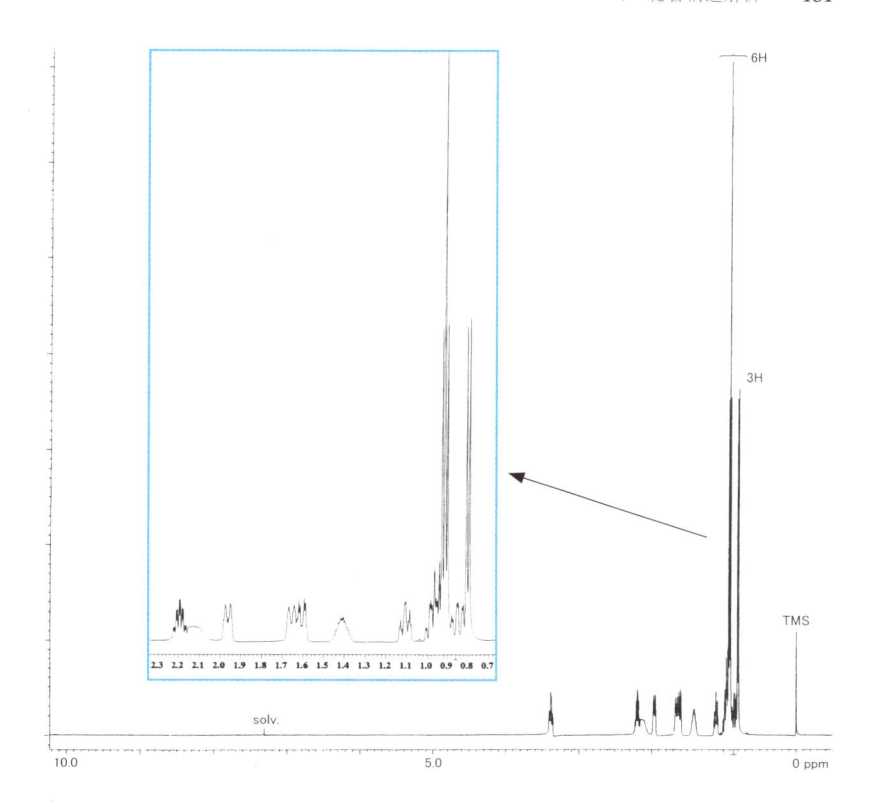

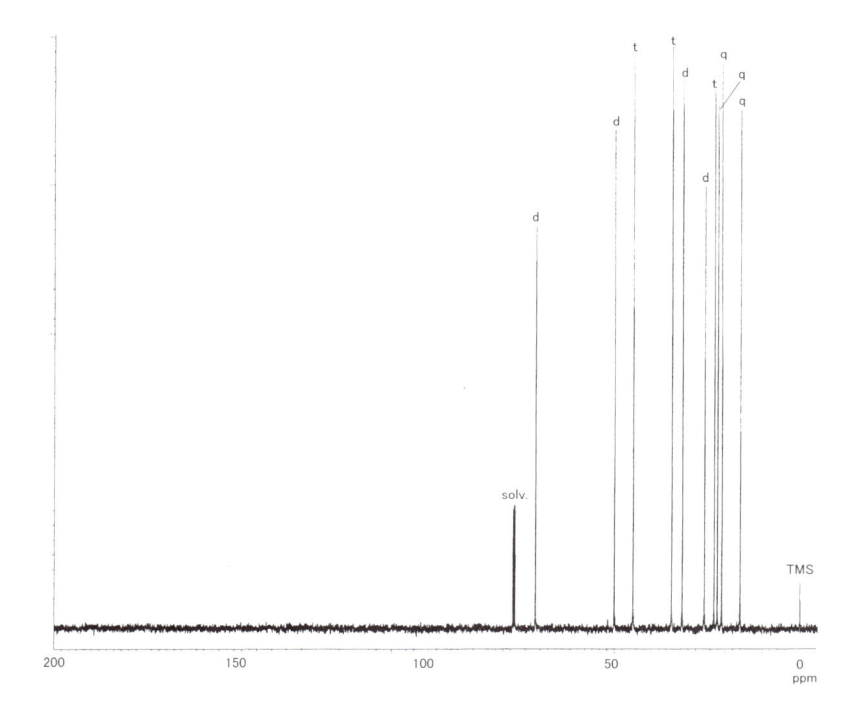

^{1}H NMR

^{13}C NMR

演習問題解答

1-1 IR スペクトルにおいて 3400 cm^{-1} に幅広く強い吸収があることから水酸基の存在が示唆される。^{13}C NMR において 130 ppm 付近に強度の大きい d が 2 本，強度の小さい d が 1 本，140 ppm に s が 1 本あり，一置換ベンゼンの存在が示唆される。65 ppm の t はメチレン炭素である。MS から分子量は 108 で 91 と 77 にフラグメントがみられベンジル基があり，残りは 108 − 91 = 17（水酸基）である。情報を総合するとベンジルアルコールであると結論づけられる。^{1}H NMR で 7 ppm 付近の 5H 分はフェニル基，4 ppm 付近の 2H 分はメチレンプロトンで，幅広いつぶれたような波形の 1H 分は水酸基に帰属される。

Benzyl alcohol

1-2 IR スペクトルにおいて 1760 cm^{-1} に強い吸収があることからカルボニル基の存在が示唆される。^{13}C NMR において 120〜130 ppm に強度の大きい d が 2 本，強度の小さい d が 1 本，150 ppm に s が 1 本あり，一置換ベンゼンの存在が示唆される。20 ppm の q はメチル炭素である。MS から分子量は 136 で 43 と 94 にフラグメントがみられ IR のカルボニル基（アセチル基）がある。94 からフェノール 93（77 + 16）+ 1 部分を含むので酢酸フェニルであると結論づけられる。^{1}H NMR でベンゼン環の領域を見ると不純物のピークはあるが大きく分けると 7.33 ppm 付近と 7.18 ppm 付近と 7.06 付近の 3 つに分かれており，オルト位の水素はメタ位の水素と大きく 2 本に分裂し，パラ位の水素と小さく 2 本に分裂するので 7.06 付近のピークがオルト位の水素 2H 分である。パラ位の水素はメタ位の水素と大きく 3 本に分裂し，オルト位の 2 つ水素と更に小さく 3 本に分裂する。これは 7.18 ppm 付近にある 1H 分である。メタ位の水素はオルト位とパラ位の 2 つ水素と大きく 3 本に分裂するので 7.33 ppm 付近の 2H 分である。

Phenyl acetate

1-3 IR スペクトルにおいて 3300 cm^{-1} に幅広く強い吸収があることから水酸基の存在が示唆される。^{13}C NMR において 20ppm に q が 1 本，60 ppm に t が 1 本あり，^{1}H NMR で 4.1 ppm に幅広い吸収があり，水酸基かアミノ基の水素の存在を示す。また 2H 分の五重線と 3H 分 t があるので，エチル基の存在が示唆される。2H 分が本来 q で見えるはずであるが水酸基のプロトンと更に同じくらいの結合定数で分裂したために 5 本に見えるものと考えられるがこれは混乱を招くので用心が必要である。MS から分子量は 46 で 29 と 31 にフラグメントがみられ IR でカルボニル基はなくエチル基がある。水酸基を含むのでエタノールであると結論づけられる。

Ethyl alcohol

1-4 IR スペクトルにおいて 3100 cm^{-1} に幅広く強い吸収があることから水酸基の存在が，1710 cm^{-1} に強い吸収があることから

カルボニル基の存在が示唆される。^{13}C NMR において 180 ppm に s がありカルボニル基の存在が示唆される。20 ppm の q はメチル炭素である。9 ppm に q が 1 本，28 ppm に t が 1 本あり，^{1}H NMR で 2H 分 q と 3H 分 t があるので，エチル基の存在が示唆される。12 ppm にあるピークはカルボン酸の H である。MS から分子量は 74 で 29 と 45 にフラグメントがみられ IR のカルボキシル基とエチル基でプロピオン酸であると結論づけられる。

Propionic acid

1-5　IR スペクトルにおいて 2300 cm^{-1} に鋭い吸収があることからシアノ基の存在が示唆される。^{13}C NMR において 120 ppm に s がありシアノ基の存在が示唆される。10 ppm に q が 1 本，t が 1 本あり，^{1}H NMR で 2H 分 q と 3H 分 t があるので，エチル基の存在が示唆される。MS から分子量は 55 で奇数なので窒素を含み，IR のシアノ基とエチル基でプロピオニトリルであると結論づけられる。

Propiononitrile

1-6　IR スペクトルにおいて 1720 cm^{-1} に強い吸収があることからカルボニル基の存在が示唆される。^{13}C NMR において 167 ppm に s がありカルボニル基の存在が示唆される。130 ppm 付近に強度の大きい d が 2 本，強度の小さい d が 1 本，s が 1 本あり，一置換ベンゼンの存在が示唆される。52 ppm の q はメチル炭素である。^{1}H NMR で 3H 分 s はメチル基であるが 3.9 ppm でかなり電子吸引性基または電気陰性度の大きい原子が近いことを示唆している。MS から分子量は 136 で 77 と 105 にフラグメントがみられ IR のカルボニル基の存在からベンゾイル基 (PhCO) がある。136 − 105 − 15 = 16 より酸素を含むので安息香酸メチルであると結論づけられる。ここで [1-2] の ^{1}H NMR のベンゼン環の領域を比べていただきたいのであるが波形は全く同じであるが順番が低磁場側（左）からオルト，パラ，メタ位になっている。オルト位の水素が他の水素より離れているのはベンゼン環にカルボニル基や C=C が隣接するとき見られるので覚えておいていただきたい。

Methyl benzoate

1-7　IR スペクトルにおいて 1740・1820 cm^{-1} に強い吸収があることからカルボニル基の存在が示唆される。^{13}C NMR において 166 ppm に s がありカルボニル基の存在が示唆され，22 ppm の q はメチル炭素であるが全体が単純であることから対称構造の存在が示唆される。^{1}H NMR で 3H 分 s はメチル基であり，他に見られず単純さから対称性を示唆している。MS から分子量はわかりにくく，103 にピークがあるが実際窒素は含まれず，M+1 であり，分子量は 102 である。15 と 43 からアセチル基が示唆され対称性から 2 個あると考えると，IR スペクトルにおける 1740・1820 cm^{-1} のピークから逆対称と対称

Acetic anhydride

の伸縮と考えられ，102 − 43 × 2 = 16 で酸無水物と考えられ，無水酢酸であると結論づけられる。

1-8 IR スペクトルにおいて 1735 cm^{-1} に強い吸収があることからカルボニル基の存在が示唆される。^{1}H NMR で 1H 分七重線と 6H 分 d があるので，イソプロピル基の存在が示唆される。また ^{1}H NMR で 3H 分 s はメチル基でありアセチル基の可能性を示唆している。^{13}C NMR において 170 ppm に s があり，カルボニル基の存在が示唆され，22 ppm の大小 2 本の q はメチル炭素であり，アセチル基とイソプロピル基が確認でき，68 ppm に d が 1 本あり，イソプロピル基のメチン炭素であるがかなり低磁場シフトしており，近くに酸素か窒素がある可能性を示唆している。MS から分子量は 102 − 43 − 43 = 16 からアセチル基とイソプロピル基が酸素でつながった酢酸イソプロピルであると結論づけられる。

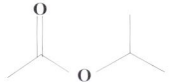

Isopropyl acetate

1-9 MS から分子量は 45 で奇数なので窒素を含み，IR スペクトルにおいて 1670 cm^{-1} に強い吸収があることからカルボニル基の存在が示唆される。また 3400〜3200 cm^{-1} に吸収があるので OH か NH$_2$ の伸縮振動の可能性がある。1600 cm^{-1} にも吸収があり，C＝C の伸縮か NH$_2$ の変角かの振動の可能性がある。^{13}C NMR において 170 ppm に d があり，ホルミル基の存在（正確に言うと炭素に結合したアルデヒド炭素は 185 より大きいはずである）が示唆され，45 − 29 = 16 で窒素が存在するから 16 − 14 = 2 でアミノ基の可能性を支持する。^{1}H NMR で 1H 分の吸収と 2H 分の吸収がアルデヒド基とアミノ基のプロトンと考えると説明がつく。ホルミル基とアミノ基がつながったホルムアミドであると結論づけられる。NH$_2$ のピークが 2 本になっているのは CN 結合に 2 重結合性が生じ NH$_2$ の水素が非等価になることがわかる。

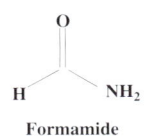

Formamide

1-10 MS から分子量は 118 で，73 と 45 にフラグメントが見られ相補の関係があることがわかる。^{13}C NMR において 16 と 20 ppm の大小 2 本の q はメチル炭素であり，60 ppm に t がメチレン炭素である。^{1}H NMR ではメチル水素は 2 種類出ており，一方はメチン炭素の隣で 3H 分が d に分裂しており，もう一方の 6H 分の三重線がエチル基のメチル水素で 2 つが重なっている。^{13}C NMR で 100 ppm にある d がメチン炭素で低磁場への移動が電気陰性度の大きい原子の存在を示唆し，MS での 45 のフラグメントから C$_2$H$_5$O 基が 2 個あり，両方が同じメチン炭素についているための低磁場シフトと考えることができる。^{13}C NMR ではエチル基 2 個が重なっているので対称性を示唆し，アセトアルデヒドジエチルアセタールであると結論づけられる。メチル水素は自由回転により平均化されるがメチレン水素の回転は立体的なかさ高さで動きが鈍くなるためと考えられる。問題のメチレン水素は拡大図でわかるように 4 重線が 4 つに見える。ニューマン投影図を書くとメチレンの水素が左右で環境下が異なり，鏡像関係で同

Acetaldehyde diethyl acetal

じ炭素に結合した水素それぞれ右と左は左と右が重なって2種とも別々に出ていてジェミナルカップリングで約9Hzで分裂している。

2-1 MSから分子量は214で，216と218に同位体ピークが1：2：1ででていることからBrが2個存在することがわかる。^{13}C NMRでは31と33 ppmにtが2本と単純なので対称性を持つことを示している。Br以外はメチレン炭素であると考えられるから214 − 79 − 79=56で56 ÷ 14=4で4つのメチレンの両端にBrがついた1,4-ジブロモブタンと結論づけられる。

1,4-Dibromobutane

2-2 MSから分子量は170で，IRスペクトルにおいて3400 cm^{-1}に舌のような広い吸収があることから水酸基の存在が示唆される。^{1}H NMRで2H分ずつ7.5と7.6 ppmにあるd 2組はパラ非対称2置換ベンゼン骨格を支持する。残りの2H，1H，2Hはベンゼンの5H分のように見える。170 − 17 − 76 = 77となり，ベンゼン環のパラ位にベンゼンと水酸基が結合したp-ヒドロキシビフェニルと結論づけられる。

p-Hydroxydiphenyl

2-3 MSから分子量は180である。^{13}C NMRにおいてカルボニル炭素の領域に2本あり，ベンゼンまたはC＝C系の領域にsが2本，dが4本出ており，二置換ベンゼンの可能性がある。MSから43が確認でき，^{1}H NMRで2 ppmに3H分一重線があるのでアセチル基が存在する。ベンゼンまたはC＝C系の領域に4H分あることがこれを支持す

る。^{1}H NMRにおいてdの2組が見られていないからパラ位ではない。メタ位だと1H分と3H分が分かれそうだが比はほぼ1：1：1：1に見える。オルト位に置換しているのが妥当と考えられる。IRスペクトルにおいてCH伸縮の2900 cm^{-1}の吸収で3200 cm^{-1}に肩のような吸収があるがIRだけではわからず^{1}H NMRで低磁場に現れる1H分は水酸基というよりカルボキシル基の存在が示唆される。180 − 76 − 45 − 43 = 16となり，酢酸のフェニルエステル，つまりアセチルサリチル酸と結論づけられる。慣用名はアスピリンで風邪薬に含まれている。

Acethylsalicylic acid

2-4 MSから分子量は151で奇数なので窒素を含む。IRスペクトルにおいて3200 cm^{-1}に舌のような広い吸収があることから水酸基の存在が示唆される。また^{1}H NMRで2H分ずつ6.7と7.3 ppmにあるd 2組はパラ非対称2置換ベンゼン骨格を示唆する。MSから43が確認でき，^{1}H NMRで2 ppmに3H分一重線があるのでアセチル基が存在する。151 − 17 − 76 − 43 = 15で窒素を含むはずなのでNHであろう。^{1}H NMRで9〜10 ppmに一重線が2本出ているが^{13}C NMRにおいて低磁場側のdが見られないのでアルデヒドではなくフェノール性水酸基があり，ベンゼン環に水酸基が直接結合し，残りはNHとアセチル基なのでアミドになっていることがわかる。9〜10 ppmの残りの1H分はアミドのH

p-Hydroxyacetanilide

である。通常アミドのHは5〜10 ppmに出る。1650 cm^{-1} と 1560 cm^{-1} の吸収はそれぞれC=Oの伸縮およびNHの変角振動と考えられアミドを支持する。p-ヒドロキシアセトアニリド，p-アセトアミドフェノールと結論づけられる。慣用名はアセトアミノフェンで風邪薬に含まれている。

MSから分子量は139で奇数なので窒素を含む。IRスペクトルにおいて3200 cm^{-1} に舌のような広い吸収があることから水酸基の存在が示唆される。また1520 cm^{-1} と1310 cm^{-1} の吸収はそれぞれニトロ基の逆対称伸縮および対称伸縮振動と考えられニトロ基の存在を示唆する。139 − 17 − 46 = 76 となり二置換ベンゼンでニトロフェノールである。パラ体は2組のdとなるから除外する。メタ体だと4つのベンゼン環のプロトンのうち1つは孤立し，メタのカップリングのみで小さく分裂して残り3つは隣り合っているので大きく分裂し (d, t, d)，さらにメタ位Hと小さく分裂する。オルト体は隣り合った水素と大きく分裂し (d, t, t, d)，さらに小さくdとなる。この ^{1}H NMR ではdが2本，tが2本あるので，オルト二置換ベンゼン環をもつ o-ニトロフェノールと結論づけられる。

o-Nitrophenol

MSから分子量は165で奇数なので窒素を含む。IRスペクトルにおいて3200・3400 cm^{-1} に吸収があることからアミノ基の存在が示唆される。また1600 cm^{-1} から1700 cm^{-1} の吸収はカルボニル基の伸縮およびアミノ基の変角，ベンゼンのC=C伸縮振動が重なっていると考えられアミノ基の存在を支持する。^{1}H NMR で2H分qと3H分tがあるので，エチル基の存在が示唆されメチレンプロトンが低磁場にきているから酸素との結合を示唆している。7〜8 ppmにdが2本，tが2本あるので，オルト二置換ベンゼン環をもつ。^{13}C NMR において166 ppmにsがあり，カルボニル基の存在が示唆され，165 − 76 − 45 − 28 = 16 となりアミノ基で全体の構成が決まった。165 − 15 = 120 と 165 − 16 = 121 が見られエトキシ基の末端メチルの切断ともう一方の置換基からアミノ基が切断されている可能性を示唆している。また 165 − 45 = 120 と 165 − 121 = 44 から 44 − 16 = 28 となり，アミノカルボニルを持つアミドであることがわかる。よって o-エトキシベンズアミドと結論づけられる。

2-Ethoxybenzamide

MSから分子量は150で，M-1の149が大きくアルデヒドの可能性を示唆する。^{1}H NMR で2H分ずつ 8.0 と 8.2 ppm にあるd 2組はパラ非対称二置換ベンゼン骨格を支持する。13 ppmの幅広い1Hはカルボキシル基のプロトン，10.2 ppmの1Hはアルデヒドプロトンである。^{13}C NMR において192 ppmにdと166 ppmにsがあり，ホルミル基とカルボキシル基の存在が支持される。IRスペクトルにおいて1680 cm^{-1} に強く広い吸収があることから複数のカルボニル基の存在が示唆される。150 − 29 − 45 = 76 となり，ベ

ンゼン環のパラ位にホルミル基とカルボキシル基が結合したテレフタルアルデヒド酸と結論づけられる。

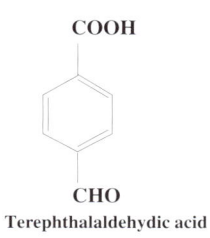

COOH

CHO
Terephthalaldehydic acid

2-8 MS から分子量は 173 で奇数なので窒素を奇数個含む。IR スペクトルにおいて 1245 cm^{-1} と 1010 cm^{-1} に強い吸収があることからスルホン酸基の存在が示唆される。アミノ基の逆対称及び対称伸縮振動の吸収が見えないが 3100 cm^{-1} に肩があることからアミノ基がプロトン化して 4 級になっていると考えられる。^{13}C NMR においてベンゼン領域に d が 2 本あり，d が 2 本あり，^{1}H NMR で d 2 組が存在するのでパラ非対称 2 置換ベンゼンであろう。173 − 76 − 16 = 81 でスルホン酸基と一致する。よってスルファニル酸と結論づけられる。また MS において 173 − 81 = 92 で SO$_3$H が抜けた残りが観測されていることからも確認できる。

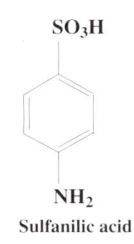

SO$_3$H

NH$_2$
Sulfanilic acid

2-9 MS から分子量は 122 で M-1 の 121 が大きくアルデヒドの可能性を示唆する。IR スペクトルにおいて 3300 cm^{-1} に幅広く強い吸収があることから水酸基の存在が，1660 cm^{-1} に強い吸収があることからカルボニル基の存在が示唆される。^{13}C NMR において 197 ppm に d があり，ホルミル基の存在が示唆され，^{1}H NMR で 9.9 ppm にピークがあるので，アルデヒドプロトンであろう。11 ppm にピークがあることからカルボキシル基かフェノール性水酸基の存在が示唆される。7〜8 ppm にピークがありベンゼン誘導体を示唆しており，全体の積分比は左の低磁場側から 1：1：2：2 でベンゼン環に 4 つの水素が結合している二置換ベンゼンと考えられる。122 − 76 − 29 = 17 で水酸基なのでベンゼン環に水酸基とホルミル基が結合した化合物である。d 2 組ではないのでパラではない。メタ体が 2H と 2H に分かれることはほとんどないのでオルト体と考えられる。よってサリチルアルデヒドと結論づけられる。

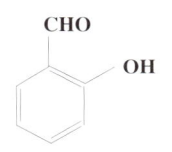

CHO
OH

Salicylaldehyde

2-10 MS から分子量は 110 である。IR スペクトルにおいて 3200 cm^{-1} に幅広く強い吸収があることから水酸基の存在が，1600 cm^{-1} に強い吸収があることからベンゼン環または C = C の存在が示唆される。^{13}C NMR において d が 3 本があり，S が 1 本あり，^{1}H NMR で 9.2 ppm にピークがあるが，^{13}C NMR において 185 ppm に d がないので，アルデヒドプロトンではなくフェノール性水酸基であろう。6〜7 ppm にピークがありベン

OH

OH
Resorcinol

ゼン誘導体を示唆しており，全体の積分比は左の低磁場側から2:1:3でベンゼン環に4つの水素が結合しているジヒドロキシベンゼンと考えられる。$110 - 76 = 17 \times 2$ で水酸基なのでベンゼン環に2つの水酸基が結合した化合物である。^{1}H NMR でd2組ではないのでパラではない。ベンゼン環プロトンが1:3で分かれているのでメタ体と考えられる。^{13}C NMR においてもdが3本があり，Sが1本あるのでメタ体を支持する。よってレゾルシノールと結論づけられる。

3.1 MS から分子量は135で奇数なので窒素を奇数個含む。IR スペクトルにおいて $3100\ cm^{-1}$ に鋭い吸収があることから =C−H の存在が示唆される。また，$1690\ cm^{-1}$ に吸収があることから C=O, C=N または C=C の存在が示唆されるが強度が中位なので C=O の可能性が低い。^{13}C NMR においてすべてのピークが 122 ppm 以上にでていることから，ベンゼン環か C=C を含む系と考えられる。^{1}H NMR で 9.1 ppm にピークがあるが，^{13}C NMR において 185 ppm 以上にdがないので，アルデヒドプロトンではなく，IR より水酸基がないのでフェノール性水酸基でもない。^{1}H NMR で 7.4〜8.2 ppm に 4H 分ピークがあり，二置換ベンゼン誘導体を示唆しており，d2組ではないのでパラではない。1:3で分かれていないのでメタ体でもない。オルト体が妥当である。$135 - 76 - 14 = 45$ となり，CH があるので $45 - 13 = 32$ で見えない部分がSかO-Oの過酸化物であることがわかる。フラグメントイオンで $135 - 14 - 13 - 16 = 92$ が見えていないので NCO で切れておらず，また 119 や 103 も見えていないので過酸化物の可能性が低い。残るのはベンゼン環に -N=CH-S- で結合した構造のベンズチアゾールと結論づけられる。

3.2 MS から分子量は126である。IR スペクトルにおいて $3200\ cm^{-1}$ に幅広く強い吸収があることから水酸基の存在が，$1600\ cm^{-1}$ に強い吸収があることからベンゼン環または C=C の存在が示唆される。^{13}C NMR において 94 ppm 付近に d が 1 本と，160 ppm 付近に S が 1 本あり非常に単純なことから，分子内に対称構造の存在が示唆される。^{1}H NMR で 9.0 ppm にピークがあるが，^{13}C NMR において 185 ppm 以上ににdがないので，アルデヒドプロトンではなくフェノール性水酸基であろう。5〜6 ppm にピークがありベンゼン誘導体または C=C を含む可能性を示唆しており，全体の積分比は左の低磁場側から1:1で $126 - 75 = 51 = 17 \times 3$ で対称性が高いことからベンゼン環に3つの水酸基が結合しているトリヒドロキシベンゼンと考えられる。さらに対称性が高いので1,3,5-置換体のフロログルシノールと考えられる。^{1}H NMR で 3〜4 ppm にピークがあるのは溶媒由来である。

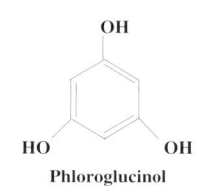

Benzothiazole

Phloroglucinol

3-3 MS から分子量は 74 で 74 − 58 = 16 でアミノ基が離脱している可能性がある。分子イオンが偶数なので窒素を偶数個含む可能性があり，IR スペクトルにおいて 3300 および 3200 cm^{-1} と 1590 cm^{-1} に吸収があることからそれぞれアミノ基の逆対称-対称伸縮振動と変角振動と考えられるからアミノ基の存在が支持される。^{13}C NMR において d と t と q が各 1 本見られ CH，CH$_2$，CH$_3$ に帰属される。74 − 15(CH$_3$) − 16(NH$_2$) − 14(CH$_2$) − 13(CH) = 16 となり，アミノ基が複数あることを支持する。^{1}H NMR で全体の積分比は左の低磁場側から 1 : 1 : 1 : 4 : 3 でアミノ基 2 つ分が重なっている。興味深いのはメチレン水素が立体的に混み合うことで回転がしにくくなると非等価となることである（左右の位置が異なる）。Newman 投影図をかくと理解しやすい。3 つの炭素の隣り合う位置にアミノ基が 2 個結合し 1,2-プロパンジアミンと結論づけられる。

1,2-Propanediamine

3-4 MS から分子量は 200 である。IR スペクトルにおいて 3200 〜 3450 cm^{-1} に数本の吸収と 1615 cm^{-1} に吸収があることからアミノ基の存在が示唆される。^{13}C NMR においてベンゼンまたは C=C 系の領域に s が 2 本，d が 2 本出ており，^{1}H NMR において d の 2 組が見られるからパラ非対称二置換ベンゼンの可能性がある。分子量の割に単純で対称構造があることが予想される。パラアミノフェニル基が 2 個あると 200 − 92 × 2 = 16 で酸素であるからパラ二置換ベンゼン 2 個が酸素でつながった 4,4'-ジアミノジフェニルエーテルだと結論づけられる。200 − 92 = 108 で一方のアミノフェニル基が切れたフラグメントが確認できる。

4,4'-Diaminodiphenyl ether

3-5 MS から分子量は 186 で半分の 93 にもピークが出ている。IR スペクトルにおいて 3150 cm^{-1} に幅広い吸収があることから水酸基が示唆される。^{13}C NMR においてベンゼンまたは C=C 系の領域に s が 2 本，d が 4 本出ており，二置換ベンゼンの可能性がある。分子量の割に単純で対称構造があることが予想される。186 − 76 × 2 = 34 で 34 ÷ 17 = 2 であるから 2 置換ベンゼン 2 個で置換基は水酸基 2 個なのでお互いが結合していると考えるべきである。対称性があるが ^{1}H NMR において d の 2 組が見られていないからパラ位ではない。メタ位だと 1H 分と 3H 分が分かれそうだが比はほぼ 1 : 1 に見える。よって残るオルト位に置換しているのが妥当と考えられる。よって 2,2'-ビフェノールと結論づけられる。

2,2'-Biphenol

3-6 MS から分子量は 116 で ^{1}H NMR が非常に単純で対称構造があることが予想される。全体の積分比は左の低磁場側から 1 : 3 で ^{13}C NMR において t と q が各 1 本見られ CH$_2$，CH$_3$ に帰属されやはり単純である。IR スペクトルにおいて 3400 cm^{-1} に吸収があることから水酸基が考えられるが，^{1}H NMR に

おいて水酸基のピークが見あたらない。1030 cm^{-1} に吸収があることから C-N 伸縮振動が考えられるが、1600 cm^{-1} に吸収がないことから一級アミノ基ではない。^{1}H NMR においてアミノ基のピークが見あたらないので二級アミノ基でもない。MS におけるフラグメントの 44 と 58、116 − 73 = 43 を N と CH$_2$、CH$_3$ と考えると 44 は N(CH$_3$)$_2$ で、58 は CH$_2$N(CH$_3$)$_2$ の可能性がある。離脱するフラグメントの 43 は CH$_3$−N=CH$_2$ と考えられる。対称性を考えると 116 の半分の 58 が 2 個結合した N, N, N′ N′- テトラメチルエチレンジアミンと結論づけられる。メチレンが 2 個で 4H、メチルが 4 個で 12H なので 4:12 = 1:3 で積分を満たしていることがわかる。

N,N,N′,N′-Tetramethylethylenediamine

3-7 MS から分子量は 192 で 192 − 148 = 44 で CO$_2$ が脱離している可能性がある。IR スペクトルにおいて 3400〜3000 cm^{-1} に幅広い吸収があることから水酸基かカルボキシル基の存在が示唆される。1770、1720、1680 cm^{-1} に強い吸収があり、1680 cm^{-1} の吸収が芳香族カルボン酸のカルボキシル炭素と考えられる。他の 2 本は酸無水物の吸収の可能性がある。O=C−O−C=O は MS で 192 − 120 = 72 で脱離している部分から確認できる。また ^{13}C NMR においてカルボニル炭素と考えられる 3 本の S があり、ベンゼン環の領域に S が 3 本、d が 3 本出ていることから対称性が無く 3 置換ベンゼンの可能性がある。つまりベンゼン環にカルボキシル基と O=C−O−C=O が結合していることが予想

される。^{1}H NMR において 13.5 ppm に幅広い一重線があるのでカルボン酸であることが確認できる。8 ppm 付近に 3 つのピークが積分比 1:1:1 で左の低磁場側のピークは小さく 2 本に分裂し、右の高磁場側のピークは大きく 2 本に分裂し真ん中のピークは大きく 2 本に分裂し更に小さく 2 本に 4 本に分裂している。もし置換した位置が 1, 2, 3- 位であれば dd が 2 種 t が 1 種のはずなので 1, 2, 4- 位に置換している無水トリメリット酸であると考えられる。

4-Carboxyphthalic anhydride

3-8 MS から分子量は 100 で 43 のフラグメントが目立つ。IR スペクトルにおいて 1740 cm^{-1} に強い吸収があることからカルボニル基の伸縮振動と考えられ、^{1}H NMR で 2 ppm に一重線があるので 43 はアセチルイオンと考えられる。IR において 1640 cm^{-1} に弱い吸収があることからアリル基 (CH$_2$−CH=CH$_2$) の C=C 伸縮振動と考えられ、さらに 1430 cm^{-1} と 1030 cm^{-1} にエステルの C-O-C の逆対称伸縮と対称伸縮振動が見られるので先ほどのアセチル基の情報と考えあわせ、酢酸エステルが予想される。^{1}H NMR において全体の積分比は左の低磁場側から 1:1:1:2:3 で ^{13}C NMR において 132 ppm に d と 118 ppm に t が、65 ppm に t が 21 ppm に q が見

Allyl acetate

られ CH, CH_2, CH_2, CH_3 に帰属され，やはりアリル基が支持される。MS において $100-43-16=41$ となり，$CH_2-CH=CH_2$ と一致する。よって酢酸アリルと結論づけられる。

3-9 MS から分子量は 160 である。^{13}C NMR において 115〜152 ppm に d が 2 本，s が 3 本の計 5 本のみでしかもベンゼンまたは C=C を持つ化合物で非常に単純で対称構造があることが予想される。^1H NMR で 9.5 ppm に一重線があるが，IR スペクトルにおいてカルボニル基の強い吸収が無くアルデヒドではないのでフェノール性水酸基の可能性がある。^1H NMR において全体の積分比は左の低磁場側から $(1:1:2)\times n$ と考えられ，水酸基に対してベンゼン環の水素が 3 倍存在している。^{13}C NMR において s，s，d，d，d なので C : C : CH : CH : CH となり，水素は 3H 分あるので，C : C : CH : CH : CH : OH と考えられ，$12+12+13+13+13+17=80$ となり，分子量の半分となっている。ベンゼン環は炭素 10 個水酸基 2 個から成り立っている。CH_2 が無いのでアリル基はないし，ビニルアルコールが 2 個置換すると s が 1 個，d が 4 個となり矛盾するので考えなくてよい。芳香族でベンゼン環 2 個分の炭素 10 個から成り立つのはナフタレン環である。二置換ナフタレンは異性体があり，1,8- 体は s が 3 個，d が 3 個となり矛盾する。1,5- 体は s が 2 個，d が 3 個であるが，^1H NMR で隣接する 3 つの水素は近い位置に現れるので今回のように 2 : 4 に分かれないはずである。可能性があるのは 1, 4- 体と 2, 3- 体および 2, 6- 体の 3 種である。多い 4H 分を見るとオルト対称 2 置換ベンゼンの 4H に似ている。この段階で 2, 6- 体ではない。1,4- 体ならば，2H が隔離され分裂が見られないはずである。実際小さい (通常 2 Hz 程度) が見られるので 2,3- 体であると考えられる。よって 2,3- ジヒドロキシナフタレンと結論づけられる。

3-10 MS において分子イオンピークが出ていないが分子量は 156 である。IR スペクトルにおいて 3250 cm^{-1} に幅広く強い吸収があることから水酸基の存在が考えられ，^{13}C NMR において d (CH) が 4 種，t (CH_2) が 3 種，q (CH_3) が 3 種見られ，残りは $156-15\times 3-14\times 3-13\times 4=17$ で水酸基となる。組成は $C_{10}H_{20}O$ である。不飽和度が 1 存在するので不飽和結合か環構造が存在するはずである。^{13}C NMR のデータから見て不飽和結合はないことがわかる。よって環構造が 1 つ存在する。^1H NMR で強度の強い d と t は 3 つのメチル基によるものであるが d になるということからメチン炭素 (CH) に結合している。m/z 43 にピークがあることからプロピル基があり，2H t − 2Hsex- 3Ht（3 本 − 6 本 − 3 本）が見られないのでイソプロピルを考えるが 1H sep − 6Hd（7 本 − 2 本）が見えない。可能性として t に見えるのはイソプロピル基が立体的にかさ高い環境にあると回転が阻害され 2 つのメチル基の位置がずれる

2,3-Dihydroxynaphthalene

L-Menthol

ことである。本来2本とも重なるのがずれて3本に見えると考えると7重線が更に小さく2本に分裂しているピークが確認できるのでメチン炭素に結合している。^{13}C NMRにおいて70 ppm付近にメチン炭素があり，水酸基がメチン炭素に結合していることを示す。環構造が存在するはずであるが5員環だとCH$_2$は環内に2つしかおけず，CH$_2$を置換基と環との間におくことになるが，水酸基，メチル基，イソプロピル基ともメチン炭素に結合していることから環は6員環であることがわかる。6員環のシクロヘキサン環は椅子型配置でアキシャルとエクアトリアルで複雑なカップリングを示すので，1次元のNMRでは詳細な解析は難しい。シクロヘキサン環に水酸基とメチル基，イソプロピル基を含む化合物を探し，IRスペクトルを比較すると同定できる。その中に正解の構造であるメントールが見つかる。

例題　解説と解

I　NMR

例題 1

1. まず最初にすることは，各ピークの多重度チェックである。このスペクトルでは2本のピークしかなく，それぞれ分裂していることから，これらがお互いにカップリングしていることがわかる。

2. 次に，多重度を詳しく見ていく。1 ppm あたりのピークはトリプレットであり，隣に水素2個分を持つ炭素があることを意味する。具体的に書いてみよう：$-CH_2-$。このとき，炭素の原子価 (4) を考慮し，余った結合の手も書いておくこと。

3. 3.5 ppm あたりのピークはカルテットであるから，同様にして $-CH_3$。これは先のメチレン基と結合していなければならないから，CH_3-CH_2- となる。一応，結合を作った時点でカップリング及び積分比をもう一度確認しておくこと。

4. 結合の手が1つ余っているから，ここに何かつけなければいけない。カップリングと積分はもう用いたから，あと得られる情報はケミカルシフトのみである。章末の表3を見てみると，3.4 ppm あたりに出る CH_2 のプロトンは $PhOCH_2-$ か $ROCH_2-$，$HOCH_2-$，$-SCH_2-$，$-PCH_2-$ である。芳香族領域にピークは出ていないから，この化合物は EtOH，Et_2O，または EtS，EtP の部分構造を含む硫黄，リン化合物である。これ以上の構造は NMR からは求められない。ちなみに，これはエーテル (Et_2O) のスペクトルである。

例題 2

1. ちょっと珍しいシングレットばかりのスペクトルである。まず，$CDCl_3$ 中で測定，とあるから 1.5 ppm と 7.2 ppm に出ているピークは溶媒由来のものである（それぞれ HDO と $CHCl_3$）それ以外の部分を考えてみる。NMR は 0 〜 4 ppm にピークが出る化合物は多いため，それ以外の部分から見ていくのがよい。この場合 8 ppm あたりにシングレットがある。章末表3から，芳香族アルコール，ホルムアミド，芳香族環上プロトンの可能性がある。

2. 積分を見てみると，8 ppm のピーク1に対し3ずつの比率で2本のシングレットが出ていることから例えば，フェノール誘導体と考えるとベンゼン環上に水酸基2個，メチル基4個をのせれば数は合う。しかしこれでは，どのような異性体を考えても，3本のシングレットにはならない。芳香族環状プロトンがあるとすると，例えばテトラメチルベンゼンなら積分は合うが，ピークの総数が合わない。ナフタレン以上の芳香環なら可能かもしれないが，膨大な数になるので，とりあえずおいておく。

3. 3つ目の可能性，ホルムアミドだとどうだろうか？ $-N-CHO$ のユニットはわかっているから，プロトン3個のものがあと2つ，単純にN上にメチル基を2ついれてみよう。構造式は Me_2N-CHO となり，積分は OK，ケミカルシフトも，N の隣のメチル基は 2 から 3 ppm

だからおかしくない。ところが，この構造だとメチル基は等価になり（単結合の両端はくるくる回転することができるから），6H 分のシングレットになると思われる。

4. これ以降は有機化学の知識が必要となるが，実は化合物は Me$_2$NCHO（ジメチルホルムアミド）である。なぜ，メチル基のピークがシングレット2本になるかというと，下図のように溶液中では平衡があり，右側のような構造をとっていると考えられている。この場合，2つのメチルは非等価になり，シングレット2本になる。

例題 3

解析が比較的単純な NMR で，知っておいた方がよい唯一のポイントは複雑なピークの読み取りである。原理はやさしいものであるから，マスターしておくべきである。

1. スペクトルの演習問題と，実際の研究における構造解析の一番大きな違いは，実際の研究では構造がある程度わかっているということである。たとえ，目的とした化合物と違っていたとしても置換基はすべてわかっている。この問題でもイソプロピル基があることが大きなヒントになる。図2の構造のように，イソプロピル基では CH の隣にメチル基が2個，つまり，6つのプロトンがあるから7重線に分かれる。一方，メチル基は隣のプロトンが一つだからダブレットである。

2. この情報をもとにスペクトルを見てみよう。上のシングレットのピークがたくさんあるように見えるチャートは，実はダブレットの集合であると予想できる。そこで，重なっていない一番左側のピークを見てみよう。ピークトップは 572.3 と 579.0 Hz と出ているから，カップリングコンスタントは引き算をして 6.7 Hz である。右側の他のピークも見てみると，すべて 6.7 Hz だけずれたところにもう一つピークがあるから，予備知識が無くても，これらはダブレットの集まりであると予想できる。ペアを見つけていくには，いちいち計算していくのもよいが，スペクトル上でピークトップの間隔を定規で測り（1.2 cm とか），同じ間隔のものを鉛筆で結んでいくと速い。あるいは，ディバイダ（コンパスの両方が針になっているもの）で一つのピークの両端に針を合わせ，それを他の部分に移動させて確認すればもっと速い。あとは，それぞれのダブレットのケミカルシフトを決めればよい。普通は ppm 単位でもプリントアウトされているはずであるが，そうでなくても先ほどの左端のピークなら，シフト値は (579.0 + 572.3)/2/500 = 1.15 (ppm) と計算できる。多重ピークのケミカルシフトはすべてのピークの中心，Hz はその NMR の周波数（この場合 500）で割ることで ppm 単位になる。

3. 下側のピークはセプテット（7重線）の集まりであると予想できる。実際一番右側のピークを見てみると一番高いピークから左右に合わせて5本はっきり見えており，外側に弱いけれども 2.30 ppm あたりに一つある。このように，5重線か7重線かははっきりしないので，化合物の情報をもとに決定することが多い。6重線なら，一番高いピークが2本あるはずだ

から，区別できる。カップリングコンスタントは全部の線の間隔を測る必要は無い。すべて等しいはずだから，一カ所だけでよい。先ほどのダブレットと同様，6.7 Hz になっているのがわかるだろう。

4. これで下側両端の 7 重線については解析できたが，真ん中のピークはどうであろう。数えてみると，中央のピークは 2 つに割れているように見えるから 8 重線である。しかし，それならば中央に高いピークが 2 本あるはずであるが，これは真ん中のピークがむしろ低い。これは，2 種以上のピークが重なっていることを意味する。7 重線であることがわかっているから（かつ両端の 2 本はほとんど見えないから）左から数えて 3 本目，1220.5 Hz のピークが左側の部分の中心であることがわかる。同様に右側は 1208.4 Hz のピークが中心になる。1213.8 と 1215.1 Hz のピークはお互いに重なっているので，高さが高くなっているが，いずれも中心の隣のピークである。シフト値は，2 と同様に求めるとよい。

5. この場合は少し（1.3 Hz）ずれて重なっていたので，解析は容易だったが，もし 2 つのピークのシフト値の差が，カップリングコンスタントと一致しているとどうなるだろうか？ その場合，中央のピークは全く重なって 2 倍の高さになり，見かけ上 9 重線（両端は見えない）になってしまう。その場合も，化合物から 9 重線が不可能であるなら，2 つのピークが重なっているとして，化学シフトを正しく求める必要がある。

正解は以下の通りである。

δ 0.84 (d, J = 6.7Hz), 0.89 (d, J = 6.7Hz), 0.94 (d, J = 6.7Hz), 0.96 (d, J = 6.7Hz), 0.99 (d, J = 6.7Hz), 1.02 (d, J = 6.7Hz), 1.03 (d, J = 6.7Hz), 1.15 (d, J = 6.7Hz), 2.34 (sept, J = 6.7Hz), 2.42 (sept, J = 6.7Hz), 2.44 (sept, J = 6.7Hz), 2.51 (sept, J = 6.7Hz) ppm.

イソプロピル基が 4 種類，さらに 2 つのメチル基が非等価にでているためダブレットは 8 種類出ている。

II MS

例題 1

反応生成物の同定ツールとしてのマススペクトルは，目的物については非常に簡単に解析できる。つまり，マススペクトルから化合物を決めるのは，可能性が多くなるため大変だが，化合物の構造がわかっていれば，結合を切っていけばフラグメントの分子量は簡単に計算できるから，同定はたやすい。したがって，マススペクトルを前にうんうんうなることになるのは，思いもつかない生成物ができたときである。

1. 一番質量が大きいピークは 140，これからはもちろんまだ何もわからない。次のフラグメントは 125 で 15 減少，メチル基の可能性が高い。ベースピークは 83 だから，125 からはマイナス 42 である。42 という脱離基はちょっと思いつかないので，分子イオンピークから考えてみるとマイナス 57，これはブチル基にあたる。

2. 小さなフラグメントは，意味のないことも多いが，一応フラグメントピーク 55 に注目してみると，83 からマイナス 28 である。これはケイ素の原子量に等しいから，ここまでで

BuMeSi という骨格が仮定できる。

3. 残りの質量は 40 である。ケイ素は 4 価だから，置換基はあと二つ。酸素があるとすると 24 で残りが考えにくいから，アルキル基とすると 29 のエチル基は残りが 11 になって無理。15 のメチル基なら残りは 25，これは三重結合を含む C≡CH に他ならない。

4. まとめると BuMe$_2$SiC≡CH となる。マススペクトルからはもちろん異性体は区別できない。しかし，ブチル基がまとまって脱離していることから，直鎖のものではなく，かさ高い t-Bu 基（-CMe$_3$）の可能性が高い。実際この化合物は t-BuMe$_2$SiC≡CH である。

例題 2

1. 見えている一番質量が大きいピークは 121，奇数であるから窒素 1 個だろうか。その次のフラグメントは 91 でマイナス 30，章末の表 II を見てみると 30 は CH$_2$NH$_2$，NO などが上げられている。さらに 91 はベンジル基 C$_6$H$_5$CH$_2$ となっているから，化合物は C$_6$H$_5$CH$_2$NO または C$_6$H$_5$CH$_2$CH$_2$NH$_2$ だろうか。

2. この問題はマススペクトルの限界を示している。つまり，同じパターンを示すと考えられる化合物が多数ある，ということである。実はこの化合物は，窒素を含むものではなく，ケイ素を含む EtSi(OMe)$_3$ という化合物のスペクトルである。この化合物の分子量は 150 であるが，エチル基とケイ素の結合が弱く，すぐ切れてしまうために分子イオンピークはほとんど見えない。これは，置換基がかさ高かったり，特に結合が弱かったりする場合にはよく見られる現象で，分子量が違って見えるために注意すべき点である。実際 150 のあたりにわずかにピークらしいものが見えるだろうか。121 はエチル基が脱離したフラグメントピーク，91 はさらにメチル基が 2 個脱離したものである。実際の場面においては，可能な化合物が限定されてくるからこのような間違いはありえないが，解析のときは常に他の可能性を考えながら行うのがよい。

例題 3

1. 分子イオンピークは 142 のようである。これまでと異なり，144 のピークも強く，また 146 にもピークが出ている。これは何かヘテロ原子が入っている兆候である。図 II-4 を見てみよう。パターンとしては Cl$_2$ に似ている。

2. ベースピークは 99 で，マイナス 43 であるが，こちらも +2 と +4 にピークが出ていることから，塩素 2 個はそのままのようである。43 の脱離基といえば，プロピル基かアセチル基であるが，マイナスメチル基のピークがでていないことから，アセチル基ではなく，枝分かれしたイソプロピル基の可能性が高い。

3. 次の 72 のピークには +2 と +4 のピークはもうない。そうすると，これは塩素原子が 2 個脱離したものであることがわかる。イソプロピル基があることがわかっているから，72 から 43 を引くと残りは 29，これはエチル基の質量に等しいが，原子価を考えると塩素 2 個とイソプロピル基をつけるのは不可能である。少し考えれば，SiH が 3 つの置換基を持つこと

ができ，質量も一致することがわかる。
4. 正解は i-PrSiHCl$_2$ である。

例題では，比較的低分子の化合物ばかり取り上げたが，マススペクトルの解析法は基本的に分子量が大きくなっても同じである。すなわち
1) 分子イオンピークとフラグメントピークとの差，フラグメントピーク同士の差を計算し，それにあたる脱離基を考える
2) これを繰り返していき，残りの部分が100以下程度になったら，原子の組み合わせから骨格を考える

といった方法で，同定を行っていく。

最後に，マススペクトルでは，測定条件によってピークの強度が変わったり，質量が1ずれたりする。かならずしも，いつも理論計算通りのスペクトルにならないことを頭に置いて，柔軟に考察していくとよい。

Ⅲ 吸収スペクトル

例題1

1) 全く吸収がないとき透過率が100％となり，吸光度が0なのはいいとして，吸光度が1の時は透過度が0.1で透過率が10％の時に該当する。吸光度が2，3の時とは透過度が0.01と0.001すなわち，透過率が1％と0.1％の時に該当する。数％の透過率の範囲で測定するより，10倍に希釈して数十％の透過率にした方が誤差が小さくなることがわかる。

2) 1.20×10^{-4} [kJ・m/mol] ／ 300 [nm] ＝ 400 [kJ/mol]

例題2

印を付けたピークの頂点はヘキサン中に比べエタノール中で右にずれている。わかりにくいので重ねた図を示す。極性溶媒中で長波長側へ移動していることから，$\pi \to \pi^*$ 遷移であることがわかる。

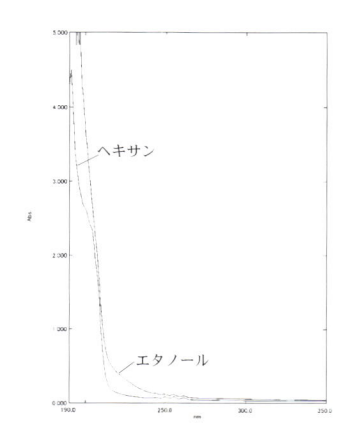

例題 3

印を付けたピークの頂点はヘキサン中に比べエタノール中で左にずれている。わかりにくいので重ねた図を示す。極性溶媒中で短波長側へ移動していることから，$n \to \pi^*$遷移であることがわかる。

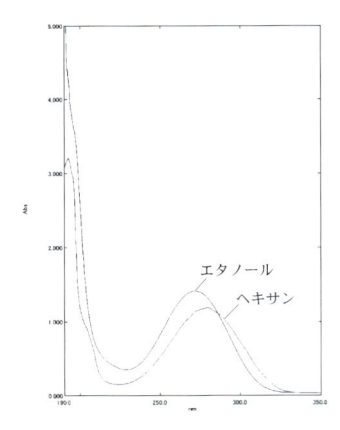

例題 4

ケトン・アルデヒドの$n \to \pi^*$遷移は 280 〜 290 付近なのは問題 2 からもわかる。つまり 1，2 ではないので，3 のクロトンアルデヒドの共役系の吸収が 200 〜 210 付近に観測されている。カルボニル基または孤立二重結合ではいずれも単独では 200 nm 以上に強度の大

Ⅳ　IR

例題 1

波数で 400 cm^{-1} から 4000 cm^{-1}，周波数で $1.2 \times 10{13}$ Hz から $1.2 \times 10{14}$ Hz

例題 2

スペクトルの横軸（波数，エネルギー）の精度の高さ，縦軸（吸収強度）の感度の高さ

索 引

あ 行

アミド　　95, 102
アミノ基　　94
アミン　　95
アルカン　　95
アルケン　　95
アルコール　　95
アルデヒド　　95, 102
イソプロピル基　　4
イミン　　95
エーテル　　95
液体窒素　　10
液体ヘリウム　　10
エステル　　95, 102
エナンチオトロピック　　18
エナンチオマー　　17
エネルギー　　90

か 行

核オーバーハウザー効果　　8
可視光　　90
カップリングコンスタント　　6, 14, 28
カルテット　　16
カルボン酸　　95, 102
官能基　　102
緩和時間　　28
逆対称伸縮振動　　94
吸光度　　78
吸　収　　90
共鳴構造　　64
極　性　　91
許容遷移　　80

禁制遷移　　80
クエンチ　　10, 31
経験則　　15
結合定数　　6
ケトン　　95
ケミカルシフト　　6, 14
原子核　　6
顕微赤外　　99
高分解能マススペクトル　　70

さ 行

三重結合　　92
サンプル管　　31
酸無水物　　95
残留プロトン　　8, 39
ジアステレオトロピック　　18
シ　ム　　6
周期　　90
重溶媒　　39
伸縮振動　　94
深色移動　　80
振　動　　89, 90
振動子強度　　82
振動数　　90, 92
スピン結合　　6
スピン量子数　　26
成型器　　97
青色移動　　80
赤外吸光スペクトル　　89
赤外顕微鏡　　99
赤外光　　90
積算回数　　98
赤色移動　　80

積　分　　6
浅色移動　　80

た 行

対称伸縮振動　　94
多　核　　20
多重度　　27
脱離するフラグメント　　73
単結合　　92
淡色効果　　80
タンパク質　　8
窒素ルール　　62
超共役　　64
超伝導磁石　　10
テスラ　　10
テトラメチルシラン　　8
電子スペクトル　　78
電子遷移　　78
同位体存在比　　61
同位体パターン　　63
同位体ピーク　　60
等　価　　4
等価性　　16
透過度　　78
透過率　　78, 98
特性吸収　　95
トリプレット　　16

な 行

ニート法　　96
2次元NMR　　34
二重結合　　92
ニトリル　　95
ニトロ基　　94

ニューマン投影図　16
ヌジョール　96
濃色効果　80
濃　度　100

は　行

波　数　76, 90
波　長　90
標準物質　6
不純物　40
フラグメント　58
ブランク　98
ブルーシフト　80
プローブ　10
プロトン　4
分解能　98
分光計　10
分子イオンピーク　56
分子吸光係数　78
ベースピーク　58
ペプチド　8
ペレット　96
変角振動　94
芳香族　95
芳香族性　66
補　色　76
ホモトロピック　18

ま　行

メチル基　94
モル吸光係数　78

や　行

溶　媒　8
溶媒効果　80
余　色　76

ら　行

ラマンスペクトル　93
ラマン分光法　93
流動パラフィン　96
レッドシフト　80
ロック　6

欧　文

amu　56
APT　32
Beerの法則　78
^{13}C　20
CH-COSY　34
CI　52
COSY　34
CW-NMR　24
Da　56
DEPT　32
DI　52
EI　52
ESI　52
^{19}F　20
FID　26
FTIR　98
FT-NMR　24
GC-MS　52
HDO　8
HETCOR　34
HMQC　34
INEPT　32
IRスペクトル　89
KBr錠剤法　96
KBr錠剤　97
Lambert-Beerの法則　78
Lambertの法則　78
McLafferty転位　66
MRI　5
m/z　50
NOE　8
NOESY　8, 34
^{31}P　20
PFK　55
ppm　14
^{29}Si　20
T_1　28
T_2　28
TIC　48
u　56
X線解析　3

著者略歴

新津隆士 Takashi Niitsu　　　理学博士

創価大学 工学部 環境共生工学科 准教授
1960年　東京都生まれ
　　　　松山高校卒業
1990年　東京大学大学院理学系研究科化学専攻博士課程修了
　　　　同年より創価大学工学部

海野雅史 Masafumi Unno　　　理学博士

群馬大学大学院工学研究科 応用化学・生物化学専攻教授
ケイ素科学国際教育研究センター長
1961年　兵庫県西宮市生まれ
　　　　甲陽学院高校卒業
1988年　東京大学大学院理学系研究科化学専攻博士課程修了
　　　　ネバダーリノ大学, カリフォルニア工科大学博士研究員,
　　　　理研PDCフロンティア研究員を経て, 1993年から群馬大学工学部

鍵　裕之 Hiroyuki Kagi　　　博士（理学）

東京大学大学院理学系研究科地殻化学実験施設准教授
1965年　東京都生まれ
　　　　駒場東邦高校卒業
1991年　東京大学大学院理学系研究科化学専攻博士課程中退
　　　　筑波大学物質工学系, ニューヨーク州立大学を経て, 1998年から
　　　　東京大学理学部

10年使える　有機スペクトル解析

2005年4月15日　初版第1刷発行
2010年3月1日　初版第5刷発行

　　　　　　　　　　　Ⓒ　著　者　新　津　隆　士
　　　　　　　　　　　　　　　　　海　野　雅　史
　　　　　　　　　　　　　　　　　鍵　　　裕　之
　　　　　　　　　　　　　　発行者　秀　島　　　功
　　　　　　　　　　　　　　印刷者　鈴　木　渉　吉

発行所　**三共出版株式会社**　　東京都千代田区神田神保町3の2
　　　　　　　　　　　　　　　郵便番号 101-0051　振替 00110-9-1065
　　　　　　　　　　　　　　　電話 3264-5711（代）　FAX 3265-5149

　　　　社団法人 日本書籍出版協会・社団法人 自然科学書協会・工学書協会　会員

Printed in Japan　　　製版・アイ・ピー・エス　印刷・研友社　製本・若戸

JCOPY ＜（社）出版者著作権管理機構　委託出版物＞
本書の無断複写は著作権法上での例外を除き禁じられています。複写される場合は, そのつど事前に,（社）出版者著作権管理機構（電話 03-3513-6969, FAX 03-3513-6979, e-mail: info@jcopy.or.jp）の許諾を得てください。

ISBN 4-7827-0501-8